数据科学与大数据技术专业系列规划教材

Data Analysis with R

R语言与数据分析实战

朱顺泉 夏婷 / 编著

人 民 邮 电 出 版 社
北 京

图书在版编目（CIP）数据

R语言与数据分析实战 / 朱顺泉，夏婷编著. -- 北京 : 人民邮电出版社，2021.8（2024.7重印）
数据科学与大数据技术专业系列规划教材
ISBN 978-7-115-56154-1

Ⅰ. ①R… Ⅱ. ①朱… ②夏… Ⅲ. ①程序语言—程序设计—教材 Ⅳ. ①TP312

中国版本图书馆CIP数据核字(2021)第047310号

内 容 提 要

本书符合大数据与人工智能时代数据分析人才培养的需求，内容全面，实用性强。全书共 13 章，主要内容包括：数据分析概述及 R 语言环境，R 语言的数据对象及其类型，R 语言数据存储与读取，R 语言编程，R 语言可视化，R 语言描述性统计，R 语言参数估计，R 语言参数假设检验，R 语言相关分析、回归分析与计量检验，R 语言时间序列分析，R 语言主成分分析与因子分析，R 语言聚类分析与判别分析，R 语言典型相关分析与对应分析。

本书可作为数据科学与大数据技术、统计学、管理科学与工程等专业的本科高年级学生与研究生学习数据分析、统计学、时间序列分析、多元统计分析等课程的教材，也可作为数据分析从业人员的参考书。

◆ 编　　著　朱顺泉　夏　婷
　责任编辑　许金霞
　责任印制　王　郁　马振武
◆ 人民邮电出版社出版发行　　北京市丰台区成寿寺路 11 号
　邮编　100164　　电子邮件　315@ptpress.com.cn
　网址　https://www.ptpress.com.cn
　北京七彩京通数码快印有限公司印刷
◆ 开本：787×1092　1/16
　印张：14.25　　　　2021 年 8 月第 1 版
　字数：345 千字　　　2024 年 7 月北京第 3 次印刷

定价：49.80 元

读者服务热线：(010)81055256　印装质量热线：(010)81055316
反盗版热线：(010)81055315
广告经营许可证：京东市监广登字 20170147 号

前言

在大数据和人工智能时代，数据已成为人们做决策的重要参考依据之一，而数据分析行业也迈入了一个全新的阶段。数据分析技术可以帮助企业在合理的时间内获取和管理海量数据，为企业经营决策提供帮助。数据分析作为一门前沿的技术，已广泛应用于物联网、云计算、移动互联网等领域。为了满足数据分析人才日益增长的需求，很多高校开设了“数据科学与大数据”等相关专业，并将“数据分析”作为专业的基础课程之一。

R语言拥有强大的图形展示和统计分析功能，且具有功能扩展性好、代码可读性强、开源免费等特点，适合作为编程初学者的入门语言。同时，在R社区中，有众多的开发者免费提供各种R语言开发包，为用户提供了良好的学习环境，并使R语言受到广大用户的欢迎和喜爱。本书基于R语言，全面介绍了R语言基础及使用R语言进行数据分析的方法和技巧。本书特点如下。

第一，本书以R语言为基础，基于数据存取、图形展示和统计数据分析等方法，重点介绍了R语言在统计、计量经济分析、时间序列分析与多元统计分析中的应用。同时，结合大量的实例，对R语言4.0.2版本的相关应用进行了全面的介绍，以便读者能够深刻理解R语言的精髓，并能掌握R语言的应用技巧。

第二，本书详细介绍了R语言在数据分析中的应用，并将理论方法与实际应用相结合，实例丰富且通俗易懂，对R语言的各种绘图方法、与数据表格的连接、基础统计分析、时间序列分析和多元统计分析应用等进行了详细的描述，同时详细介绍了各种统计方法在R语言中的实现过程。本书以问题为导向，通过问题的解决过程来介绍R语言的使用方法。因此，读者通过本书的学习，不仅能掌握R语言及相关的程序包的使用方法，而且能学会从问题分析入手，应用R语言解决数据分析的实际问题。

第三，本书结合实例详细地介绍了在R语言环境中进行数据分析的全部过程，读者只需按照步骤一步一步操作，就能掌握相关的知识。

为了便于读者更加高效地进行学习和实操，我们将所有实例的数据文件上传至人邮教育社区，读者可在自己的计算机中建立一个data文件夹（其他目录名也可以），并将所有数据文件复制到此文件夹，即可进行实际操作。

由于时间和水平的限制，书中难免出现一些纰漏，恳请读者谅解并提出宝贵意见。

作　者

2021年3月于广州

目录

第 1 章 数据分析概述及 R 语言环境

本章简要介绍数据分析的含义、数据的类型、数据的来源、R 语言及安装，简要评述主要的数据分析软件包，以期读者掌握目前流行的数据分析 R 语言及其环境。

1.1 数据分析的含义

数据分析是指用适当的统计分析方法对收集的大量数据进行分析，提取有用信息并形成结论而对数据加以详细研究和概括总结的过程。这一过程也是质量管理体系的支持过程。在实际应用中，数据分析可帮助人们做出判断，以便采取适当行动。

数据分析的数学基础在 20 世纪初期就已确立，但直到计算机的出现才使得实际操作成为可能，数据分析得以推广。数据分析是数学与计算机科学相结合的产物。

数据分析不仅仅是向管理层提供各种数据，它需要用更深入的方法来记录、分析及提炼数据，并以易于理解的形式呈现结果。简单地说，数据分析能让决策者知道面临的问题，并以有效的方式去解决问题。数据本身仅仅是事实和数字。数据分析师通过寻找数据规律，将数据结合业务问题呈现有用信息。然后，决策者可以利用这些信息采取行动，以提高生产力和增加业务收益。

大数据分析是指对规模巨大的数据进行分析。大数据的特征可以概括为 5 个“V”，数据量大（Volume）、存储速度快（Velocity）、类型多（Variety）、低价值（Value）密度、真实性（Veracity）。大数据作为时下最火热的 IT 行业词汇，随之而来的数据仓库、数据安全、数据分析、数据挖掘等技术围绕大数据商业价值的应用逐渐成为业内人士争相追捧的焦点。

1.2 数据的类型

通常数据分析中的数据可分为 3 种类型：横截面数据、时间序列数据和面板数据。

1. 横截面数据

横截面数据是同一时间（时期或时点）某一指标在不同空间的观测数据。如某一时点我国 A 股市场的平均收益率，或 2017 年所有 A 股上市公司的净资产收益率。在利用横截面数据进行分析时，由于单个或多个解释变量观测值起伏变化会对被解释变量产生不同的影响，从而导致异方差问题的产生。因此在数据整理时必须消除异方差。

2．时间序列数据

时间序列数据是按时间序列排列的数据，也称为动态序列数据。时间序列数据是按照一定时间间隔对某一变量或不同时间的取值进行观测所得到的一组数据，如每一季度的 GDP 数据、每一天的股票交易数据或债券收益率数据等。在数据分析中，时间序列数据是常见的一种数据类型。

3．面板数据

面板数据是横截面数据和时间序列数据相结合的数据。金融领域以时间序列数据分析（如金融市场）与面板数据分析（如公司金融）为主。

1.3 数据的来源

1．专业性网站

专业性网站包括国家统计局网站、中国人民银行网站、中国证监会网站、世界银行网站、国际货币基金组织网站等。

2．专业数据公司和信息公司

国外数据库主要有芝加哥大学商学研究院的证券价格研究中心（Center for Research of Security Prices，CRSP）、路透（Reuters）终端、彭博（Bloomberg）终端、雅虎财经等。我国的数据库主要有 CCER 中国经济金融数据库、国泰安（GTA）数据库、万得（Wind）数据库、锐思数据库、天相数据库、挖地兔数据库等。

3．抽样调查

抽样调查是针对某些专门的研究开展的一种获取数据的方式。如要对我国投资者的信心进行建模，就必须通过设计调查问卷，对不同的投资群体进行数据采集。

1.4 数据分析工具简介

数据分析工具主要包括：R、Python、Stata、MATLAB、EViews、SAS、SPSS 等。本书主要介绍 R 语言工具在商业领域的应用。

1.4.1 R 语言简介

R 语言是统计领域广泛使用的、诞生于 1980 年左右的 S 语言的一个分支。也可以认为 R 语言是 S 语言的一种实现。而 S 语言是由 AT&T 贝尔实验室开发的一种用来进行数据探索、统计分析和图像制作的解释型语言。最初，S 语言的实现版本主要是 S-PLUS。S-PLUS 是一种商业语言，它基于 S 语言，并由 MathSoft 公司的统计科学部进一步完善。后来，奥克兰（Auckland）大学的罗伯特·金特尔曼（Robert Gentleman）和罗斯·艾哈卡（Ross Ihaka）及其他志愿人员开发了R系统。

R是基于S语言的一个GNU项目，所以也可以将其当作S语言的一种实现，通常用S语言编写的代码都可以不加修改就在R环境下运行。R的语法来自Scheme。R的使用与S-PLUS有很多类似之处，这两种语言有一定的兼容性。S-PLUS的使用手册，只要稍加修改就可作为R的使用手册。

1.4.2 Python简介

Python是一种面向对象、解释型计算机程序设计语言，由吉多·范罗苏姆（Guido van Rossum）于1989年底发明，第一个公开发行版发行于1991年，Python源代码同样遵循GNU通用公共许可证（GNU General Public License，GPL）协议。Python语法简洁而清晰，具有丰富和强大的类库。它常被昵称为"胶水语言"，能够把用其他语言制作的各种模块（尤其是C/C++）很轻松地联结在一起。常见的一种应用情形是，使用Python快速生成程序的原型（有时甚至是程序的最终界面），然后对其中有特别要求的部分，用更合适的编程语言改写，如3D游戏中的图形渲染模块，性能要求特别高，就可以用C/C++重写，而后封装为Python可以调用的扩展类库。需要注意的是，在您使用扩展类库时可能需要考虑平台问题，某些扩展类库可能不提供跨平台的实现。

Python可以安装Pandas、NumPy、SciPy、statsmodels、Matplotlib等一系列的程序包，还可以安装IPython交互环境，目前有包括这些程序包的套装软件可供下载。

1.4.3 Stata简介

Stata由美国计算机资源中心（Computer Resource Center）于1985年研制。其特点是采用命令行/程序操作方式，程序短小精悍、功能强大。Stata是一套为使用者提供数据分析、数据管理及绘制完整的专业图表等功能的整合性统计软件。它提供的统计功能包含线性混合模型，均衡、反复及多项式普罗比模式。新版本的Stata采用具有亲和力的窗口接口，使用者自行建立程序时，其语言具有直接命令式的语法。Stata提供完整的使用手册，包含统计样本建立、解释、模型与语法、文献等。

Stata可以通过网络根据每天的最新功能实时更新，也可以得知世界各地的使用者对于Stata公司提出的问题与解决之道。使用者也可以通过*Stata Journal*获得许许多多相关信息及书籍、介绍等。另外一个获取庞大资源的管道就是Statalist，它是一个独立的listserver，每月提供超过1000个信息及50个程序。

1.4.4 MATLAB简介

MATLAB是由美国Mathworks公司推出的用于数值计算和图形处理的科学计算系统，在MATLAB环境下，用户可以集成地进行程序设计、数值计算、图形绘制、输入/输出、文件管理等各项操作。它提供的是一个人机交互的数学系统环境，与利用C语言进行数值计算的程序设计相比，MATLAB可以节省大量的编程时间，且程序设计自由度大。其最大的特点是：给用户带来的是最直观、最简洁的程序开发环境，语言简洁、紧凑，使用方便、灵活，库函数与运算符极其丰富，具有强大的图形功能等。

在国际学术界，MATLAB已经被确认为准确、可靠的科学计算标准语言，许多国际一流学术刊物上，都可以看到关于 MATLAB 的应用。

1.4.5 EViews 简介

EViews 是美国 GMS 公司 1981 年发行第 1 版的 Micro TSP 的 Windows 版本，通常称为计量经济学语言包。EViews（Econometrics Views）的主旨是采用计量经济学方法与技术，对社会经济关系与经济活动的数量规律进行“观察”。计量经济学研究的核心步骤是设计模型、收集资料、估计模型、检验模型、运用模型进行预测、求解。EViews 是完成上述任务得力的必不可少的工具之一。正是由于 EViews 等计量经济学语言包的出现，计量经济学取得了长足的进步，发展成实用、严谨的学科。使用 EViews 语言包可以对时间序列和非时间序列的数据进行分析，建立序列（变量）间的统计关系式，并用该关系式进行预测、模拟等。虽然 EViews 是由经济学家开发的，并且常被用于经济学领域，但这并不意味着该语言包必须限制于处理经济方面的时间序列。EViews 处理非时间序列数据照样得心应手。实际上，相当大型的非时间序列（截面数据）的项目也能在 EViews 中进行处理。

1.4.6 SAS 简介

SAS（Statistical Analysis System，统计分析系统）是美国 SAS 研究所研制的一套大型集成应用语言系统，具有完备的数据存取、数据管理、数据分析和数据展现功能。由于 SAS 具有强大的数据分析能力，因此它一直是业界有名的语言。在数据处理和统计分析上，SAS 被誉为国际上的标准语言和优秀统计语言包，广泛应用于行政管理、科研、教育、生产和金融等不同领域。SAS 系统中提供的主要分析功能包括统计分析、经济计量分析、时间序列分析、决策分析、财务分析和全面质量管理等。

1.4.7 SPSS 简介

SPSS（Statistical Package for the Social Science，社会科学统计语言包）是世界上有名的统计分析语言之一。20 世纪 60 年代末，美国斯坦福大学的 3 位研究生开发了最早的统计分析语言 SPSS，同时成立了 SPSS 公司，并于 1975 年在芝加哥组建了 SPSS 总部。20 世纪 80 年代以前，SPSS 统计语言主要应用于企、事业单位。1984 年 SPSS 总部首先推出了世界第一个统计分析语言 PC（Personal Computer，个人计算机）版本 SPSS/PC+，开创了 SPSS PC 系列产品的开发方向，从而确立了个人用户市场第一的地位。2009 年 IBM 收购 SPSS 公司后，现在市场上推出的最新产品是 IBM SPSS Statistics 27.0（截至 2021 年 7 月）。SPSS/PC+的推出，极大地扩展了它的应用范围，使其能很快地应用于自然科学、技术科学、社会科学的各个领域，世界上许多有影响的报刊纷纷就 SPSS 的自动统计绘图、数据的深入分析、使用方便、功能齐全等方面给予了高度的评价。目前 SPSS 已经在我国逐渐流行起来。它使用 Windows 的窗口方式展示各种管理和分析数据方法的功能，使用对话框展示出各种功能选项，只要掌握一定的 Windows 操作技能，“粗通”统计分析原理，就可以使用该语言为特定的科研工作服务。

还有一些统计和计量经济学语言，如 Statistica、S-PLUS 等，但相对来说没有上面 6 种语言流行。

1.5　R 语言及安装

1. R 语言概述

R 是一个有着统计数据分析功能及强大绘图功能的语言系统，R 语言是一种新兴的统计学语言，它的源代码是开放的。由于 R 的强大功能和它在统计理论及分析上的优势，近年来它在统计、经济、管理、金融等相关领域，受到有关人士的广泛欢迎和关注。虽然编者曾使用过 MATLAB、SAS、SPSS 和 Stata 等统计计算方面的软件，但现在 R 是编者的首选。原因如下。

（1）R 是自由、免费语言。它不收取任何费用，但其能力不会比任何同类型的商业语言差。从功能相似的角度来说，R 和 MATLAB 最像。

（2）通过 R，你可以和全球一流的统计计算方面的专家进行讨论，它是全世界统计学家思维的最大集中处。

（3）R 是彻底的面向对象的统计编程语言。对于处在面向对象编程模式的年代里的人，R 可是非常容易理解和使用的。

（4）R 和其他编程语言/数据库之间有很好的接口。代码整合的时候，R 为你提供了一系列对象，你用其他语言时只要调用这些对象就可以了，这对数据整合工作非常有用。

（5）R 的浮点运算功能强大。R 可以作为一台高级科学计算器，因为 R 同 MATLAB 一样不需要编译就可执行代码。

（6）R 不依赖于操作系统。R 可以运行在 Windows、UNIX、Linux 和 macOS 等操作系统上，它们的安装文件及安装说明都可以在 CRAN（the Comprehensive R Archive Network）社区上下载。

（7）R 的帮助功能完善。R 嵌入了非常实用的帮助系统，这个帮助系统随语言所附的 PDF 或 HTML 帮助文件可以随时通过主菜单打开浏览或输出，通过 help 命令可随时了解 R 所提供的各类函数的使用方法和例子。

（8）R 的绘图功能强大。R 内嵌的绘图函数能将产生的图片展示在一个独立的窗口中，并能将之保存为各种形式的文件（如 JPG、PNG、BMP、PDF、EMF、LaTex、Xfig 等）。

（9）R 的统计分析能力尤为突出。R 内嵌了许多实用的统计分析函数，统计分析的结果也能被直接显示出来，一些中间结果（如 p 值、回归系数、残差等）既可保存到专门的文件中，也可直接用于进一步分析。R 的部分统计功能整合在 R 语言的底层，但是大部分功能则以包的形式提供。大约有 25 个包和 R 同时发布（被称为“标准包”和“推荐包”），更多包可以通过网上或其 CRAN 社区得到，它们都配有完整的 PDF 帮助文件，且其版本会随 R 新版本的发行而更新，通过在线安装加载后（或者下载后）就可融入原来的 R，实现有针对性的分析。

（10）R 可移植性强。R 程序可以很容易地移植到 S-PLUS 程序中，反过来，S-PLUS 的许多过程直接或稍加修改也可用于 R。R 与 MATLAB 有许多相似的地方，如都可作为高级计算器，都可不经过编译直接运行源代码，但是 R 侧重于统计分析，而 MATLAB 侧重于工程，例如信号处理。现在通过 R 和 MATLAB 程序包可实现两者许多功能的共享，具体见程序的说明；许多常用的统计分析语言（如 SAS、SPSS、Stata 等）的数据文件都可读入 R，这样其他语言的数据或分析的中间结果可用于 R，以便进一步分析。

（11）R 强大的拓展与开发能力。R 是非常好的开发新的交互式数据分析方法的工具。我们可以编制自己的函数来扩展现有的 R 语言，或者制作相对独立的统计分析包。

（12）R 灵活而不死板。一般的语言往往会直接展示分析的结果，而 R 则将这些结果都放在一个对象里，因此通常在分析执行结束后并不显示任何结果，使用者（特别是初学者）或非专业人员可能会对此感到困惑。其实这样的特点是非常有用的，因为我们可以有选择地显示我们感兴趣的结果。而有的语言（如 SAS 和 SPSS）会同时显示几个结果，内容太多会使使用者无从选择和解释。

2. R 的下载

通过 CRAN 社区可下载 R 的最新版本。R 下载界面如图 1-1 所示。

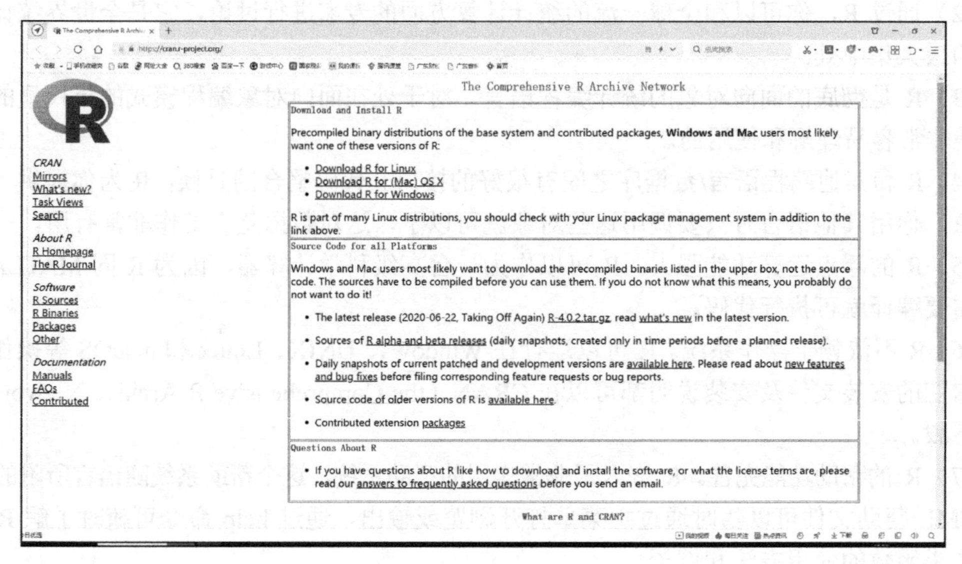

图 1-1　R 下载界面

从图 1-1 中可看到丰富的 R 资源：包括 R 简介、R 更新、R 常用手册、R 图书、R 通信和会议信息等。

R 支持如下 3 个操作系统。

（1）Linux；

（2）（Mac）OS X；

（3）Windows。本书使用的是 Windows 操作系统。R 语言大概每 3 个月更新一次版本。

我们单击“Download R for Windows”后，选择下载路径，如 E:\R，即可下载你所需要的 R。

3. R 语言的安装

双击 R 图标，即可显示图 1-2 所示的界面。

语言一般选择“English”，本书选择“中文（简体）”。

在图 1-2 中单击“确定”按钮，显示图 1-3 所示的界面。

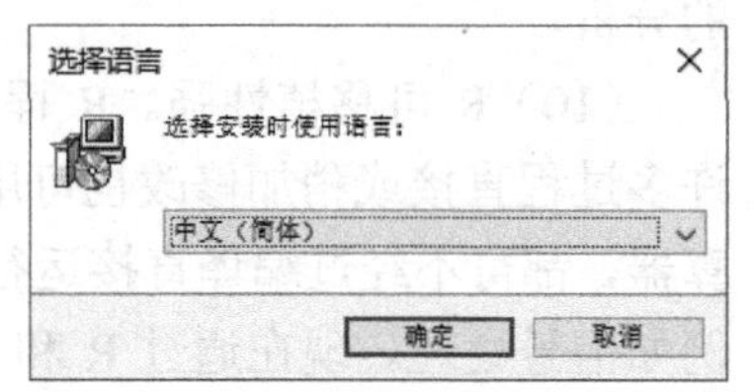

图 1-2　选择安装语言

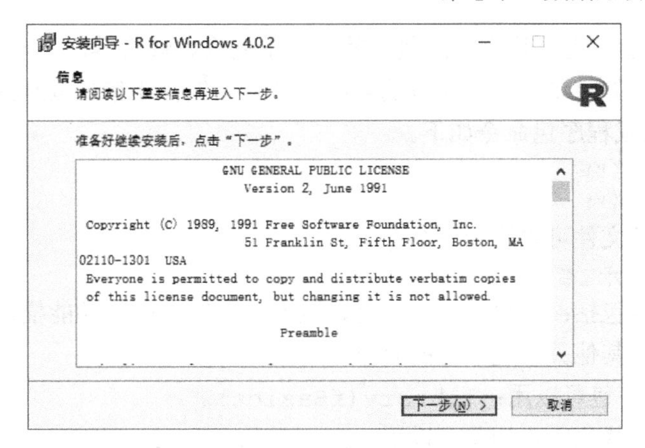

图1-3　安装向导1

单击图1-3中的“下一步”按钮，显示图1-4所示的界面。

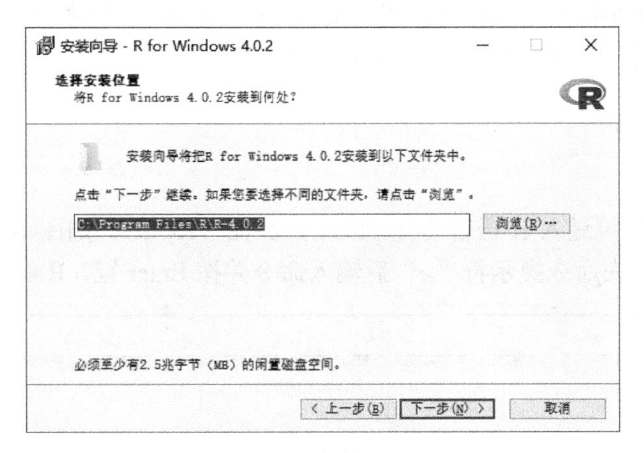

图1-4　安装向导2

选择默认文件夹或根据实际需要改变图1-4中的文件夹，即可安装R到默认文件夹或者指定的文件夹，例如E:\R 4.0.2。

完成上述步骤就可以真正开始R的使用了，但这里推荐大家再安装R的一个语言集成开发环境，叫作RStudio。安装RStudio后，我们可以直接打开RStudio。这样就可以灵活地使用R语言了。

4. R语言程序包的安装

R语言程序包的安装命令：`install.packages("package_name","dir")`。

package_name是指定要安装的程序包名，请注意大小写。

dir是程序包安装的路径。默认情况下程序包是安装在library文件夹中的。可以通过本参数进行修改和选择安装的文件夹。

如：

```
> install.packages("DAAG")
```

即安装数据分析与图形程序包。

```
> install.packages("fBasics")
```

即安装 fBasics 程序包，有了这个程序包，就可以求偏度、峰度等。

程序包安装后，如果要使用程序包的功能，必须先把程序包加载到内存中（R 启动后默认加载基本包），加载程序包命令如下。

```
library("程序包名")
require("程序包名")
```

查看程序包帮助文件可以用如下命令。

```
library(help=程序包名)
```

程序包主要内容包括：程序包名、作者、版本、更新时间、功能描述、开源协议、存储位置、主要的函数。其他关于程序包的命令如下。

加载 fBasics 程序包可以用：`library(fBasics)`。

查看当前环境哪些程序包加载可以用：`find.package()`或者`.path.package()`。

将程序包移除出内存可以用：`detach()`。

把其他程序包的数据加载到内存中可以用：`data(dsname, package="程序包名")`。

查看这个程序包里的所有数据可以用：`data(package="程序包名")`。

列出所有安装的程序包可以用：`library()`。

5. R 启动和退出

（1）R 启动

双击 R 图标，即可进入 R 语言的交互式用户界面（RGui），如图 1-5 所示。R 是按照问答的方式运行的，即在命令提示符“>”后输入命令并按 Enter 键，R 就完成一些操作。

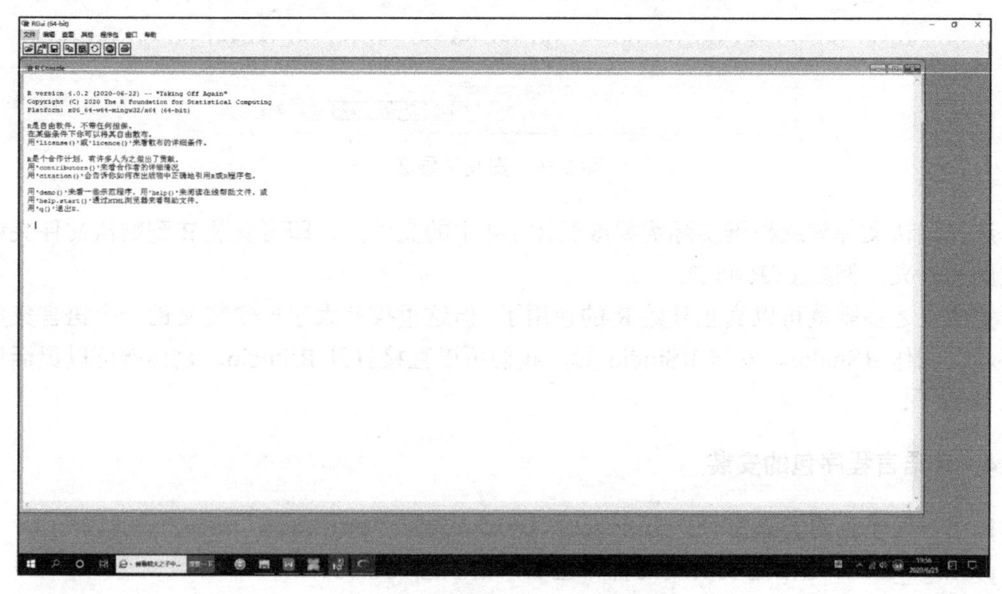

图 1-5　R 语言的交互式用户界面

（2）R 退出

在命令提示符“＞”后输入 q()或单击“文件”下的“退出”，退出时可选择是否保存工作空间，根据实际选择其中之一。默认文件名为 R 安装目录的 bin 子目录下的 R.RDdata。以后可以通过命令 load()或者通过菜单“文件”下的“加载工作空间”进行加载，进而继续前一次的工作。

6. R 语言的在线帮助系统

R 语言的在线帮助系统，可通过在命令提示符“>”后输入命令 help.start()得到帮助。或者通过?topic、help(topic)、help.search(topic)等命令得到帮助。

topic 内容包括：Description（描述）、Usage（默认选项）、Arguments（参数）、Details（详情）、Value（数值）等说明。

R 有一个内嵌帮助工具。为了得到特定名字的函数的帮助文件，如 solve()，可以使用如下命令。

```
> ?solve
```

另外一种办法如下。

```
> help(solve)
```

solve()是一个解方程的函数。

注意：R 语言命令的大、小写是有区别的。如它认为 A 和 a 是不同的符号且指向不同的变量。

练习题

1. 简述商业数据的类型、来源。
2. 简述数据分析的常用工具。
3. R 语言与 Python、Stata、EViews、SPSS、SAS、MATLAB 等统计语言有何区别？
4. 在 CRAN 社区下载最新版本的 R 到指定的目录，安装到指定的目录，并启动和退出 R。

第2章 R语言的数据对象及其类型

R 语言是一种解释型的编程语言，这就意味着输入的命令能够直接被执行，而不像其他语言（如 C 语言等）需要编译和连接等操作。R 语言中进行的所有操作都是针对存储在活动内存中的对象的。数据、结果、图表的输入和输出都是通过文件读写来实现的。用户通过输入一些命令调用函数，得出的分析结果可以直接显示在屏幕上，也可以存入某个对象或被写入某个硬盘（如图片对象）。所有能使用的 R 函数都被包含在一个库（library）中，该库存放在 R 安装文件夹的 library 目录下。

本章我们将介绍 R 语言中的向量、因子、数组、矩阵、数据框、时间序列、列表等对象。

2.1 R 语言的对象与属性

R 语言是通过一些对象来运行的，这些对象是通过它们的名称和内容来描述的，也通过对象的数据类型即属性来描述对象。所有对象都有两个内在属性：数据类型和长度。数据类型是指对象元素的基本种类，共有 4 种：数值型，包括整型、单精度实型、双精度实型等；字符型，用单/双引号界定；复数型；逻辑型（FALSE、TRUE 或 NA）。下面对 4 种数据类型进行简单介绍。

1. 数值型

虽然还存在其他类型，如函数或表达式，但是它们并不能用来表示数据。长度是对象中元素的数目。对象的数据类型和长度可以分别通过 mode()和 length()得到，例如：

```
> x<-1
> mode(x)
[1] "numeric"
> length(x)
[1] 1
> A<-"R Language";compar<-TRUE;z<-1i
> mode(A);mode(compar);mode(z)
[1] "character"
[1] "logical"
[1] "complex"
```

无论是什么类型的数据，缺失的数据常用 NA（Not Available，不可用的）来表示。而值很大的数则可以用指数形式来表示：

```
> N<-2.5e20
> N
[1] 2.5e+20
```

R语言可以正确地表示无穷的数值，如用Inf和-Inf表示+∞和-∞，或者用NaN（Not a Number，不是一个数字）表示不是数字的值。

```
> x<-8/0
> x
[1] Inf
> x<-8/0
> x
[1] Inf
> exp(x)
[1] Inf
> exp(-x)
[1] 0
> Inf-Inf
[1] NaN
> 0/0
[1] NaN
> sqrt(-8)
[1] NaN
警告信息:
In sqrt(-8) : 产生了NaNs
> sqrt(-16+0i)   #按照复数进行运算
[1] 0+4i
```

2．字符型

字符型数值在输入时必须加上双引号（""），如果需要引用双引号，可以让它跟在反斜杠"\"后面。在某些函数如cat()的输出显示或write.table()写入磁盘中，双引号会以特殊的方式处理，如：

```
> x<-"Double quotes\"delimitate R's strings."
> x
[1] "Double quotes\"delimitate R's strings."
> cat(x)
Double quotes"delimitate R's strings.
```

另一种表示字符型数值的方法，即用单引号（'）来界定变量，这种情况下不需要用反斜杠来引用双引号。

```
> x<-'Double quotes\"delimitate R\'s strings.'
> x
[1]"Double quotes\"delimitate R's strings."
```

3．复数型

复数是实数的延伸。任一复数都可表示为a+bi，其中a和b都为实数，分别称为复数的实部和虚部；而i为虚数单位，它是-1的一个平方根，即$i^2=-1$。

在R语言中，复数的基本运算都可以实现，例如：

```
z1 <- 2 - 3i
```

```
z2 <- 1 + 4i
z1 + z2
[1] 3+1i
z1 / z2
[1] -0.5882353-0.6470588i
log(z1)
[1] 1.282475-0.982794i
exp(z1)
[1] -7.31511-1.042744i
sin(z1)
[1] 9.154499+4.168907i
```

关于处理复数（比如 $z=a+bi$），R 语言中还有以下一些特别的函数。

Re(z)：获取复数的实部。

Im(z)：获取复数的虚部。

Mod(z)：计算复数的模。

Arg(z)：计算复数的相位（幅角），即 $\theta=\arctan(b/a)$，结果为弧度值。

Conj(z)：计算复数的共轭，即 $a-b$i。

实例如下：

```
z <- 3 + 4i
Re(z)
[1] 3
Im(z)
[1] 4
Mod(z)
[1] 5
Arg(z)
[1] 0.9272952
Conj(z)
[1] 3-4i
```

一些其他函数，例如：

```
z <- 3 + 4i
is.complex(z)    ### 判断一个数是否为复数
[1] TRUE
is.complex(4)
[1] FALSE
as.complex(3.5)  ### 将一个数转化为复数
[1] 3.5+0i
```

4. 逻辑型

R 语言的逻辑型数值计算有以下操作。

（1）取非（!）

取非操作的代码如下：

```
> x <- TRUE
> !x
```

输出结果为：FALSE。

又如：

```
> x <- c(T,T,F,T,F)
> !x
```

输出结果为：F,F,T,F,T。

（2）取与（&和&&）

&和&&都是逻辑与运算符，操作分别是x&y和x&&y。

例如：

```
> x <- c(T,T,F)
> y <- c(F,T,F)
> x&&y
[1] FALSE
> x&y
[1] FALSE  TRUE FALSE
```

从上面的代码可以看到，&是对每一个元素逐一求与，而&&是对第一个元素求与。

（3）取或（|和||）

|和||的使用与上文的运算符类似。

例如：

```
> x <- c(T,T,F)
> y <- c(F,T,F)
> x|y
[1] TRUE  TRUE FALSE
> x||y
[1] TRUE
```

表2-1描述了各种数据对象及其类型。

表2-1　　数据对象及其类型

数据对象	类型	是否允许同一对象中有多种类型
向量	数值型、字符型、复数型、逻辑型	否
因子	数值型、字符型	否
数组	数值型、字符型、复数型、逻辑型	否
矩阵	数值型、字符型、复数型、逻辑型	否
数据框	数值型、字符型、复数型、逻辑型	是
时间序列	数值型、字符型、复数型、逻辑型	否
列表	数值型、字符型、复数型、逻辑型、函数、表达式……	是

说明如下。

（1）向量是一个变量的取值，是R语言中最常用、最基本的操作对象；因子是一个分类变量；数组是一个多维的数据表；矩阵是数组的一个特例，其维数为2。数组或矩阵中的所有元素都必须是同一类型的；数据框由一个/几个向量或因子构成，它们必须是等长的，但可以是不同的数据类型；"ts"表示时间序列数据，它包含一些额外的属性，例如频率和时间；列表可以包括任何类型的对象，也可以包括列表。

（2）对于一个向量，用它的类型和长度足够描述数据；而其他对象则需一些额外信息，这些信息由外在的属性给出，例如，这些属性中表示对象维数的dim，一个2行2列的矩阵，它的dim是一对数值，即[2,2]，但是其长度是4。

（3）R 语言中主要有 3 种类型的运算符，表 2-2 列出了这些运算符，其中数学运算符和比较运算符作用于两个元素上（如 x+y，a<b）；数学运算符不只作用于数值型或复数型变量，也可以作用于逻辑型变量，而且逻辑型变量被强制转换为数值型。比较运算符适用于任何类型，返回结果是一个或几个逻辑型变量。逻辑型运算符适用于一个（对于“!”运算符）或两个逻辑型对象（对于其他运算符），并且返回一个（或几个）逻辑型变量。运算符“逻辑与”和“逻辑或”存在两种形式：“&”和“|”作用在对象中的每一个元素上并且返回与比较次数相等长度的逻辑值；“&&”“||”只作用在对象的第一个元素上。

表 2-2　　运算符

<table>
<tr><th colspan="2">数学运算符</th><th colspan="2">比较运算符</th><th colspan="2">逻辑运算符</th></tr>
<tr><th>符号</th><th>含义</th><th>符号</th><th>含义</th><th>符号</th><th>含义</th></tr>
<tr><td>+</td><td>加法</td><td><</td><td>小于</td><td>!</td><td>逻辑非</td></tr>
<tr><td>−</td><td>减法</td><td>></td><td>大于</td><td>&</td><td>逻辑与</td></tr>
<tr><td>*</td><td>乘法</td><td><=</td><td>小于或等于</td><td>&&</td><td>逻辑双与</td></tr>
<tr><td>/</td><td>除法</td><td>>=</td><td>大于或等于</td><td>|</td><td>逻辑或</td></tr>
<tr><td>^</td><td>乘方</td><td>==</td><td>等于</td><td>||</td><td>逻辑双或</td></tr>
<tr><td>%%</td><td>模</td><td>!=</td><td>不等于</td><td>^</td><td>异或</td></tr>
<tr><td>%/%</td><td>整除</td><td>—</td><td>—</td><td>—</td><td>—</td></tr>
</table>

2.2 对象的显示和删除

可以使用函数 ls()来显示所有在内存中的对象。但 ls()只会显示对象名，例如：

```
> name<-"zsq";n1<-8;n2<-120;m<-0.6
> ls()
[1] "m"     "n1"    "n2"    "name"
```

如果只显示名称中带有某个指定字符的对象，可用选项 pattern 来实现。

```
> ls(pattern="m")
[1] "m"     "name"
```

如果只显示名称中某个字母开头的对象，可用如下代码。

```
> ls(pattern="^m")
[1] "m"
```

运行函数 ls.str()将会显示内存中所有对象的详细信息。

```
> ls.str()
m :  num 0.6
n1 :  num 8
n2 :  num 120
name :  chr "zsq"
```

要删除内存中的某个对象，可以用函数 rm()。

例如，运行 rm(n1)将会删除对象 n1。

```
> rm(n1)
> ls()
[1] "m"     "n2"    "name"
```

下面通过例子来说明向量、数组与矩阵、数据框、时间序列及列表等对象的构成。

2.3 R 语言向量

2.3.1 数值型向量

在统计分析中，最为常用的是数值型向量，它们可用如下 4 种方法建立。

（1）seq()函数或者“:”：若向量（序列）具有较为简单的规律。

（2）rep()函数：若向量（序列）具有较为复杂的规律。

（3）c()函数：若向量（序列）没有规律。

（4）scan()函数：通过键盘逐个输入。

下面对上述的 4 种方法分别举例说明。

```
> 1:10
 [1]  1  2  3  4  5  6  7  8  9 10
> 1:10-1
 [1] 0 1 2 3 4 5 6 7 8 9
> 1:(10-1)                          #注意有无括号的区别
[1] 1 2 3 4 5 6 7 8 9
> z<-seq(1,5,by=0.5)                #等价于 seq(from=1,to=5,by=0.5)
> z
[1] 1.0 1.5 2.0 2.5 3.0 3.5 4.0 4.5 5.0
> z<-seq(1,10,length=11)            #等价于 seq(1,10,length.out=11)
> z
 [1]  1.0  1.9  2.8  3.7  4.6  5.5  6.4  7.3  8.2  9.1 10.0
> z<-rep(2:5,2)                     #等价于 rep(2:5,times=2)
> z
[1] 2 3 4 5 2 3 4 5
> z<-rep(2:5,rep(2,4))
> z
[1] 2 2 3 3 4 4 5 5
> z<-rep(1:3,time=4,each=2)
> z<-x<-c(42,7,64,9)
> z
[1] 42  7 64  9
> z<-scan()                         #通过键盘建立向量
1: 1.0 1.5 2.0 2.5 3.0 3.5 4.0 4.5 5.0
10:
Read 9 items
> z
[1] 1.0 1.5 2.0 2.5 3.0 3.5 4.0 4.5 5.0
> z<-sequence(3:5)
> z
 [1] 1 2 3 1 2 3 4 1 2 3 4 5
> z<-sequence(c(10,5))
> z
 [1]  1  2  3  4  5  6  7  8  9 10  1  2  3  4  5
```

2.3.2 字符型向量

字符和字符型向量在 R 语言中广泛使用，如图表的标签。在显示的时候，相应的字符串用双引号界定，字符串在输入时可以使用单引号（' '）或双引号（" "），且后引号（"）在输入时应写作\"。字符型向量可以通过函数 c()连接。函数 paste()可以接收任意个数的参数，并从它们中逐个取出字符并连成字符串，形成的字符串的个数与参数中最长字符串的长度相同。如果参数中包含数字的话，数字将被强制转化为字符串。在默认情况下，参数中的字符串是用单空格分隔的，不过通过参数 sep=string，用户可以把它更改为其他字符串（包括空字符串）。

例如：

```
> z<-c("green","blue sky","=88")
> z
[1] "green"    "blue sky" "=88"
> labs<-paste(c("X","Y"),1:10,seq="")
> labs
 [1] "X 1 "  "Y 2 "  "X 3 "  "Y 4 "  "X 5 "  "Y 6 "  "X 7 "  "Y 8 "  "X 9 "
[10] "Y 10 "
```

2.3.3 逻辑型向量

与数值型向量相同，R 允许对逻辑型向量进行操作，一个逻辑型向量的值可以是 TRUE、FASLE 和 NA，前两个值可简写为 T 和 F。逻辑型向量是由条件给出的，例如：

```
> x<-c(10.4,5.6,3.1,6.8,16.5)
> temp<-x>12
> temp
[1] FALSE FALSE FALSE FALSE TRUE
```

temp 是一个与 *x* 长度相同，元素根据是否与条件相符而由 TRUE、FASLE 组成的向量。逻辑型向量可以在普通的运算中被使用，此时它们被转化为数值型向量，TRUE 对应 1，FASLE 对应 0。看几个实例：

```
> x<-8!=9
> x
[1] TRUE
> x<-8! =9
> x
[1] 10.4  5.6  3.1  6.8 16.5
> x<-!(7==6)
> x
[1] TRUE
```

2.3.4 因子型向量

一个因子或因子型向量不仅包括分类变量本身，还包括变量不同的可能水平（即使它们在数据中不出现），因子利用函数 factor()创建。其调用格式如下：

```
factor(x,levels=sort(unique(x),na.last=TRUE),labels=levels,exclude=NA,ordered=
is.ordered(x))
```

说明：levels 用来指定因子的水平（默认值是向量 *x* 中不同的值）；labels 用来指定水平因子的名称；exclude 表示从向量中剔除的水平值；ordered 是一个逻辑选项，用来指定因子的水平是否有次序。这里 x 可以是数值型或字符型，这样对应的因子也就称为数值型因子或字符型因子。因此，因子的建立可以通过字符型向量或数值型向量来建立，且可以相互转化。

（1）将字符型向量转换为因子。

```
> a<-c("freen","blue","green","yellow")
> a<-factor(a)
> a
[1] freen  blue   green  yellow
Levels: blue freen green yellow
```

（2）将数值型向量转换为因子。

```
> b<-c(1,2,3,2)
> b<-factor(b)
> b
[1] 1 2 3 2
Levels: 1 2 3
```

（3）将字符型因子转化为数值型因子。

```
> a<-c("green","blue","green","yellow")
> a<-factor(a)
> levels(a)<-c(1,2,3,4)
> a
[1] 2 1 2 3
Levels: 1 2 3 4
> gg<-factor(c("A","B","C"),labels=c(1,2,3))
> gg
[1] 1 2 3
Levels: 1 2 3
```

（4）将数值型因子转化为字符型因子。

```
> b<-c(1,2,3,1)
> b<-factor(b)
> levels(b)<-c("low","middle","high")
> b
[1] low    middle high   low
Levels: low middle high
> gg<-factor(1:3,labels=c("A","B","C"))
> gg
[1] A B C
Levels: A B C
```

注意：函数 levels()用来提取一个因子中可能的水平值，例如：

```
> gg<-factor(c(2,4),levels=2:5)
> gg
[1] 2 4
Levels: 2 3 4 5
> levels(gg)
[1] "2" "3" "4" "5"
```

（5）函数 gl()可产生规则的因子序列。

gl()函数的用法是 gl(k,n)，其中 k 是水平数，n 是每个水平重复的次数。此函数有两个选项：length 用来指定产生数据的个数，label 用来指定每个水平因子的名称。例如：

```
> gl(3,4)
 [1] 1 1 1 1 2 2 2 2 3 3 3 3
Levels: 1 2 3
> gl(3,4,length=20)
```

```
 [1] 1 1 1 1 2 2 2 2 3 3 3 3 1 1 1 1 2 2 2 2
Levels: 1 2 3
> gl(2,4,label=c("Male","Female"))
[1] Male   Male   Male   Male   Female Female Female Female
Levels: Male Female
```

2.3.5 数值型向量的运算

向量可以用于算术表达式，操作是按照向量中的元素一个一个进行的。同一个表达式中的向量并不需要具有相同的长度，如果它们的长度不同，表达式的结果将是一个与表达式中最长向量有相同长度的向量，表达式中较短的向量会根据它的长度被重复使用若干次（不一定是整数次），直到与长度最长的向量相匹配，而常数被不断重复，这一规则称为循环法则。例如：

```
> x<-c(10.4,5.6,3.1,6.4,21.7)
> y<-c(x,0,x)
> v<-2*x+y+1
警告信息:
In 2 * x + y : 长的对象长度不是短的对象长度的整倍数
> v
 [1] 32.2 17.8 10.3 20.2 66.1 21.8 22.6 12.8 16.9 50.8 43.5
```

上述代码产生一个长度为11的新向量，其中2*x被重复两次，y被重复1次，常数1被重复11次。

为了方便使用，我们对向量的运算细分如下。

（1）向量与一个常数的“加、减、乘、除”为向量的每一个元素与此常数进行加、减、乘、除。

（2）向量的乘方（^）和开方（sqrt）运算为对每一个元素的乘方与开方，log()、exp()、sin()、cos()、tan()等普通的运算函数同样适用。

（3）同样长度向量的加、减、乘、除等运算为对应元素进行加、减、乘、除等。

（4）不同长度向量的加、减、乘、除遵循循环法则，但要注意通常要求向量的长度为倍数关系，否则会出现警告信息：“长的对象长度不是短的对象长度的整倍数”。

举例如下：

```
> 6+c(4,7,17)
[1] 10 13 23
> 6*c(4,7,17)
[1]  24  42 102
> c(-1,3,-17)+c(4,7,17)
[1]  3 10  0
> c(2,4,5)^2
[1]  4 16 25
> sqrt(c(2,4,25))
[1] 1.414214 2.000000 5.000000
> 1:2+1:4
[1] 2 4 4 6
> 1:4+1:7
[1]  2  4  6  8  6  8 10
警告信息:
In 1:4 + 1:7 : 长的对象长度不是短的对象长度的整倍数
```

2.3.6 常用统计函数

常用的统计函数功能如表 2-3 所示。

表 2-3 常用的统计函数功能

统计函数	功能
max(x)	向量 *x* 中最大的元素
min(x)	向量 *x* 中最小的元素
which. max(x)	向量 *x* 中最大的元素的下标
which. min(x)	向量 *x* 中最小的元素的下标
mean(x)	计算向量 *x* 的均值
median(x)	计算向量 *x* 的中位数
mad(x)	计算向量 *x* 的中位数绝对离差
var(x)	计算向量 *x* 的方差
sd(x)	计算向量 *x* 的标准差
range(x)	返回长度为 *x* 的向量
IQR(x)	计算样本的四分位数极差
quantile(x)	计算样本常用的分位数
summary(x)	计算常用的描述性统计量（最小、最大、平均值、中位数和四分位数）
length(x)	向量 *x* 的长度
sum(x)	向量 *x* 元素的总和
prod(x)	向量 *x* 元素的乘积
rev(x)	向量 *x* 的逆序
sort(x)	将向量 *x* 按升序排列，选项 decreasing=TRUE 表示降序
order(x)	向量 *x* 的秩（升序），选项 decreasing=TRUE 得到降序的秩
rank(x)	向量 *x* 的秩
cumsum(x)	向量 *x* 累积和
cumprod(x)	向量 *x* 累积积
cummin(x)	向量 *x* 累积最小值
cummax(x)	向量 *x* 累积最大值
var(x,y)	计算样本（向量）*x* 与 *y* 的方差
cov(x,y)	计算样本（向量）*x* 与 *y* 的协方差
cor(x,y)	计算样本（向量）*x* 与 *y* 的相关系数
outer(x,y)	计算样本（向量）*x* 与 *y* 的外积

函数 max()、min()、median()、var()、sd()、sum()、cumsum()、cumprod()、cummax()、cumin()常用于矩阵和数据框的计算，是有方向性的。对于矩阵，cov(*x*,*y*)、cor(*x*,*y*)分别用于求矩阵的协方差和相关系数。下文将举例说明。

2.3.7 向量的下标与子集（元素）的提取

选择一个向量的子集（元素）可以通过在其名称后的方括号中的索引向量来实现。一般地，任何结果为一个向量的表达式都可以通过追加索引向量来选择其中的子集。索引向量分为 4 种不同的类型来提取。

（1）正整数向量：提取向量中对应的元素。这种情况下索引向量中的值必须在集合{1,2,⋯,length(*x*)}中。返回的向量与索引向量有相同的长度，且按索引向量的顺序排列，如 x[6]表示第 6 个元素。举例如下：

```
> x<-c(4,2,3,5,3,7)
> x[1:4]
 [1] 4 2 3 5
```

上述代码选取了 *x* 的前 4 个元素。

```
> x[c(1,3)]
 [1] 4 3
```

上述代码取出向量 *x* 的第 1 个和第 4 个元素。

（2）负整数向量：去掉向量中与索引向量对应的元素。例如：

```
> y<-x[-(1:4)]
> y
[1] 3 7
```

上述代码从向量 *x* 中除去前 4 个元素得到向量 *y*。

（3）字符型向量：用于提取拥有 names 属性并由它来区分向量中元素的向量。这种情况下一个由名称组成的子向量发挥了和正整数的索引向量相同的作用。例如：

```
> fruit<-c(50,80,10,30)
> names(fruit)<-c("orange","banana","apple","peach")
> fruit
orange banana  apple  peach
    50     80     10     30
> lunch<-fruit[c("apple","orange")]
> lunch
 apple orange
    10   50
```

（4）逻辑型向量：取出满足条件的元素。在索引向量中返回值是 TRUE 的元素所对应的元素将被选出，返回值为 FALSE 的值所对应的元素将被忽略。例如：

```
> x<-c(50,20,30,56)
> x>30            #值大于 30 的逻辑值
[1]  TRUE FALSE FALSE TRUE
> x[x>30]         #值大于 30 的元素
[1] 50 56
> x[x<50&x>30]  #值小于 50 且大于 30 的元素
numeric(0)
> x[x>30]<-28    #值大于 30 的元素赋值为 28
> x
[1] 28 20 30 28
> y=runif(100,min=0,max=1) #在(0,1)上均匀分布 100 个随机数
> sum(y<0.5)                #值小于 0.5 元素的个数
[1] 46
```

```
> sum(y[y<0.5])              #值小于 0.5 元素的和
[1] 10.88907
> y<-x[!is.na(x)]            #x 中的非缺失值
> z<-x[(!is.na(x))&(x>0)]
> y   #显示 y 中的值
[1] 28 20 30 28
> z   #显示 z 中的值
[1] 28 20 30 28
```

2.4 R 语言数组与矩阵

数组是一个 k（大于或等于 1）维的数据表；矩阵是数组的一个特例，其维数 k=2。上文所讲的向量也可以看作维数 k=1 的数组。而且向量、数组或者矩阵中的所有元素都必须是同一类型的。对于一个向量，其属性由其类型和长度构成；而对于数组与矩阵，除了类型和长度两个属性外，还需要维数 dim 这个属性来描述。因此，如果一个向量需要在 R 语言中以数组的方式被处理，则必须含有一个维数向量作为它的 dim 属性。

2.4.1 数组的建立

R 语言中数组由函数 array()建立，其一般格式为：

```
>array(data,dim,dimnames)
```

其中 data 为向量，其元素用于构建数组；dim 为数组的维数向量（数值型向量）；dimnames 为由各维的名称构成的向量（字符型向量），缺省为空。

以一个三维的数据为例来说明。设 A 是一个存放在向量 a 的 24 个数据项组成的数组，A 的维数向量为 c(4,3,2)。维数可由>dim(A)<-c(3,4,2)建立。这样，>A<-array(a,dim=c(3,4,2))就建立了数组 A，24 个数据项在数组 A 中的顺序依次为：a[1,1,1],a[2,1,1],⋯,a[2,4,2],a[3,4,2]。

我们来看一个具体的例子。

```
> A<-array(1:8,dim=c(2,2,2))
> A
, , 1

     [,1] [,2]
[1,]    1    3
[2,]    2    4

, , 2

     [,1] [,2]
[1,]    5    7
[2,]    6    8

> dim(A)
[1] 2 2 2
> dimnames(A)<-list(c("a","b"),c("c","d"),c("e","f"))
> A
, , e
```

```
  c d
a 1 3
b 2 4

, , f

  c d
a 5 7
b 6 8

> colnames(A)
[1] "c" "d"
> rownames(A)
[1] "a" "b"
> dimnames(A)
[[1]]
[1] "a" "b"

[[2]]
[1] "c" "d"

[[3]]
[1] "e" "f"
```

如果数据项太少，则采用循环准则填充数组或矩阵。

2.4.2 矩阵的建立

因为矩阵是数组的特例，所以矩阵也可以用函数 array()来建立，例如：

```
> A<-array(1:6,c(2,3))
> A
     [,1] [,2] [,3]
[1,]    1    3    5
[2,]    2    4    6
> A<-array(1:4,c(2,3))
> A
     [,1] [,2] [,3]
[1,]    1    3    1
[2,]    2    4    2
> A<-array(1:8,c(2,3))
> A
     [,1] [,2] [,3]
[1,]    1    3    5
[2,]    2    4    6
```

由于矩阵在数学及统计中的特殊性，在 R 语言中最为常用的是使用函数 matrix()建立矩阵，而对角矩阵用函数 diag()建立更为方便，例如：

```
> X<-matrix(1,nr=2,nc=2)   #建立元素为 1 的 2 行 2 列矩阵
> X
     [,1] [,2]
[1,]    1    1
[2,]    1    1
```

```
> X<-diag(3)     #生成单位矩阵
> X
     [,1] [,2] [,3]
[1,]    1    0    0
[2,]    0    1    0
[3,]    0    0    1
> v<-c(10,20,30)
> diag(v)
     [,1] [,2] [,3]
[1,]   10    0    0
[2,]    0   20    0
[3,]    0    0   30
> diag(2.5,nr=3,nc=5)
     [,1] [,2] [,3] [,4] [,5]
[1,]  2.5  0.0  0.0    0    0
[2,]  0.0  2.5  0.0    0    0
[3,]  0.0  0.0  2.5    0    0
> X<-matrix(1:4,2)    #等价于 X<-matrix(1:4,2,2)
> X
     [,1] [,2]
[1,]    1    3
[2,]    2    4
> rownames(X)<-c("a","b")
> colnames(X)<-c("c","d")
> X
  c d
a 1 3
b 2 4
> dim(X)
[1] 2 2
> dimnames(X)
[[1]]
[1] "a" "b"

[[2]]
[1] "c" "d"
```

注意：循环准则仍然适用于函数 matrix()，但要求数据项的个数等于矩阵的列数的倍数，否则会出现警告。

矩阵的维数使用函数 c()会得到不同的结果（除非是方阵），因此需要小心。

数据项填充矩阵的方向可通过参数 byrow 来指定，其缺省是按列填充的（byrow=FALSE）。byrow=TRUE 表示按行填充数据。

再看几个例子：

```
> X<-matrix(1:4,2,4)    #按列填充
> X
     [,1] [,2] [,3] [,4]
[1,]    1    3    1    3
[2,]    2    4    2    4
> X<-matrix(1:4,2,3)
```

警告信息：

```
In matrix(1:4, 2, 3) : 数据长度[4]不是矩阵列数[3]的整倍数
> X<-matrix(1:4,c(2,3))    #不经常使用
> X
     [,1] [,2]
[1,]    1    3
[2,]    2    4
> X<-matrix(1:4,c(2,3))
> X
     [,1] [,2]
[1,]    1    3
[2,]    2    4
> X<-matrix(1:4,2,4,byrow=TRUE)  #按行填充
> X
     [,1] [,2] [,3] [,4]
[1,]    1    2    3    4
[2,]    1    2    3    4
```

2.4.3 数组与矩阵的下标和子集（元素）的提取

同向量的下标一样，矩阵与数组的下标可以使用正整数、负整数和逻辑表达式，从而实现子集的提取或修改。

```
> x<-matrix(1:6,2,3)
> x
     [,1] [,2] [,3]
[1,]    1    3    5
[2,]    2    4    6
> x[2,2]  #提取 2 行 2 列中的一个元素 4
[1] 4
> x[2,]   #提取第 2 行
[1] 2 4 6
> x[,2]   #提取一个或若干个行或列
[1] 3 4
> x[,2,drop=FALSE]  #提取第 2 列
     [,1]
[1,]    3
[2,]    4
> x[,c(2,3),drop=FALSE]  #提取第 2 列、第 3 列
     [,1] [,2]
[1,]    3    5
[2,]    4    6
> x[-1,]  #去掉第 1 行
[1] 2 4 6
> x[,-2]   #去掉第 2 列
     [,1] [,2]
[1,]    1    5
[2,]    2    6
> x[,3]<-NA  #添加与替换元素
> x
     [,1] [,2] [,3]
[1,]    1    3   NA
[2,]    2    4   NA
```

```
> x[is.na(x)]<-1  #缺失值用 1 代替
> x
     [,1] [,2] [,3]
[1,]    1    3    1
[2,]    2    4    1
```

2.4.4　矩阵的运算函数

对于矩阵的运算，我们分别对通常的矩阵代数运算与统计运算进行讨论。

1．矩阵的代数运算

（1）转置函数 t()的使用方法

```
> X<-matrix(1:6,2,3)   #建立 2 行 3 列矩阵
> X
     [,1] [,2] [,3]
[1,]    1    3    5
[2,]    2    4    6
> t(X)  #对 X 矩阵进行转置，即行变为列
     [,1] [,2]
[1,]    1    2
[2,]    3    4
[3,]    5    6
```

（2）提取对角元 diag()的使用方法

```
> X<-matrix(1:4,2,2)  # 建立元素为 1、2、3、4 的 2 行 2 列矩阵
> diag(X)  #提取对角线上的元素
[1] 1 4
```

（3）矩阵按行合并 rbind()与按列合并 cbind()的使用方法

```
> m1<-matrix(1,nr=2,nc=2)
> m2<-matrix(2,nr=2,nc=2)
> rbind(m1,m2)   #m1 与 m2 按行合并
     [,1] [,2]
[1,]    1    1
[2,]    1    1
[3,]    2    2
[4,]    2    2
> cbind(m1,m2)  #按列合并
     [,1] [,2] [,3] [,4]
[1,]    1    1    2    2
[2,]    1    1    2    2
```

（4）矩阵的逐元乘积“*”的使用方法

```
> m2*m2
     [,1] [,2]
[1,]    4    4
[2,]    4    4
> rbind(m1,m2) %*% cbind(m1,m2)    #矩阵的代数乘积“%*%”
     [,1] [,2] [,3] [,4]
[1,]    2    2    4    4
[2,]    2    2    4    4
[3,]    4    4    8    8
```

```
[4,]    4     4     8   8
> cbind(m1,m2) %*% rbind(m1,m2)    #矩阵的代数乘积“%*%”
     [,1] [,2]
[1,]  10   10
[2,]  10   10
```

（5）方阵的行列式 det()的使用方法

```
> X<-matrix(1:4,2)  #建立矩阵
> X
     [,1] [,2]
[1,]    1    3
[2,]    2    4
> det(X)
[1] -2
```

其他函数：交叉乘积函数为 crossprod()；特征根与特征向量函数为 eigen()；QR 分解函数为 qr()，读者可自行查阅相关资料。

2．矩阵的统计运算

在介绍向量时我们已经提到了 max()、min()、median()、var()、sd()、sum()、cumsum()、cumprod()、cummax()、cumin()函数，这些函数常用于矩阵及数据框，它们是有方向性的，而函数 cov()和 cor()分别用于计算矩阵的协方差阵和相关系数阵。正是由于矩阵的排列是有方向性的（在 R 语言中规定矩阵是按列排的），若没有特别说明，上述函数的使用也是按列计算的，但也可以通过选项 MARGIN 来改变。

（1）apply()的使用方法

下面我们要用到对一个对象施加某种运算的函数 apply()，其格式为：

```
>apply(X,MARGIN,FUN)
```

其中 ***X*** 为参与运算的矩阵；MARGIN=1 表示按列计算，MARGIN=2 表示按行计算，MARGIN=c(1,2)表示按行列计算（在至少三维的数组中使用）；FUN 为上面的一个函数或“+”“−”“*”“\”等运算符（运算符必须放在引号中）。

（2）sweep()函数的使用方法

sweep()函数的格式为：

```
>sweep(X,MARGIN,STATS,FUN)
```

表示从矩阵 ***X*** 中按 MARGIN 计算 STATS，并从 ***X*** 中除去（sweep out）。下面举例说明求均值、中位数等。

（3）scale()函数的使用方法

R 语言函数 scale(m,center=T,scale=T)的标准化处理方法：scale()函数是对一组数进行处理，默认情况下是将一组数的每个数都减去这组数的平均值后再除以这组数的均方根。其中有两个参数，center=T 是默认的，表示将一组数中每个数减去平均值，若为 F，则不减平均值；scale=T 是默认的，表示将一组数中每个数除以均方根。其格式为：

```
scale(m,center=T,scale=T)
```

下面对以上的函数举例说明。

```
> m<-matrix(rnorm(n=12),nrow=3)
> apply(m,MARGIN=1,FUN=mean)     #求各行的均值
[1] -0.38284810 -0.01423686  0.60858473
```

```
> apply(m,MARGIN=2,FUN=mean)      #求各列的均值
[1]  0.009406387 -0.121520226 -0.615985899  1.010099443
> scale(m,center=T,scale=T)       #标准化处理
           [,1]       [,2]       [,3]       [,4]
[1,] -1.1389772  1.1517905 -0.9208508 -0.3793316
[2,]  0.4050250 -0.5049452  1.0637705 -0.7548344
[3,]  0.7339522 -0.6468454 -0.1429197  1.1341660
attr(,"scaled:center")
[1]  0.009406387 -0.121520226 -0.615985899  1.010099443
attr(,"scaled:scale")
[1] 1.1329466 0.2721586 0.3466937 1.3634728
> row.med<-apply(m,MARGIN=1,FUN=median)
> sweep(m,MARGIN=1,STATS=row.med,FUN="-")
           [,1]       [,2]       [,3]      [,4]
[1,] -0.9093491  0.5635943 -0.5635943 0.8645360
[2,]  0.6014181 -0.1258054 -0.1140433 0.1140433
[3,]  0.5692499 -0.5692499 -0.9372204 2.2848188
```

2.5 R语言数据框

一个完整的数据集通常是由若干个变量的若干个观测值组成的，在R语言中被称为数据框。数据框是一个对象，它与矩阵和二维数组在形式上是类似的，也是二维的，也有维数这个属性，且各个变量的观测值有相同的长度。但不同的是：在数据框中，行与列的意义是不同的，其中列表示变量，而行表示观测值。显示数据框时左侧会显示观测值的序号。

数据框的建立分为直接和间接两种方法。

2.5.1 数据框的直接建立

若在R语言中建立了一些向量并试图用它们生成数据框，则可以使用函数data.frame()。例如：

```
> x=c(42,7,64,9)
> y=1:4
> z.df=data.frame(INDEX=y,VALUE=x)
> z.df
  INDEX VALUE
1     1    42
2     2     7
3     3    64
4     4     9
```

数据框中的向量必须有相同的长度或其长度有倍数关系，如果其中有一个向量比其他的短，它将按循环法则“循环”整数次。例如：

```
> x=c(42,7,64,9)
> y=1:4
> z.df=data.frame(INDEX=y,VALUE=x)
> z.df
  INDEX VALUE
1     1    42
2     2     7
3     3    64
```

```
4     4     9
> weight<-c(70,56,85,58)
> x<-(c("adult","teen","adult","teen"))
> wag<-data.frame(weight,age=x)
> wag
  weight   age
1     70   adult
2     56   teen
3     85   adult
4     58   teen
> x<-1:4;y<-2:4
> data.frame(x,y)
```

运行上述代码，则显示如下错误。

错误于 data.frame(x, y)

这是因为 x 中是 4 行，y 中是 3 行，两者行数不同，所以出错。

2.5.2 数据框的间接建立

一个数据框还可以通过数据文件（文本文件、Excel 文件或其他统计语言的数据文件）读取并建立。下面我们通过一个例子来说明如何通过函数 read.table()读取文件 c:/data/zsq.txt 的观察值，并建立一个数据框。其他间接方法可参考第 3 章。已知存于 zsq.txt 上的数据如下：

```
reat  weight
A     4.5
B     NA
A     6.8
```

用下面的命令建立数据框 zsq。

```
> zsq<-read.table(file="c:/data/zsq.txt",header=T)
> zsq
  Treat  weight
1     A     4.5
2     B      NA
3     A     6.8
```

2.5.3 适用于数据框的函数

上文中我们讨论过矩阵的统计计算函数 max()、min()、median()、var()、sum()、cumsum()、cumprod()、cummax()、cumin()、cov()、cor()等同样适用于数据框，意义也相同。这里通过 R 语言内嵌的另一个数据集 Puromycin 来说明 summary()、pairs()和 xtables()等的使用。

```
> attach(Puromycin)       #挂接数据集使之激活
> help(Puromycin)         #显示前几行
> summary(Puromycin)      #显示主要的描述性统计量
```

结果如下：

```
      conc                rate            state
 Min.:0.0200        Min.: 47.0      treated:12
 1st Qu.:0.0600     1st Qu.: 91.5   untreated:11
 Median :0.1100     Median :124.0
 Mean:0.3122        Mean:126.8
 3rd Qu.:0.5600     3rd Qu.:158.5
 Max.:1.1000        Max.:207.0
```

从上述代码的运行结果可以看出，变量 conc 和 rate 是数值型的，而 state 为因子变量。各变量之间的关系可以通过成对数据的散点图显示。

```
> pairs(Puromycin,panel=panel.smooth)
```

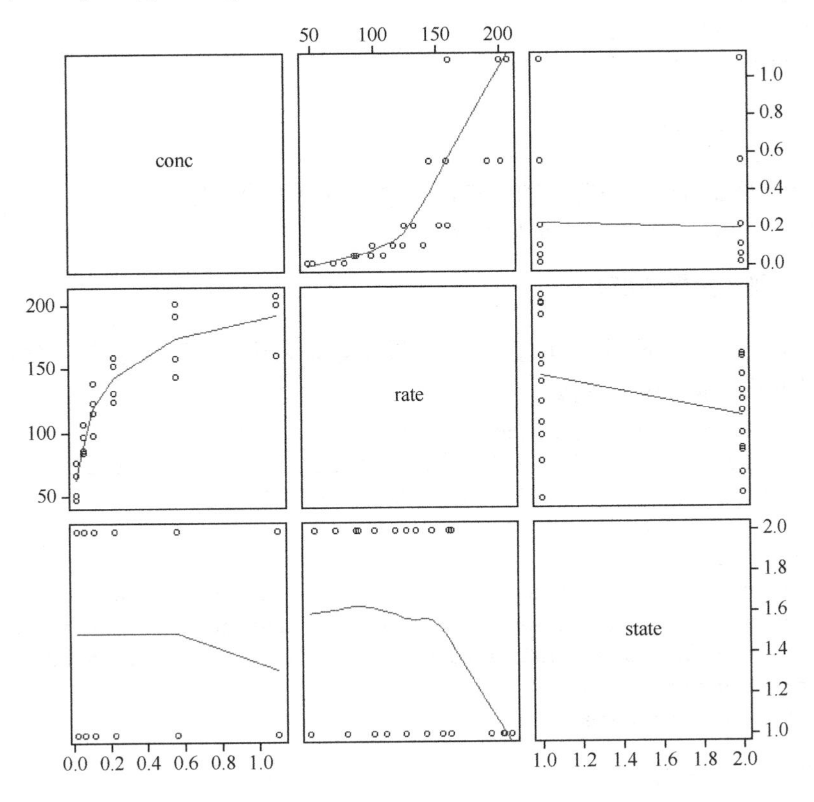

下面使用 xtabs()函数通过交叉分类因子产生一个列联表。

```
> xtabs(~state+conc,data=Puromycin)
           conc
state       0.02 0.06 0.11 0.22 0.56 1.1
treated        2    2    2    2    2   2
untreated      2    2    2    2    2   1
```

2.5.4 数据框的下标和子集的提取

数据框的下标和子集的提取与矩阵基本相同。不同的是：对于数据框列，可以使用变量的名称。仍以数据集 Puromycin 举例说明。

1. 提取单个元素

例如，提取第 1 行、第 1 列。

```
> Puromycin[1,1]
[1] 0.02
```

2. 提取一个子集

例如，提取第 1、3、5 行，第 1、3 列。

```
> Puromycin[c(1,3,5),c(1,3)]
```

```
  conc   state
1  0.02 treated
3  0.06 treated
5  0.11 treated
> Puromycin[c(1,3,5),]
  conc rate   state
1 0.02   76 treated
3 0.06   97 treated
5 0.11  123 treated
```

也可以使用变量名称来指定列的位置，上面的命令等价于如下命令。

```
> Puromycin[c(1,3,5),c("conc","state")]
```

3. 提取一列（变量的值）

一个数据框的变量对应数据框的一列，如果变量有名称，则可直接使用“数据框名$变量名”这种格式指向对应的列。例如：

```
> Puromycin$conc    #等价于 Puromycin[,1]
 [1] 0.02 0.02 0.06 0.06 0.11 0.11 0.22 0.22 0.56 0.56 1.10 1.10 0.02 0.02
[15] 0.06 0.06 0.11 0.11 0.22 0.22 0.56 0.56 1.10

> Puromycin$state
 [1] treated   treated   treated   treated   treated   treated   treated
 [8] treated   treated   treated   treated   treated   untreated untreated
[15] untreated untreated untreated untreated untreated untreated untreated
[22] untreated untreated
Levels: treated untreated
```

4. 提取满足条件的子集

例如，提取一个满足条件的子集。

```
> subset(Puromycin,state=="treated"&rate>160)
   conc rate   state
9  0.56  191 treated
10 0.56  201 treated
11 1.10  207 treated
12 1.10  200 treated
> subset(Puromycin,conc>mean(conc))
   conc rate    state
9  0.56  191   treated
10 0.56  201   treated
11 1.10  207   treated
12 1.10  200   treated
21 0.56  144 untreated
22 0.56  158 untreated
23 1.10  160 untreated
```

2.5.5 数据框中添加新变量

在原有的数据框中添加新的变量有 3 种方法。假设我们想在 Puromycin 中增加变量 iconc，其定义为 1/conc，则可分别使用以下 3 种方法。

（1）基本方法。

```
> Puromycin$iconc<-1/Puromycin$conc
```

（2）使用 with()函数。

```
> Puromycin$iconc<-with(Puromycin,1/conc)
```

（3）使用 transform()函数，且可一次性定义多个变量。

```
> Puromycin$iconc<-with(Puromycin,1/conc)
> Puromycin<-transform(Puromycin,iconc=1/conc,sqrtconc=sqrt(conc))
> head(Puromycin)
  conc rate   state     iconc  sqrtconc
1 0.02   76 treated 50.000000 0.1414214
2 0.02   47 treated 50.000000 0.1414214
3 0.06   97 treated 16.666667 0.2449490
4 0.06  107 treated 16.666667 0.2449490
5 0.11  123 treated  9.090909 0.3316625
6 0.11  139 treated  9.090909 0.3316625
```

2.6 R 语言时间序列

使用函数 ts()通过一向量或者矩阵创建一个一元或多元的时间序列（time series），称为 ts 型对象，其调用格式为：

```
ts(data=NA,start=1,end=numeric(0),frequency=1,deltat=1,ts.eps=getOption("ts.
eps"),class,name)
```

函数 ts()中包括一些表明序列特征的选项（其本身可使用默认值），具体说明如下。

- data：一个向量或矩阵。
- start：第一个观察值的时间，其值为一个数字或者是一个由两个整数构成的向量（见下面的例子）。
- end：最后一个观察值的时间，指定方法和 start 相同。
- frequency：单位时间内观察值的频数（频率）。
- deltat：两个观察值间的时间间隔（例如，月度数据的取值为 1/12），frequency 和 deltat 必须且只能给定其中一个。
- ts.eps：序列之间的误差限制。如果序列之间的频率差异小于 ts.eps，则认为这些序列的频率相等。
- class：对象的类型，一元序列的默认值是“ts”，多元序列的默认值是 c("mts","ts")。
- names：一个字符型向量，给出多元序列中每个一元序列的名称，默认为 data 中每列数据的名称或者 Series 1、Series 2、……。

下面列举一个使用函数 ts()创建时间序列的例子。

```
> ts(1:10,start=1959)
Time Series:
Start = 1959
End = 1968
Frequency = 1
 [1]  1  2  3  4  5  6  7  8  9 10
> ts(1:47,frequency=12,start=c(1959,2))
```

```
     Jan Feb Mar Apr May Jun Jul Aug Sep Oct Nov Dec
1959       1   2   3   4   5   6   7   8   9  10  11
1960  12  13  14  15  16  17  18  19  20  21  22  23
1961  24  25  26  27  28  29  30  31  32  33  34  35
1962  36  37  38  39  40  41  42  43  44  45  46  47
> ts(1:10,frequency=4,start=c(1959,2))
     Qtr1 Qtr2 Qtr3 Qtr4
1959         1    2    3
1960    4    5    6    7
1961    8    9   10
> ts(matrix(rpois(36,5),12,3),start=c(1961,1),frequency=12)
         Series 1 Series 2 Series 3
Jan 1961        4       10        4
Feb 1961        4        9        3
Mar 1961        7        8        7
Apr 1961        6        4        6
May 1961        5        5        2
Jun 1961        7        6        5
Jul 1961        4        8        3
Aug 1961        8        7        7
Sep 1961        6        6        6
Oct 1961        4        9        3
Nov 1961        8        3        3
Dec 1961        3        2        6
```

在本书第 10 章中，我们将进一步讨论 R 语言时间序列分析及其应用。

2.7 R 语言列表

对复杂的数据进行统计分析时，仅有向量与数据框还不够，有时还需要生成包含不同类型的对象。R 语言的列表（list）就是包含任何类型的对象。

列表可以用函数 list()创建，方法与创建数据框类似。和 data.frame()一样，默认值没有给出对象的名称。列表的下标和子集的提取也与数据框没有本质区别。在做数据分析时，通常是在提取部分对象后按上文讲述的向量、矩阵或数据框等进行运算，在此不再一一列举，下面仅举例说明。

```
> L1<-list(1:6,matrix(1:4,nrow=2))
> L1
[[1]]
[1] 1 2 3 4 5 6

[[2]]
     [,1] [,2]
[1,]    1    3
[2,]    2    4

> L2<-list(x=1:6,y=matrix(1:4,nrow=2))
> L2
$x
[1] 1 2 3 4 5 6
```

```
$y
     [,1] [,2]
[1,]    1    3
[2,]    2    4

> L2$x
[1] 1 2 3 4 5 6
> L2[1]
$x
[1] 1 2 3 4 5 6

> L2$x
[1] 1 2 3 4 5 6
> L2[1]
$x
[1] 1 2 3 4 5 6
> L2[[1]]
[1] 1 2 3 4 5 6
> L2[[1]][2]
[1] 2
> L2$x[2]
[1] 2
> L2$y[4]
[1] 4
```

练习题

请读者分别使用向量、数据框读入以下数据。

序号	conc	state
1	0.02	treated
2	0.06	treated
3	0.11	treated

第3章 R语言数据存储与读取

对于文件读取和写入的工作，R 语言是使用工作目录来完成的。如果一个文件不在工作目录中，则必须给出它的路径。可以使用命令 getwd()（获得工作目录）找到目录，使用命令 setwd("F:/2glkx")将当前工作目录改为：F:\2glkx（注意 R 语言中目录的分隔符使用正斜杠或两个反斜杠“\\”）。工作目录的设定也可以通过“文件”菜单的“改变当前目录”来完成。

3.1 R语言数据存储

R 语言中使用函数 write.table()或 save()在文件中写入一个对象，一般是写一个数据框，也可以是其他类型的对象（向量、矩阵、数组、列表等），我们以数据框为例加以说明，例如数据框 d 是用下面的命令建立的。

```
> d<-data.frame(obs=c(1,2,3),treat=c("A","B","A"),weight=c(2.3,NA,9))
```

1. 保存为简单的文本文件

命令如下。

```
> d<-data.frame(obs=c(1,2,3),treat=c("A","B","A"),weight=c(2.3,NA,9))
> write.table(d,file="F:/2glkx/zsq.txt",row.names=F,quote=F)
```

其中选项 row.names=F 表示行名不写入文件，quote=F 表示变量名不放在双引号中。

2. 保存为用逗号分隔的文本文件

命令如下。

```
> write.csv(d,file="F:/2glkx/zsq.txt",row.names=F,quote=F)
```

3. 保存为 R 格式文件

命令如下。

```
> save(d,file="F:/2glkx/zsq.Rdata")
```

在经过了一段时间的分析后，常需要将工作空间的映像保存起来，命令如下。

```
> save.image()
```

实际上它等价于：

```
> save(list=ls(all=TRUE),file=".Rdata")
```

也可通过“文件”菜单下的“保存工作空间”来完成文件的保存。关于上述 3 个函数的选项及具体使用，请查看它们的帮助文件。

3.2 R 语言数据读取

3.2.1 文本文件数据的读取

在 R 语言中可以用 read.table()、scan()和 read.fwf()这些函数来读取存储在文本文件（ASCII 文件）中的数据。

1. 使用函数 read.table()

函数 read.table()可用来创建一个数据框。read.table()函数是读取表格形式的数据的主要方法，这一点在上文已经提到过。下面再举一个例子，先在 F:\2glkx 下建立文件 house.dat，其内容如下。

```
   Price Floor Area Rooms Age Cent.head
01 52.00   111  830     5 6.2        no
02 54.75   128  710     5 7.5        no
03 57.50   101 1000     5 4.2        no
04 57.50   131  690     6 8.8        no
05 59.75    93  890     5 1.9       yes
```

则使用命令如下。

```
> setwd("F:/2glkx")
> HousePrice<-read.table(file="house.dat")
> HousePrice
   Price Floor Area Rooms Age Cent.head
01 52.00   111  830     5 6.2        no
02 54.75   128  710     5 7.5        no
03 57.50   101 1000     5 4.2        no
04 57.50   131  690     6 8.8        no
05 59.75    93  890     5 1.9       yes
```

建立数据框 HousePrice。默认情况下，数值项（除了行标号）被当作数值变量读入。非数值变量，如例子中的 Cent.head，被作为因子读入。如果明确数据的第一行作为表头行，则使用 header 选项如下。

```
> HousePrice<-read.table(file="house.dat",header=TRUE)
```

除了上面的基本形式外，read.table()还有 read.csv()、read.csv2()、read.delim()、readlim2()这 4 个变形。前两个读取用逗号分隔的数据；后两个则针对使用其他分隔的数据（它们不使用行号）。具体可参考 read.table()的帮助文件。如果上面的文件在取消行号后，每一个数据项加上逗号“,”，并改名为 house.csv，则上述命令修改如下。

```
> HousePrice<-read.csv(file="house.csv",header=TRUE)
```

2. 使用函数 scan()

函数 scan()比 read.table()要更加灵活，它们的区别之一是：函数 scan()可以指定变量的类型，例如我们先建立数据文件如下。

```
M  65  168
M  70  172
F  54  156
F  58  163
```

```
> mydata<-scan("data.dat",what=list("",0,0))
Read 4 records
> mydata
[[1]]
[1] "M" "M" "F" "F"
[[2]]
[1] 65 70 54 58
[[3]]
[1] 168 172 156 163
```

读取了数据文件 data.dat 中 3 个变量，第一个是字符型变量，后两个是数值型变量。其中第二个参数是一个名义列表结构，用来确定要读取的 3 个向量的模式。在名义列表中，可以直接命名对象，例如：

```
> mydata <-scan("data.dat",what=list(Sex="",Weight=0,Height=0))
Read 4 records
> mydata
$Sex
[1] "M" "M" "F" "F"

$Weight
[1] 65 70 54 58

$Height
[1] 168 172 156 163
```

函数 scan()与 read.table()的另一个重要区别在于，函数 scan()可以用来创建不同的对象，如向量、矩阵、数据框、列表等。在缺省情况下（what 被省略），函数 scan()将创建一个数值型向量。如果读取的数据类型与缺省类型或指定类型不符，将返回一个错误信息。更一般的说明可参考函数 scan()的帮助文件。

3. 使用函数 read.fwf()

函数 read.fwf()可以用来读取数据文件中一些固定宽度格式的数据。除了选项 widths 用来说明读取字段的宽度外，其他选项与 read.table()基本相同。例如，我们先建立文件 F:\2glkx\data.txt。

```
A1.501.2
A1.551.3
B1.601.4
B1.651.5
C1.701.6
C1.751.7
```

命令如下。

```
> setwd("F:/2glkx")
> mydata<-read.fwf("data.txt",widths=c(1,4,3),col.names=c("X","Y","Z"))
> mydata
```

得到：

```
  X    Y   Z
1 A 1.50 1.2
2 A 1.55 1.3
3 B 1.60 1.4
4 B 1.65 1.5
5 C 1.70 1.6
6 C 1.75 1.7
```

更多的说明可参考 read.fwf()的帮助文件。

3.2.2　Excel 数据的读取

有两种简单的方法可读取 Excel 电子表格中的数据。

1．使用剪贴板

使用剪贴板，即打开 Excel 中的电子表格，选择需要的数据区域，复制（使用 Ctrl+C 快捷键）到剪贴板中，然后在 R 语言中输入如下命令。

```
> mydata<-read.delim("clipboard")
> mydata
     公司 A   公司 B   公司 C
1  15.7954 25.8483 23.3923
2  18.1096 27.1296 24.0336
3  17.2228 26.2177 23.5039
4  16.3931 24.3938 22.4581
5  15.5634 26.0828 21.3913
6  16.2599 25.8535 22.3458
7  16.8354 24.4777 21.1025
8  18.0153 25.7313 22.7998
9  19.4385 28.0968 22.5169
10 19.6121 27.5198 21.9434
```

2．使用程序包 RODBC

读取文件“F:/2glkx/tzsy.xls”中工作表 1（sheet1）中的数据，并设为如下格式。

```
     s1    s2    b
1   0.00  0.07 0.06
2   0.04  0.13 0.07
3   0.13  0.14 0.05
4   0.19  0.43 0.04
```

可使用如下命令。

```
> install.packages("RODBC")
> library(RODBC)
> z<-odbcConnectExcel("F:/2glkx/tzsy.xls")
> sq<-sqlFetch(z,"Sheet1")
> sq
     s1    s2    b
1   0.00  0.07 0.06
2   0.04  0.13 0.07
3   0.13  0.14 0.05
4   0.19  0.43 0.04
5  -0.15  0.67 0.07
```

3.2.3　R 语言中数据集的读取

1．R 语言的标准数据集程序包——datasets

R 语言提供了一个基本的数据集程序包——datasets，其中包含了 100 多个数据集（通常

为数据框和列表)。它可以随着 R 的启动,一次性全部自动载入。通过如下命令:

```
> data()
```

就可列出全部的数据集(包括已经通过 library()加载的其他程序包的数据集)。输入数据集的名字或用 help(dataname)就可看到你所关心的数据集的信息。

2. 专用程序包中的数据集

要读取其他已经安装的专用程序包中的数据,可以使用 package 参数,命令如下。

```
> data(package="pkname")
```

上述代码可以列出程序包 pkname 中的所有数据集,但要注意的是,它们还未被载入 R 系统供浏览,而命令载入程序包 pkname 中的名为 dataname 的数据集。

```
> data(dataname,package="pkname")
```

这时数据 dataname 的信息就可通过其名称或 help()进行浏览。用户发布的程序包是一个丰富的数据集来源。

注意事项如下。

(1)从上面的例子可以看到 data()有两个功能:浏览数据列表和加载数据集。但可以浏览到的数据集并不一定已经加载。

(2)命令 library()用于加载程序包。程序包加载后,其函数可以使用,但其中的数据集仍未载入,需要使用 data()加载,通常的做法是逐个运行如下命令。

```
> library("pkname")
> data()            #或 data(dataname,package="pkname")
> data(dataname)    #或 data(dataname,package="pkname")
```

(3)data(dataname)将从第一个能够找到 data(dataname)的程序包中载入这个数据集。为避免载入同名的其他数据集,加上 package 选项是有必要的。

(4)加载的数据集中的变量是不能直接按其名字参与运算的,例如在 R 启动后,数据集 mtcars 中的变量 mpg 是无法直接按其名称浏览与参与计算的,例如要计算其平均值,可以使用命令:

```
> mean(mtcars$mpg)
[1] 20.09062
```

另一个方法是使用命令 attach(mtcars)将此数据集挂接进来,成为当前的数据集。这时 R 就将这个数据集中的变量放到一个临时的目录中以供访问。这时与上面命令等价的是:

```
> attach(mtcars)
> mean(mpg)
[1] 20.09062
```

一个好的习惯是在不用此数据集时将它挂起,即卸载(detach),命令如下。

```
> detach(mtcars)
```

3. 其他数据文件

R 也可以读取其他统计软件(如 SAS、SPSS、Stata、S-PLUS)的数据文件和访问 SQL 类型的数据库,程序包 foreign 提供了这一便利。由于它们仅对 R 的高级应用有用,此处不细说,具体可参考随 R 同时发行的 R data Import/Export 手册。

3.2.4 R 语言中数据集的加载

R 语言中的数据或一般的对象(包括向量、数据框、列表、函数等)可以通过 save()保存起来，文件名以.Rdata 为扩展名。例如我们以 mtcars 中的变量 mpg 和 hp 生成数据框 mtcars2，并保存在文件 myR.Rdata 中。

```
> attach(mtcars)
> mtcars2<-data.frame(mtcars[,c(1,4)])
> save(mtcars2,"C:/data/myR.Rdata")
```

使用如下命令可以重新加载进来。

```
> save("C:/data/myR.Rdata")
```

涉及多个数据集的统计分析经常使用这种方法保存与加载数据。

练习题

1. 15 名学生的身高和体重如表 3-1 所示。

表 3-1　　15 名学生的身高和体重

编号	体重/kg	身高/cm
1	58	115
2	59	117
3	60	120
4	61	123
5	62	126
6	63	129
7	64	132
8	65	135
9	66	139
10	67	142
11	68	146
12	69	150
13	70	154
14	71	159
15	72	164

（1）用数据框的形式读入数据。

（2）将上面的数据保存为一个纯文本文件，并用函数 read.table()读取该文件的数据。

2. 用 R 语言程序包 ODBC 读取表 3-2 某基金收益率的 Excel 文件数据。

表 3-2　　某基金收益率

编号	基金的收益率
1	0.564409196
2	0.264802098
3	0.947742641
4	0.276915401
5	0.118015848
6	0.40797025

续表

编号	基金的收益率
7	−0.72194916
8	0.871691048
9	0.461142898
10	0.421672612
11	0.894474566
12	0.058066156
13	0.675948739
14	0.898346186
15	0.521924734
16	0.841409445
17	0.211007655
18	0.564409196
19	0.264802098
20	0.947742641
21	0.276915401
22	0.118015848
23	0.40797025
24	−0.72194916
25	0.871691048
26	0.461142898
27	0.421672612
28	0.894474566
29	0.058066156
30	0.675948739
31	0.715280473
32	0.699069023
33	0.232268766
34	0.098187782
35	−0.594840407
36	0.353387356
37	0.807170928
38	0.102436937
39	0.577388406
40	0.109178342
41	−0.974608779
42	0.216238976
43	0.261074632
44	0.165020704
45	0.760604024

续表

编号	基金的收益率
46	0.371380478
47	0.379540861
48	−0.967873454
49	0.582328379
50	0.795299947

3．使用 R 语言程序包 RODBC 实现 R 语言与某数据库或 Excel 数据文件的连接。

第4章 R语言编程

到此，我们已经对R语言的功能有了一个较全面的了解。一些数据分析都是在R的窗口中进行的，但这对于复杂的数据分析显然是不方便的。下面从统计语言和编程角度来说明R编程中的一些基本技术。

4.1 R语言函数基础

R语言实际上是函数的集合，用户可以使用base、stats等程序包中的基本函数，也可以自己编写函数完成一定的功能。初学者往往认为编写R语言函数是一件十分困难的事情，或者难以理解。这里对如何编写R语言函数进行简要的介绍。

函数是对一些程序语句的封装。换句话说，编写函数可以减少人们对重复代码的书写，从而让R脚本程序更为简洁、高效，同时也增加了可读性。一个函数往往可以完成一项特定的功能，例如求标准差、求平均值、求生物多样性指数等。利用R语言进行数据分析，就是依靠调用各种函数来完成的。但是编写函数也不是轻易就能完成的，需要经过大量的编程训练。特别是对R语言中数据的类型、逻辑判别、下标、循环等内容有一定了解后，才好开始编写函数。对于初学者来说，最好的方法就是研究现有的R语言函数。因为R程序包都是开源的、所有代码可见的。研究现有的R语言函数能够使初学者的编程水平迅速提高。

R语言函数无须首先声明变量的类型，大部分情况下不需要进行初始化。一个完整的R语言函数，需要包括函数名称、函数声明、函数参数及函数体几个部分。

1. 函数名称

函数名称，即编写的函数的名称，这一名称是调用R函数的依据。

2. 函数声明

函数声明，如<- function，即声明该对象的类型为函数。

3. 函数参数

函数参数是虚拟的对象。函数参数所“携带”的数据，就是在函数体内部将要处理的值，或者对应的数据类型。函数体内部的程序语句进行数据处理，就是对参数的值进行处理，这种处理只在调用函数的时候才会发生。函数的参数可以有多种类型。R help对每个函数，及其参数的意义和所需的数据类型都进行了说明。

4. 函数体

函数体常常包括以下两个部分。

（1）异常处理

若输入的数据不能满足函数计算的要求，或者类型不符，这时候一定要设计相应的机制告知用户，输入的数据在什么地方有异常。异常又分为以下两种。

第一种，如果输入的数据异常情况不是很严重，可以经过转换，将其变为符合处理要求的数据时，此时只需要给用户一个提醒，告知其数据类型不符，但是函数本身已经进行了相应的转换。

第二种，数据完全不符合要求，在这种情况下，就要终止函数的运行，并告知用户是因为什么而导致函数不能运行。这样，用户在使用函数时出现异常的情况下才不至于茫然。

（2）运算过程

运算过程包括具体的运算步骤，运算过程与该函数要完成的功能有关。

R 运算过程中，应该尽量减少循环的使用，特别是嵌套循环。R 提供了 apply()、replicate() 等一系列函数来代替循环，应该尽量应用这些函数以提高效率。如果在 R 语言中，程序运算的速度实在太慢，那么核心部分只能依靠 C 或者 Fortran 等语言编写，然后用 R 调用这些编译好的模块，提高运算效率。

在运算过程中，需要大量用到 if 语句的条件作为判别的标准。if 和 while 都需要数据 TRUE/FALSE 这样的逻辑型变量。这就意味着，在 if 语句内部往往是对条件的判别，例如 is.na、is.matrix、is.numeric 等，或者对大小的比较，如 if(x > 0)、if(x == 1)、if(length(x) == 3)等。if 语句后面如果是 1 行，则花括号可以省略，否则就必须要将所有的语句都放在花括号中。

4.2 R 语言循环和向量化

相比下拉菜单式的程序，R 语言的一个优势在于它可以把一系列连续的操作简单化、程序化。这一点与所有其他计算机编程语言是一致的，但 R 语言有一些特性使得非专业人士也可以很简单地编写程序。

4.2.1 控制结构

与其他编程语言一样，R 语言有一些与其他语言类似的控制结构。

1. 条件语句

条件语句常用于避免除零或负数的对数等数学问题，它有如下两种形式。

```
if (条件) 表达式 1 else 表达式 2
ifelse (条件,yes,no)
```

例如：

```
> x=4
> if(x>=0) sqrt(x) else NA
[1] 2
```

```
> ifelse(x>=0,sqrt(x),NA)
[1] 2
```

2．循环

循环有如下两种形式。

（1）使用函数 for()：for(变量 in 向量)表达式。

（2）使用函数 while()：while(条件)表达式。

以上两种形式略有区别：若知道终止条件则用 for()；若无法知道运行次数，则用 while()。例如，比较下面的两种方法。

```
> for(i in 1:5) print (1:i)
[1] 1
[1] 1 2
[1] 1 2 3
[1] 1 2 3 4
[1] 1 2 3 4 5
> i=1
> while(i<=5) {
 print(1:i)
 i=i+1
 }
[1] 1
[1] 1 2
[1] 1 2 3
[1] 1 2 3 4
[1] 1 2 3 4 5
```

通常将一组命令放在花括号内。

假如有一个向量 $\boldsymbol{x}$，对于向量 $\boldsymbol{x}$ 中值为 b 的元素，把 0 赋给另外一个等长度的向量 $\boldsymbol{y}$ 的对应元素，否则赋 1，程序如下。

```
> for(i in 1:length(x)){
 if(x[i]==b)
   y[i]<-0
 else
   y[i]<-1
 }
```

4.2.2 向量化

在 R 语言中，很多情况下循环和控制结构可以通过向量化避免（简化）：向量化使得循环隐含在表达式中。比如，条件语句也可以用逻辑索引向量代替。上文的例子可以改写如下。

```
> y[x==b]<-0
> y[x!=b]<-1
```

在实际编程时，如果能将一组命令向量化，则应尽量避免循环，原因如下。

（1）代码更简洁。

（2）C 是一种编译语言，其运算效率是很高的；R 则是一种解释语言，其运算效率比 C 语言低。通常 C 语言比 R 语言的运算快 100 倍。

（3）在 R 语言中使用向量化，R 语言会立即调用 C 语言程序进行运算，因而极大提高运算的效率。

4.3 用 R 语言编写程序

一般情况下，R 语言程序以 ASCII 格式保存，扩展名为“.R”。如果一个运算要重复多次，用程序是一个不错的选择。下面先看几个简单例子。

例 4-1：编写程序在屏幕上显示“Hello,World!”，代码如下。

```
> print("Hello, World!")
[1] "Hello, World!"
```

上述代码中，>符号后面的内容是需要用户输入的；>符号不需要用户输入；每句代码输入完成后需要按 Enter 键。

例 4-2：产生 1～10 内的共 10 个数，然后每个数都加 1。

```
> x=1:10
> x=x+1
> x
[1] 2 3 4 5 6 7 8 9 10 11
```

上述代码中，x=1:10 表示产生 1、2、3、4、5、6、7、8、9、10 这些数字，x=x+1 表示每个数都加 1，最后输入 x 表示显示 x 这个变量。

4.4 用 R 语言编写函数

下面看一些自行编写程序函数的实例。

例 4-3：编写输入一个数，输出的数比这个数多 1 的函数。

```
> PR=function(a){
 return(a+1)
 }
> PR(10)
[1] 11
```

例 4-4：编写求某数平方的函数。

```
> sq2 = function(x) x * x
> sq2(9)
[1] 81
```

例 4-5：求任意 n 项的斐波那契数。

注意：斐波那契数列指的是这样一个数列 0,1,1,2,3,5,8,13,21,34,⋯。0 是第 0 项，不是第 1 项，这个数列从第 2 项开始，每一项都等于前 2 项之和。

那么，可编写一个函数名为 zsq()的程序如下。

```
> zsq<-function(n)
{ a<-numeric(n)
 a[1]<-1
 a[2]<-1
 for (i in 3:n){
   a[i]<-a[i-1]+a[i-2]
 }
```

```
 return(a)
 }
> zsq(10)
 [1]  1  1  2  3  5  8 13 21 34 55
```

4.5 用 R 语言编写标准函数的实例

1. 用 if 编写条件判断语句

```
## if 与条件判断
fun.test<-function(a,b,method="add"){
  if(method=="add") { ##if 或者 for/while
      res<-a+b       ## 若此处的语句只有一行，则无须使用花括号
  }
  if(method=="subtract"){
      res<-a-b
  }
 return(res)
}
> ### 检验结果
> fun.test(a=10,b=8,method="add")
[1] 18
> fun.test(a=10,b=8,method="subtract")
[1] 2
```

2. 用 for 循环编写算法

有些时候 for 循环是必须要用到的。在 for 循环内部，往往需要用下标访问数据内的元素，例如向量内的元素，这时候用方括号表示。一维的数据组合或者数组，常常称为向量。二维的数据组合，往往称为矩阵或者数据框。具体的访问方式主要区别于方括号内部有没有逗号。for 循环或者 while 循环有时候让人觉得比较困惑，读者可能需要专门学习。

```
### for 循环与算法
test.sum<-function(x)
{
    res<-0 ### 设置初始值，在第一次循环的时候使用
    for(iin1:length(x)){
        res<-res + x[i] ## 这部分是算法的核心
##总是先计算右边的表达式，并将其结果存到左边的对象
    }
    return(res)
}
> ### 检验函数
> a<-c(1,2,1,6,1,8,9,8)
> test.sum(a)
[1] 36
> sum(a)
[1] 36
```

无论是什么样的函数，算法都是最关键的。往往需要巧妙地设计算法，使函数运行得更快捷、高效。

3. 返回值

返回值就是函数给出的结果。打个比方，编写一个函数，就像自己制造一个机器，如现在制造好一台豆浆机，该豆浆机要求“输入”大豆，输入的大豆就是参数，“返回的结果”就是豆浆。如果该豆浆机需要不停地输入大豆，而不能产出豆浆，这样的机器就一定会被扔掉。函数也是一样的，需要输出返回值。R语言中默认的情况是将最后一条语句作为返回值。但是为了函数的可读性，应该尽量指明返回值。返回值用 return()函数输出。函数在内部处理过程中，一旦遇到 return()，就会终止运行，并将 return()内的数据作为函数处理的结果输出。

下面再举例说明 R 函数的编写方法。

例如：计算标准差。

```
sd2 <- function(x)
{
   # 异常处理，当输入的数据不是数值型时报错
   if(!is.numeric(x)){
      stop("the input data must be numeric!\n")
   }
   # 异常处理，当仅输入一个数据的时候，被告知不能计算标准差
   if(length(x) == 1){
      stop("can not compute sd for one number,
           a numeric vector required.\n")
   }
   ## 初始化一个临时向量，保存循环的结果
   ## 求每个值与平均值的平方
   x2 <- c()
   ## 求该向量的平均值
   meanx <- mean(x)
   ## 循环
   for(i in 1:length(x)){
       xn <- x[i] - meanx
       x2[i] <- xn^2
   }
      ## 求总平方和
   sum2 <- sum(x2)
   # 计算标准差
   sd <- sqrt(sum2/(length(x)-1))
   # 返回值
   return(sd)
}
## 程序的检验
## 正常的情况
> sd2(c(2,6,4,9,12))
[1] 3.974921
## 一个数值的情况
> sd2(3)
错误于 sd2(3) : can not compute sd for one number,
           a numeric vector required.
## 输入数据不为数值型时
> sd2(c("1", "2"))
```

错误于 sd2(c("1", "2")) : the input data must be numeric!

这样，一个完整的函数就编写完成了。当然，在实际情况下，函数往往更为复杂，可能有上百行。但是有经验的编程人员往往将复杂的函数编写成小的函数，便于程序的修改和维护。

再有就是编写 R 函数时一定要注意缩进，用 Notepad++、Tinn-R、RStudio 等编辑器，同时用等距字体（如 Consolas、Courier new 等）和语法高亮显示。这样便于快速找到其中的错误。

4.6 R 语言面向对象的编程及其实例

面向对象是一种对现实世界理解和抽象的方法，当代码复杂度增加到难以维护的时候，面向对象就显得非常重要。在工业界的引导下，R 语言将走向大规模的企业应用。因此，面向对象的编程方式将成为 R 语言非常重要的发展方向。

4.6.1 什么是面向对象

面向对象是计算机编程技术发展到一定阶段后的产物。早期的计算机编程是基于面向过程的方法。例如，实现算术运算 2+3+4=9，通过设计一个算法就可以解决当时的问题。

随着计算机技术水平的不断提高，计算机被用于解决越来越复杂的问题。一切事物皆对象，通过面向对象的方式，将现实世界的事物抽象成对象，现实世界中的关系抽象成类、继承，帮助人们实现对现实世界的抽象与数字建模。面向对象的方法，更利于用人理解的方式对复杂系统进行分析、设计与编程。同时，面向对象能有效提高编程的效率，通过封装技术，消息机制可以像搭积木一样快速开发出一个全新的系统。对象指的是类的集合，面向对象是指一种程序设计范型，同时也是一种程序开发的方法。面向对象是将对象作为程序的基本单元，将程序和数据封装其中，以提高软件的重用性、灵活性和扩展性。

面向对象有以下 3 个特征。

（1）封装

封装是把客观事物封装成抽象的类，并且类可以只让可信的类或者对象操作自己的数据和方法，对不可信的类或者对象进行信息隐藏。

我们使用面向对象的思想，分别定义老师和学生两个对象，并分别定义老师和学生的行为。

老师的行为：讲课、布置作业、批作业。

学生的行为：听课、写作业、考试。

通过封装就可以把两个客观事物进行抽象，并设置事物的行为。

（2）继承

继承是子类自动共享父类数据结构和方法的机制，这是类之间的一种关系。在定义和实现一个类的时候，可以在一个已经存在的类的基础上来进行，使用现有类的所有功能，并在无须重新编写原来的类的情况下对这些功能进行扩展。通过继承创建的新类称为“子类”或“派生类”；被继承的类称为“基类”“父类”或“超类”。

通常每门课都会从学生中选出这门课的课代表，来帮助老师建立与其他同学的沟通。课代表会比普通同学有更多职能。通过继承关系，把普通同学和课代表区别为两个子类，课代表不仅有普通同学的行为，还有帮助老师批改作业的行为。

（3）多态

多态是由继承而产生的相关的不同的类，其对象对同一消息会做出不同的响应。

临近期末考试时，总有考得好的同学和考得不好的同学。所以对于优等生来说，他的考试结果是优；对于其他学生来说，考试结果就不是太好了。相同行为对于由继承而产生的相关的不同的对象，结果是不同的。

通过面向对象的思想，我们可以把客观世界的事物都进行抽象。此外，在客观世界中有若干类，这些类之间有一定的结构关系。通常有以下两种主要的结构关系。

（1）is a：继承关系，比如菱形、圆形和方形都是一种形状。

（2）has a：组合关系或聚合关系，比如计算机是由显示器、CPU、硬盘等组成的。

4.6.2 R语言为什么要进行面向对象编程

R语言主要面向统计计算，而且代码量一般不会很大，几十行或几百行，使用面向过程的编程方法就可以很好地完成编程的任务。

R语言持续火热，伴随着越来越多的工程背景人的加入，R语言开始向更多的领域发展。原来少量代码的、面向过程的编码方式，越来越难以维护海量代码的项目，所以必须有一种新的编程方式来代替原来的面向过程的编码思路，这种新的编程方式就是面向对象编程（Object Oriented Programming，OOP）。

面向对象编程，早在“C++/Java时代”就被广泛使用了，几乎90%以上的Java框架都是按面向对象的方法设计的。

当R语言被大家所看好的同时，我们也要开始思考，如何才能让R语言成为工业界的开发语言，如何构建非统计计算的项目，如何用R语言有效地编写10万行以上的代码？

这个答案就是以面向对象进行编程，现在的R语言就像以前的Java语言，需要大公司和有影响力的人来推动。以Hadley Wickham为代表的R语言领军人物，已经开始在R程序包中全面引入面向对象思路进行R程序包的开发，如面向对象思想开发的R程序包memoise。

4.6.3 R语言面向对象编程实例

R语言的面向对象编程是基于泛型函数（generic function）的，而不是基于类层次结构。下面我们从面向对象的3个特征入手，分别用R语言进行实现，使用的对象为上文提到的老师和学生。

1．R语言实现封装

定义老师和学生对象并设置行为，命令如下。

```
# 定义老师对象和行为
> teacher <- function(x, ...) UseMethod("teacher")
> teacher.lecture <- function(x) print("讲课")
> teacher.assignment <- function(x) print("布置作业")
> teacher.correcting <- function(x) print("批改作业")
```

```
> teacher.default<-function(x) print("你不是teacher")

# 定义学生对象和行为
> student <- function(x, ...) UseMethod("student")
> student.attend <- function(x) print("听课")
> student.homework <- function(x) print("写作业")
> student.exam <- function(x) print("考试")
> student.default<-function(x) print("你不是student")

# 定义两个变量，a老师和b学生
> a<-'teacher'
> b<-'student'
# 给老师变量设置行为
> attr(a,'class') <- 'lecture'
# 执行老师的行为
> teacher(a)
[1] "讲课"
# 给学生变量设置行为
> attr(b,'class') <- 'attend'
# 执行学生的行为
> student(b)
[1] "听课"
> attr(a,'class') <- 'assignment'
> teacher(a)
[1] "布置作业"
> attr(b,'class') <- 'homework'
> student(b)
[1] "写作业"
> attr(a,'class') <- 'correcting'
> teacher(a)
[1] "批改作业"
> attr(b,'class') <- 'exam'
> student(b)
[1] "考试"
# 定义一个变量，既是老师又是学生
> ab<-'student_teacher'
# 分别设置不同对象的行为
> attr(ab,'class') <- c('lecture','homework')
# 执行老师的行为
> teacher(ab)
[1] "讲课"
# 执行学生的行为
> student(ab)
[1] "写作业"
```

2. R 语言实现继承

```
# 给学生对象增加新的行为
> student.correcting <- function(x) print("帮助老师批改作业")
# 辅助变量用于设置初始值
> char0 = character(0)
```

```
# 实现继承关系
> create <- function(classes=char0, parents=char0) {
 mro <- c(classes)
for (name in parents) {
 mro <- c(mro, name)
 ancestors <- attr(get(name),'type')
 mro <- c(mro, ancestors[ancestors != name])
 }
return(mro)
 }
# 定义构造函数，创建对象
> NewInstance <- function(value=0, classes=char0, parents=char0) {
 obj <- value
 attr(obj,'type') <- create(classes, parents)
 attr(obj,'class') <- c('homework','correcting','exam')
 return(obj)
 }

# 创建父对象实例
> StudentObj <- NewInstance()

# 创建子对象实例
> s1 <- NewInstance('普通学生',classes='normal', parents='StudentObj')
> s2 <- NewInstance('课代表',classes='leader', parents='StudentObj')

# 给课代表增加批改作业的行为
> attr(s2,'class') <- c(attr(s2,'class'),'correcting')

# 查看普通学生的对象实例
> s1
[1] "普通学生"
attr(,"type")
[1] "normal" "StudentObj"
attr(,"class")
[1] "homework" "attend" "exam"

# 查看课代表的对象实例
> s2
[1] "课代表"
attr(,"type")
[1] "leader" "StudentObj"
attr(,"class")
[1] "homework" "attend" "exam" "correcting"
```

3. R语言实现多态

```
# 创建优等生和其他学生两个实例
> e1 <- NewInstance('优等生',classes='excellent', parents='StudentObj')
> e2 <- NewInstance('其他学生',classes='poor', parents='StudentObj')
# 修改学生考试的行为，大于85分结果为优秀，小于70分结果为及格
> student.exam <- function(x,score) {
```

```
p<-"考试"
if(score>85) print(paste(p,"优秀",sep=""))
if(score<70) print(paste(p,"及格",sep=""))
}

# 执行优等生的考试行为，并输入分数 90
> attr(e1,'class') <- 'exam'
> student(e1,90)
[1] "考试优秀"

# 执行其他学生的考试行为，并输入分数 66
> attr(e2,'class') <- 'exam'
> student(e2,66)
[1] "考试及格"
```

这样通过 R 语言的泛型函数，就实现了面向对象的编程。

接下来，我们对比使用 R 语言用面向过程实现上文的编程逻辑。

（1）定义老师和学生两个对象并行为

```
# 辅助变量用于设置初始值
> char0 = character(1)
# 定义老师对象和行为
> teacher_fun<-function(x=char0){
if(x=='lecture'){
print("讲课")
}else if(x=='assignment'){
print("布置作业")
}else if(x=='correcting'){
print("批改作业")
}else{
print("你不是 teacher")
}
}

# 定义学生对象和行为
> student_fun<-function(x=char0){
if(x=='attend'){
print("听课")
}else if(x=='homework'){
print("写作业")
}else if(x=='exam'){
print("考试")
}else{
print("你不是 student")
}
}

# 执行老师的一个行为
> teacher_fun('lecture')
[1] "讲课"

# 执行学生的一个行为
```

```
> student_fun('attend')
[1] "听课"
```

（2）区别普通学生和课代表的行为

```
# 重定义学生的函数，增加角色判断
> student_fun<-function(x=char0,role=0){
 if(x=='attend'){
 print("听课")
 }else if(x=='homework'){
 print("写作业")
 }else if(x=='exam'){
 print("考试")
 }else if(x=='correcting'){
 if(role==1){#课代表
 print("帮助老师批改作业")
 }else{
 print("你不是课代表")
 }
 }else{
 print("你不是 student")
 }
 }
# 以普通学生的角色，执行课代表的行为
> student_fun('correcting')
[1] "你不是课代表"
# 以课代表的角色，执行课代表的行为
> student_fun('correcting',1)
[1] "帮助老师批改作业"
```

我们在修改student_fun()函数的同时，已经增加了原函数的复杂度。

（3）增加考试成绩，区别出优等生和其他学生

```
# 修改学生的函数定义，增加考试成绩参数
> student_fun<-function(x=char0,role=0,score){
 if(x=='attend'){
 print("听课")
 }else if(x=='homework'){
 print("写作业")
 }else if(x=='exam'){
 p<-"考试"
 if(score>85) print(paste(p,"优秀",sep=""))
   if(score<70) print(paste(p,"及格",sep=""))
 }else if(x=='correcting'){
    if(role==1){#课代表
       print("帮助老师批改作业")
 }else{
 print("你不是课代表")
 }
 }else{
 print("你不是 student")
    }
 }
```

```
# 执行考试函数，考试成绩大于 85 分，为优等生
> student_fun('exam',score=90)
[1] "考试优秀"
# 执行考试函数，考试成绩小于 70 分，为其他学生
> student_fun('exam',score=66)
[1] "考试及格"
```

本节抛砖引玉地介绍了 R 语言面向对象编程，其中部分代码只是给读者提供编程思路上的认知，更具体的面向对象编程实例，可参考面向对象的相关编程书籍。

练习题

1．编写一个函数，求 $y=(y_1,y_2,\cdots,y_n)$的均值、标准差。

2．编写一个用二分法求非线性方程根的函数，并求方程 $x^3-x-1=0$ 在区间[1,2]内的根，精度要求为 $e=10^{-5}$。

第5章 R语言可视化

R 语言提供了非常多的可视化绘图功能，我们可以通过 R 语言提供的二维、三维演示例子进行了解，代码如下。

```
> demo(graphics) #二维图形可视化演示
> demo(persp)    #三维图形可视化演示
```

这里难以详细说明 R 语言在绘图方面的所有功能，主要是因为每个绘图函数都有大量的选项，它们使图形的绘制十分灵活多变。

绘图函数的工作方式与前文描述的工作方式有很大的不同，不能把绘图函数赋给一个对象（hist()和 barplot()例外），一般其结果将直接输出到一个"绘图设备"上。绘图设备是指绘图的窗口或文件。

在 R 语言中有以下两种绘图函数。

（1）高级绘图函数：创建一个新的图形。

（2）低级绘图函数：在现存的图形上添加元素。

另外，绘图函数提供了丰富的绘图选项，可以使用默认值或者用函数 par()修改。更高级的图形可使用 grid()和 lattice()绘图包实现，具体可查看其中的说明文档。

R 语言常见的图形有：直方图、散点图、曲线标绘图、连线标绘图、箱图、饼图、条形图、点图等。从 5.2 节开始，我们通过实例来说明 R 语言几种主要图形的绘制方法。

5.1 R 语言绘图基础知识

5.1.1 绘图函数

表 5-1 展示了 R 语言中的高级绘图函数。

表 5-1　　R 语言中的高级绘图函数

函数名	功能
plot(x)	以 *x* 元素值为纵坐标、以序号为横坐标绘图
plot(x,y)	绘制 *x*（在 *x* 轴上）与 *y*（在 *y* 轴上）的二元图
pie(x)	绘制饼图
boxplot(x)	绘制盒形图
stripchart(x)	把 *x* 的值画在一条线段上，样本量较小时可作为盒形图替代

续表

函数名	功能
coplot(x~y|z)	关于 z 的每个值或数值区间绘制 x 与 y 的二元图
interaction.plot(f1,f2,y)	如果 $f1$ 和 $f2$ 是因子，绘制 y 的均值图，以 $f1$ 的不同值作为 x 轴，而 $f2$ 的不同值对应不同曲线，可以选用 fun 指定 y 的其他统计量，用默认值计算均值，fun=mean
matplot(x)	绘制二元图，其中 x 的第一列对应 y 的第一列，依此类推
dotchart(x)	如果 x 是数据框，逐行点、逐列累加图
fourfoldplot(x)	用 4 个 1/4 圆显示列联表情况（x 必须是 dim=c(2,2,k)的数组，或者是 dim(2,2)的矩阵，如果 k=1）
assocplot(x)	绘制 Cohen-Friendly 图，显示在二维列联表中行、列变量偏离独立性的程度
mosaicplot(x)	绘制列联表的对数线性回归残差的马赛克图
parirs(x)	如果 x 是矩阵或是数据框，绘制 x 的各列之间的二元图
plot.ts(x)	输入 x 是类 ts 的对象，作为 x 的时间序列曲线，x 可以是多元的，但是序列必须有相同的频率和时间
ts.plot(x)	同上，但 x 是多元的，序列可有不同的时间但须有相同的频率
hist(x)	绘制 x 的频率直方图
barplot(x)	绘制 x 的条形图
qqnorm(x)	绘制正态分位数—分位数图
qqplot(x,y)	绘制 y 对 x 的分位数—分位数图
contour(x,y,z)	绘制等高线图，x、y 必须是向量，z 须为矩阵
Filled.contour(x,y,z)	绘制等高线图，等高线之间的区域是彩色的
image(x,y,z)	绘制等高线图，但是实际数据大小用不同色彩表示
persp(x,y,z)	绘制等高线图，但为透视图
stars(x)	如果 x 是矩阵或者数据框，用星形或线段画出
symbols(x,y,…)	在由 x 和 y 给定坐标画符号
termplot(mod.obj)	绘制回归模型 mod.obj 的（偏）影响图

R 语言中高级绘图函数的部分选项是一样的。表 5-2 列出其主要的共同选项及其默认值。

表 5-2　　R 语言中高级绘图函数主要的共同选项及其默认值

选项	功能
add	如果为 True，叠加图形到前一个图上（如果有的话）
axes	如果是 False，不绘制轴与边框
type	指定图形的类型，“p”表示点；“l”表示线；“b”表示点连线；“o”表示同上，但是线在点上；“h”表示垂直线；“s”表示阶梯式，垂直线顶端显示数据；“S”表示同上，但是在垂直线底端显示数据
xlim,ylim	指定轴的上、下限
xlab,ylab	指定坐标轴的标签，其值必须是字符型
main	指定主标题，其值必须是字符型
sub	指定副标题（用小字体）

5.1.2 低级绘图函数

R 语言中的低级绘图函数是作用于现存的图形上的，表 5-3 给出了一些主要的低级绘图函数。

表 5-3 R 语言中的低级绘图函数

函数名	功能
point(x,y)	添加点，可以使用选项 type
lines(x,y)	添加线
text(x,y,labels,...)	在(x,y)处添加 labels 指定的文字
mtext(text,side=3,line=0,…)	在边空添加用 labels 指定的文字，用 side 指定添加在哪一边
segments(x0,y0,x1,y1)	从$(x0,y0)$各点到$(x1,y1)$各点画线段
arrows(x0,y0,x1,y1,angle=30,code=2)	同上，但要加箭头
abline(a,b)	绘制斜率为 b 和截距为 a 的直线
abline(h=y)	在纵坐标 y 处画水平线
abline(v=x)	在横坐标 x 处画垂直线
abline(lm.obj)	绘制由 lm.obj 确定的回归线
rect(x1,y1,x2,y2)	绘制长方形
polygon(x,y)	连接各(x,y)坐标点绘制的多边形
legend(x,y,legend)	在点(x,y)添加图例，说明内容由 legend 给定
title()	添加标题，也可添加一个副标题
axis(side,vect)	画坐标轴，side 的值有不同含义：1 表示在下边；2 表示在左边；3 表示在上边；4 表示在右边
box(0)	在当前的图上加上边框
rug(x)	在 x 轴上用短线画出 x 数据的位置

5.1.3 绘图参数

除了低级绘图函数外，也可以用绘图参数来改良图形的显示。绘图参数可以作为图形函数的选项，也可以用函数 par()来永久地改变绘图参数，也就是说后来的图形都将按照函数 par()指定的参数来绘制。例如：

```
> par(bg="red")
```

上述命令将使图形都以红色的背景绘制。绘图参数有 73 个，其中一些绘图参数有非常相似的功能。关于这些参数详细的列表可以通过 help(par)获得。

5.2 R 语言直方图的绘制

直方图又叫柱状图，是一种统计报告图，由一系列高度不等的纵向条纹或线段表示数据分布的情况，一般用横轴表示数据类型，纵轴表示分布情况。通过绘制直方图，可以较为直观地传递有关数据的变化信息，使数据使用者能够较好地观察数据波动的状态；使数据决策者依据分析结果确定在哪些方面需要优化。

例 5-1：为了解我国各地区的电力消费情况，某调查组收集并整理了 2009 年我国部分省市的电力消费数据，如表 5-4 所示。试通过绘制直方图来直观反映我国各地区的电力消费情况。

表 5-4　　2009 年我国部分省、市、自治区的电力消费情况

地区	电力消费/度
北京	739.146 484 4
天津	550.155 578 6
河北	2 343.846 68
山西	1 267.537 598
内蒙古	1 287.925 659
……	……
青海	337.236 785 9
宁夏	462.958 496 1
新疆	547.876 586 9

在目录 F:\2glkx\data2 下建立 al5-1.xls 数据文件后，使用的命令如下。

```
> library(RODBC)      #使用此命令时必须先安装 RODBC，见“3.2.2 Excel数据的读取”
> z<-odbcConnectExcel("F:/2glkx/data2/al5-1.xls")
> sq<-sqlFetch(z,"Sheet1")
> close(z)
> sq
         region    DLXF
   1    Beijing  739.1465
……
  15     Henan 2081.3755
```

接着，输入如下命令。

```
> hist(sq$DLXF)
```

每输入一条命令后，按 Enter 键，最终得到图 5-1 所示的结果。

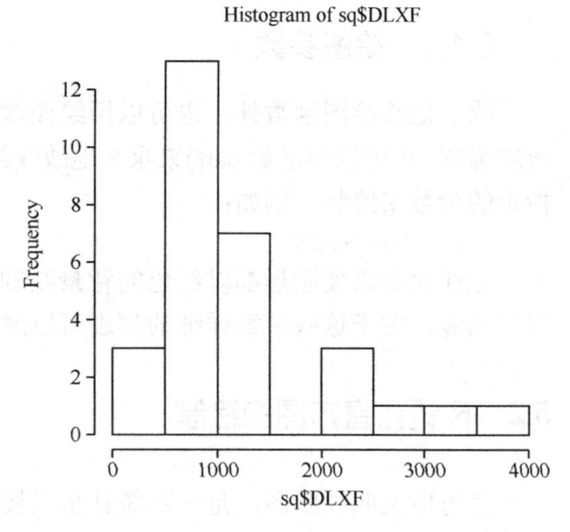

图 5-1　直方图 1

通过直方图，可见我国各省市处于 1 500～2 000 度的电力消费频数为 0。

上面的 R 语言命令比较简单，分析过程及结果已经达到了解决实际问题的要求。但 R 语言的强大之处在于，它还提供了更加丰富的命令格式以满足用户更加个性化的需求。

1. 给图形增加标题

如果我们要给图形增加标题：电力消费情况。命令应该修改如下。

```
> hist(sq$DLXF,main="电力消费情况")
```

输入完成后，按 Enter 键，得到图 5-2 所示的结果。

2. 给坐标轴添加数值标签

我们要在图 5-2 的基础上给横坐标轴添加数值标签，取值为 0～4000；给纵坐标轴添加标签，取值为 0～15，命令应该修改如下。

```
> hist(sq$DLXF,main="电力消费情况",xlim=c(0,4000),ylim=c(0,15),xlab="电力消费情况",
ylab="频数")
```

输入完成后，按 Enter 键，得到图 5-3 所示的结果。

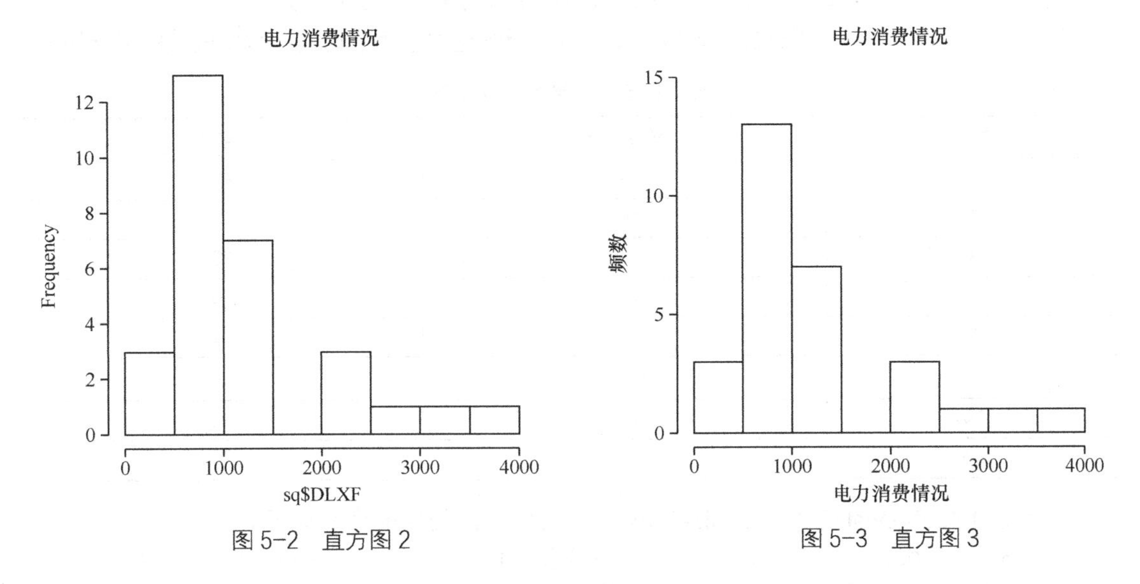

图 5-2　直方图 2　　图 5-3　直方图 3

3. 设定直方图的起始值及直方条的宽度

我们要在图 5-2 的基础上进行改进，使直方图的第 1 个直方条从 0 开始，每一个直方条的宽度为 500，命令应该修改如下。

```
> hist(sq$DLXF, main="电力消费情况",xlim=c(min(sq$DLXF),max(sq$DLXF)),ylim=c(0,15))
```

输入完成后，按 Enter 键，得到图 5-4 所示的结果。

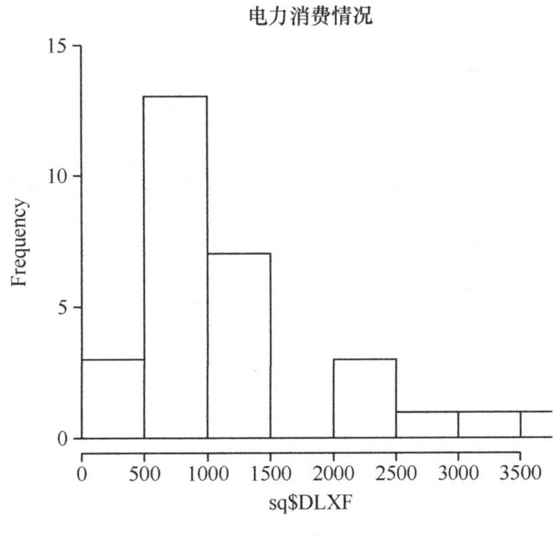

图 5-4　直方图 4

5.3 R 语言散点图的绘制

散点图就是点在坐标系平面上的分布图，它对数据预处理有很重要的作用。研究者对数据制作散点图的主要出发点是通过绘制该图来观察某变量随另一变量变化的大致趋势，据此可以探索数据之间的关联关系，甚至可以选择合适的函数对数据点进行拟合。

例 5-2：为了解某班级学生的学习情况，教师对该班的学生举行了一次封闭式测验，学生的学习成绩情况如表 5-5 所示。试通过绘制散点图来直观反映这些学生的语文、数学成绩的组合情况。

表 5-5　　某班级学生的学习成绩情况

编号	语文/分	数学/分
1	99	67
2	97	77
3	90	77
4	67	59
5	67	64
……	……	……
39	69	63
40	91	60

在目录 F:\2glkx\data2 下建立 al5-2.xls 数据文件后，使用的命令如下。

```
> library(RODBC)      #使用此命令时必须先安装 RODBC，见“3.2.2 Excel数据的读取”
> z<-odbcConnectExcel("F:/2glkx/data2/al5-2.xls")
> sq<-sqlFetch(z,"Sheet1")
> sq
   YW SX
1  99 67
……
42 91 60
```

接着，输入如下命令。

```
> plot(sq$YW,sq$SX)
```

每输入一条命令后，按 Enter 键，得到图 5-5 所示的结果。

通过图 5-5 所示的散点图，可以看出这些学生的语文成绩和数学成绩的组合情况。

1．给图形增加标题、给坐标轴添加数值标签并设定间距、显示坐标轴的刻度

我们要给图形增加标题，标题为学生成绩情况。给横坐标轴添加数值标签，取值范围为 60～100，间距为 5；给纵坐标轴添加数值标签，取值范围为 60～80，间距为 5，那么操作命令应该修改为：

```
> plot(sq$YW,sq$SX,main="学生成绩情况",xlim=c(60,100),ylim=c(60,80))
```

输入完成后，按 Enter 键，得到图 5-6 所示的结果。

2．改变散点标志的形状

我们要在图 5-6 的基础上使散点图中散点标志的形状变为空心小菱形，命令应该修改如下。

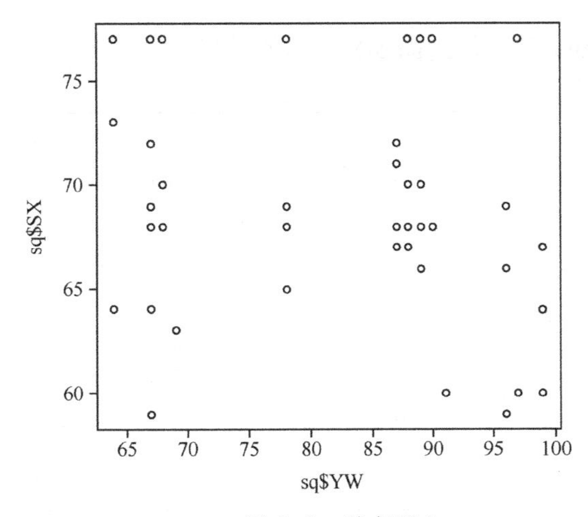

图 5-5 散点图 1

```
> plot(sq$YW,sq$SX,main="学生成绩情况",xlim=c(60,100),ylim=c(60,80),pch=5)
```

输入上述命令后，按 Enter 键，得到图 5-7 所示的结果。

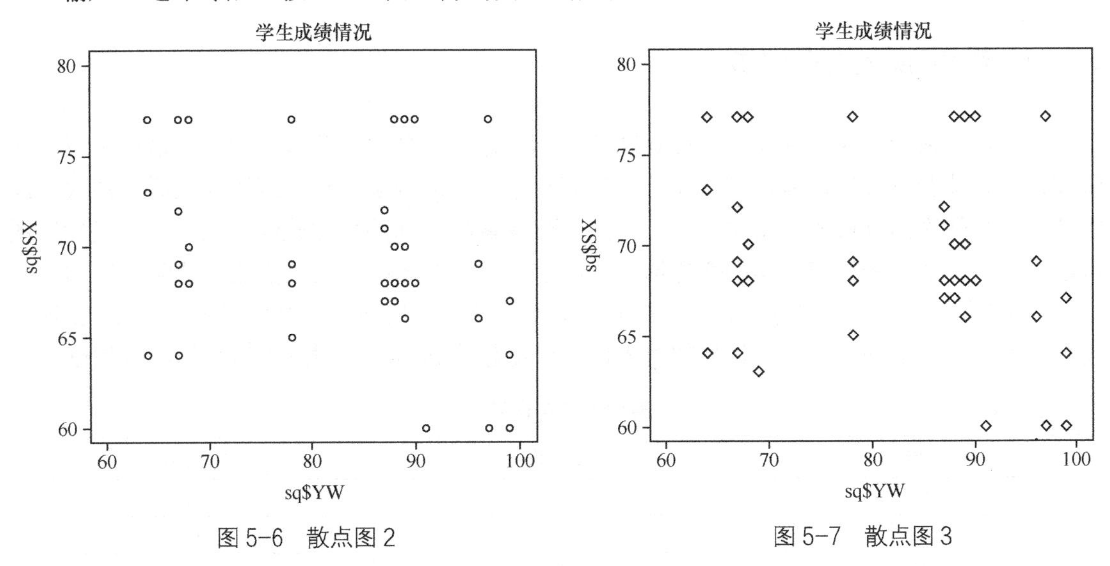

图 5-6 散点图 2　　　　图 5-7 散点图 3

在上面的例子中，命令中的 pch=5 代表的是空心小菱形。散点标志的其他常用的可选形状与对应 pch 值如表 5-6 所示。

表 5-6 可选形状与对应 pch 值

pch 值	可选形状	pch 值	可选形状	pch 值	可选形状
18	实心小菱形	15	实心方形	6	空心倒三角形
2	空心三角形	1	空心小圆形	22	空心方形
17	实心三角形	20	实心小圆形	5	空心小菱形

具体细节可参考 R 语言网站说明。

3. 改变散点标志的颜色

我们要在图 5-7 的基础上进行改进，使散点标志的颜色变为黄色，再输入如下命令。

```
> points(sq$YW,sq$SX,pch=2,col="yellow")
```

输入完成后，按 Enter 键，得到图 5-8 所示的结果。

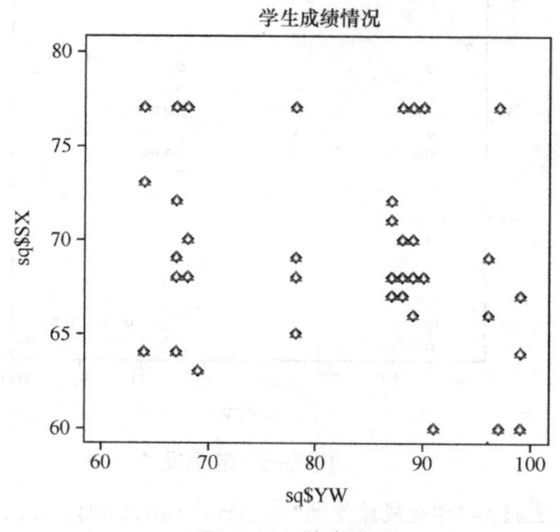

图 5-8　散点图 4

5.4　R 语言曲线标绘图的绘制

从形式上来看，曲线标绘图与散点图的区别就是用一条线替代散点标志，这样可以更加清晰、直观地看出数据走势，但却无法观察到每个散点的准确定位。从用途上看，曲线标绘图常用于时间序列分析的数据预处理，用来观察变量随时间的变化趋势。此外，曲线标绘图可以同时反映多个变量随时间的变化情况，所以曲线标绘图的应用范围还是非常广泛的。

例 5-3：某村有每年自行进行人口普查的习惯，该村人口普查资料如表 5-7 所示。试通过绘制曲线标绘图来分析并研究该村的总人口数变化趋势和新生儿对总人口数的影响程度。

表 5-7　　某村人口普查资料

年份	总人口数/人	新生儿数/人
1997	128	15
1998	138	16
1999	144	16
2000	156	17
2001	166	21
2002	175	17
2003	180	18
2004	185	17
2005	189	30
2006	192	34
2007	198	37
2008	201	42
2009	205	41
2010	210	39
2011	215	38
2012	219	41

在目录F:\2glkx\data2下建立al5-3.xls数据文件后，使用的命令如下。

```
> library(RODBC)     #使用此命令时必须先安装RODBC，见“3.2.2 Excel数据的读取”
> z<-odbcConnectExcel("F:/2glkx/data2/al5-3.xls")
> sq<-sqlFetch(z,"Sheet1")
> sq
      year total new
   1  1997   128  15
   ……
   16 2012   219  41
```

接着，输入如下命令。

```
> d<-data.frame(y1=sq$total,y2=sq$new)
> matplot(d,type='l')
```

每输入一条命令后，按Enter键，最终得到图5-9所示的结果。

通过图5-9，可以看出该村总人口数上升的速度快，新生儿数小幅上升。

例如，给图形增加标题、给坐标轴添加数值标签并设定间距、显示坐标轴的刻度。我们要给图形增加标题：某村人口普查情况，给横坐标轴添加数值标签，取值为1997～2012年的15年，给纵坐标轴添加数值标签，取值范围为0～220，间距为50。命令应该修改如下。

```
> matplot(d,type='l',main="某村人口普查情况",ylim=c(0,220))
```

输入命令后，按Enter键，得到图5-10所示的结果。

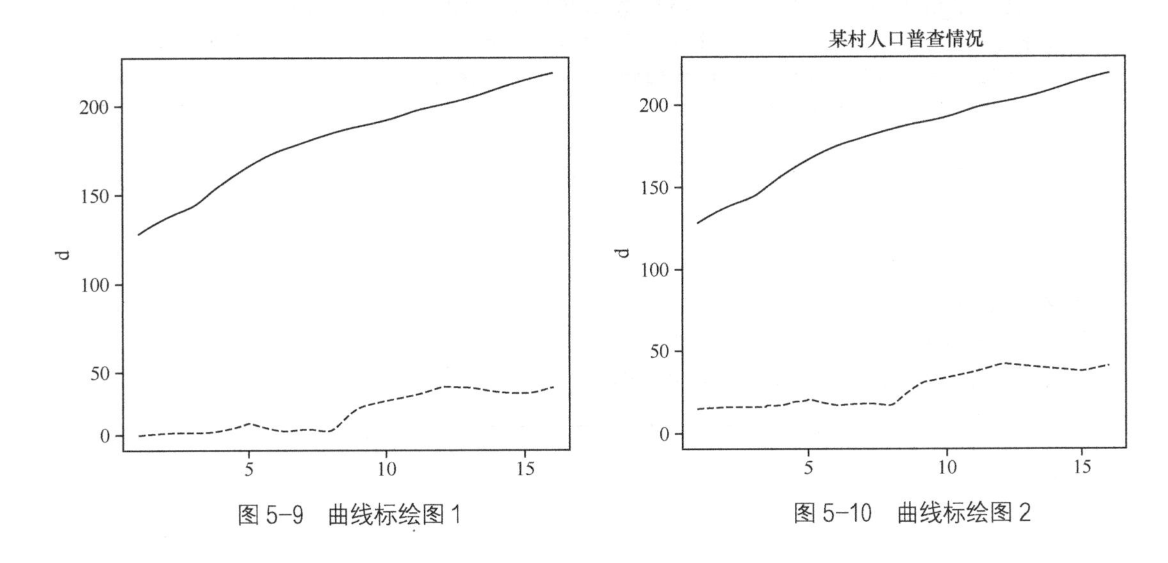

图5-9　曲线标绘图1　　　图5-10　曲线标绘图2

5.5　R语言连线标绘图的绘制

在5.4节中我们提到的曲线标绘图用一条线来代替散点标志，可以更加清晰、直观地看出数据走势，但却无法观察到每个散点的准确定位。如何做到既可以满足观测数据走势的需要，又能实现每个散点的准确定位？R的连线标绘图就可以解决这个问题。

例5-4：1998—2013年，我国上市公司的数量情况如表5-8所示。试通过绘制连线标绘图来分析研究我国上市公司数量的变化情况。

表 5-8　　我国上市公司的数量情况

年份	上市公司数量/个
1998	851
1999	949
2000	1088
2001	1160
2002	1224
2003	1287
2004	1377
2005	1381
2006	1434
2007	1550
2008	1625
2009	1718
2010	2063
2011	2342
2012	2494
2013	2493

在目录 F:\2glkx\data2 下建立 al5-4.xls 数据文件后，使用的命令如下。

```
> library(RODBC)      #使用此命令时必须先安装 RODBC，见“3.2.2 Excel数据的读取”
> z<-odbcConnectExcel("F:/2glkx/data2/al5-4.xls")
> sq<-sqlFetch(z,"Sheet1")
> sq
    year number
  1  1998    851
  ……
  16 2013   2493
```

接着，输入如下命令。

```
> plot(sq$year,sq$number,type="b")
```

每输入一条命令后，按 Enter 键，得到图 5-11 所示的结果。

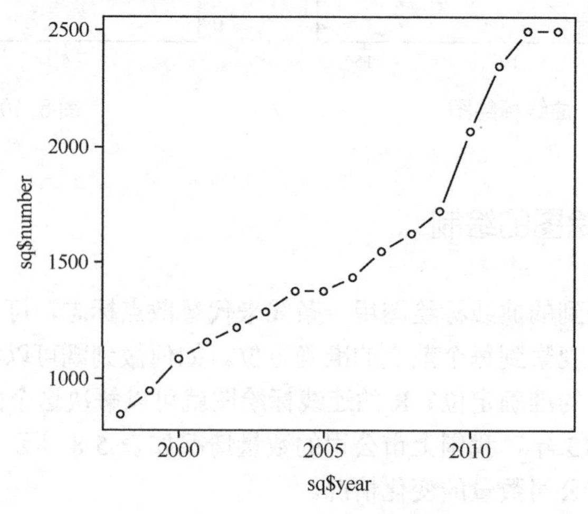

图 5-11　连线标绘图 1

通过图5-11，可以看出随着年份的增加，上市公司数量逐年增加。

1．给图形增加标题、给坐标轴添加数值标签、显示坐标轴的刻度

我们要给图形增加标题：上市公司数量情况。给横坐标轴添加数值标签，取值范围为1998～2013，给纵坐标轴添加数值标签，取值范围为800～2500，命令应该相应地修改如下。

```
> plot(sq$year,sq$number,type="b",main="上市公司数量情况",xlim=c(1998,2013),ylim=
c(800,2500))
```

输入完后，按Enter键，得到图5-12所示的结果。

2．改变散点标志的形状

我们要在图5-12的基础上使连线标绘图中散点标志的形状变为实心菱形，命令应该修改如下。

```
> plot(sq$year,sq$number,type="b",pch=18)
```

输入完成后，按Enter键，得到图5-13所示的结果。

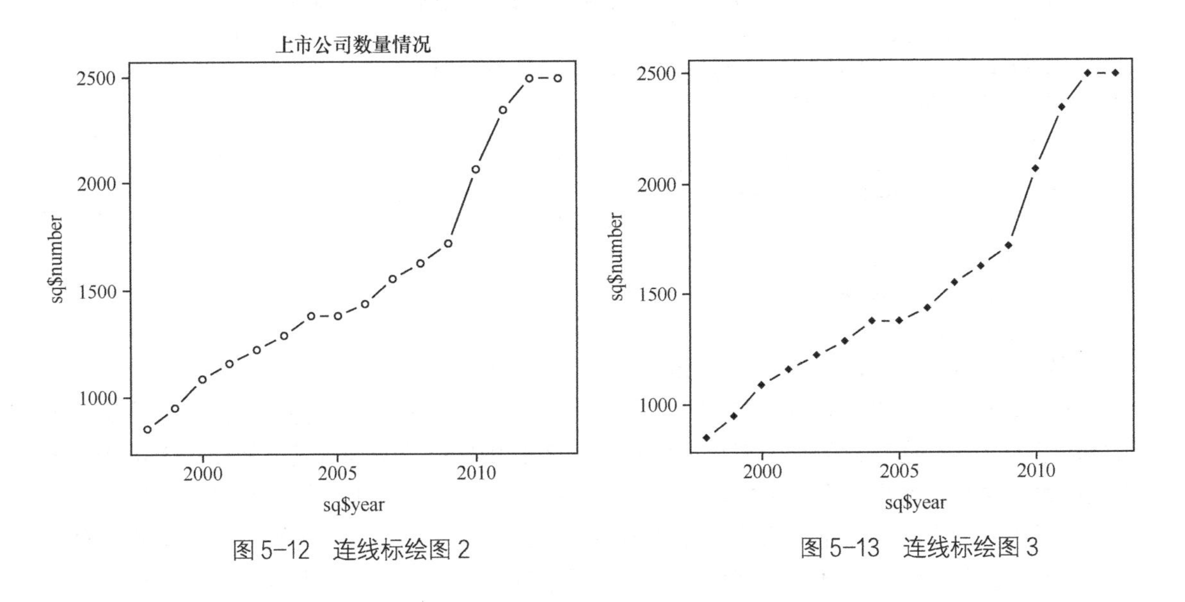

图5-12　连线标绘图2　　图5-13　连线标绘图3

5.6　R语言箱图的绘制

箱图又称为箱线图，是一种用于显示一组数据分散情况的统计图。箱图很形象地分为中心、延伸及分部状态的全部范围，它提供了一种只用5个点对数据集做简单总结的方式，这5个点包括中点、Q1（前25%分位数）、Q3（前75%分位数）、分布状态的高位和低位。数据分析者通过绘制箱图不仅可以直观、明了地识别数据中的异常值，判断数据的偏态、尾重及比较几批数据的形状。

例5-5：A集团是一家大型销售汽车公司，该公司在组织架构上采取事业部制的管理方式，把全国市场分为3个大区，从而督导各省/市的分公司。该集团在全国部分地区的市场份额如

表 5-9 所示。试绘制箱图来研究、分析其分布规律。

表 5-9　　A 集团在全国部分地区的市场份额情况

地区	市场份额/%	所属大区
北京	38	1
天津	44	1
河北	22	1
山西	8	1
内蒙古	32	1
……	……	……
青海	18	3
宁夏	20	3
新疆	60	3

在目录 F:\2glkx\data2 下建立 al5-5.xls 数据文件后，使用的命令如下。

```
> library(RODBC)      #使用此命令时必须先安装 RODBC，见“3.2.2 Excel数据的读取”
> z<-odbcConnectExcel("F:/2glkx/data2/al5-5.xls")
> sq<-sqlFetch(z,"Sheet1")
> sq
          region  SCFE  Center
  1       Beijing   38       1
  ……
  29     Xinjiang   60       3
```

接着，输入如下命令。

```
> boxplot(sq$SCFE)
```

每输入一条命令后，按 Enter 键，最终得到图 5-14 所示的结果。

通过图 5-14，可以了解到很多信息。箱图把所有数据分成了 4 个部分。第 1 部分是从顶线到箱子的上部，这部分数据值在全体数据中排名前 25%；第 2 部分是从箱子的上部到箱子中间的线，这部分数据值在全体数据中排名前 25%以下、50%以上；第 3 部分是从箱子的中间到箱子底部的底线，这部分数据值在全体数据中排名前 50%以下、75%以上；第 4 部分是从箱子的底部到底线，这部分数据值在全体数据中排名后 25%。顶线和底线的间距在一定程度上表示了数据的离散程度，间距越大就越离散。就本例而言，可以看到该公司市场份额的中位数在 35%左右，市场份额最高的省市可达到 90%左右。

例如，我们能否把上面各省市的市场份额数据按照其所属各大区分别来绘制箱图呢？答案是能。

操作命令如下。

```
> boxplot(sq$SCFE~sq$Center,data2=sq)
```

输入完成后，按 Enter 键，最终得到图 5-15 所示的结果。

从图 5-15 中可以看出，第 2 大区的市场份额的中位数水平是最高的，第 3 大区市场份额的中位数水平最低，第 1 大区的市场份额中位数水平居中。第 2 大区各省市之间的市场份额情况相对另外两个大区存在较大差异。

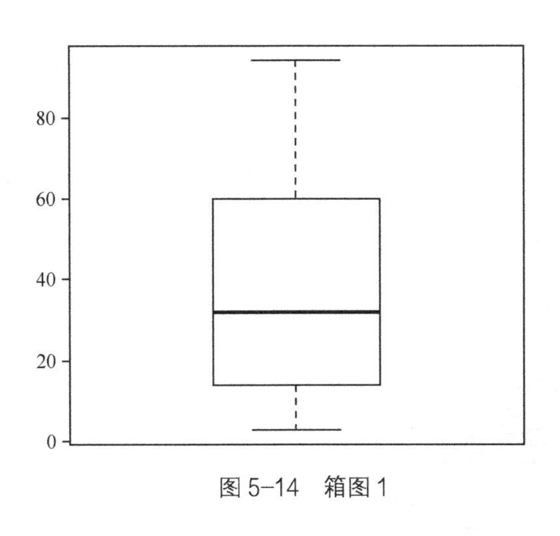

图 5-14 箱图 1

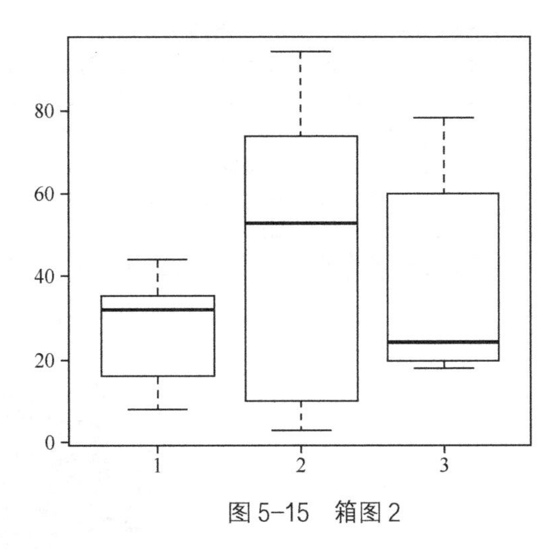

图 5-15 箱图 2

5.7 R语言饼图的绘制

饼图是数据分析中常见的一种经典图形，通过饼图可以更加清晰、直观地看出数据走势，但无法观察到每个散点的准确定位。而 R 中的连线标绘图既可以满足观测数据走势的需要，又能实现每个散点的准确定位。

例 5-6: B 股份有限公司是一家资产规模较大的上市公司。公司采取多元化经营的成长型发展战略，经营范围包括餐饮业、房地产、制造业等。公司采取区域事业部制的组织架构，在我国东部、中部、西部都有自己的分部，这些分部较为独立地负责各产业的具体运营。该公司各大分部的具体营业收入数据如表 5-10 所示。试通过绘制饼图来分析、研究该公司各产业的占比情况。

表 5-10 B 股份有限公司各大分部的具体营业收入

地区	餐饮业营业收入/万元	房地产业营业收入/万元	制造业营业收入/万元
东部	2089	9845	10234
中部	828	6432	7712
西部	341	1098	1063

在目录 F:\2glkx\data2 下建立 al5-6.xls 数据文件后，使用的命令如下。

```
> library(RODBC)     #使用此命令时必须先安装 RODBC，见“3.2.2 Excel数据的读取”
> z<-odbcConnectExcel("F:/2glkx/data2/al5-6.xls")
> sq<-sqlFetch(z,"Sheet1")
> sq
  region CANYIN FANGCHAN ZHIZAO
1   east   2089     9845  10234
2 middle    828     6432   7712
3   west    341     1098   1063
```

接着，输入如下命令。

```
> pie(sq$CANYIN,sq$FANGCHAN,sq$ZHIZAO)
```

```
> rna <- c(3258,17375,19009)
> colors <- c("white","grey20","grey45")
> rna_labels <- round(rna/sum(rna)*100,1)
> rna_labels <- paste(rna_labels,"%", sep="")
> pie(rna, main="Total reads annotation", col=colors,
+ labels=rna_labels,cex=0.8)
> boxplot(sq$SCFE)
```

每输入一条命令后，按 Enter 键，得到图 5-16 所示的结果。

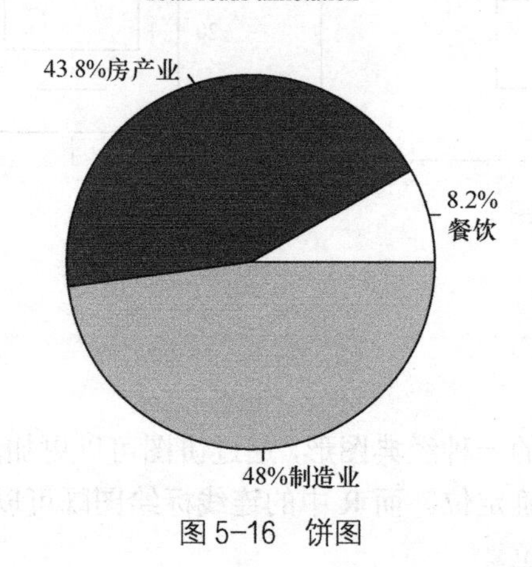

图 5-16　饼图

通过图 5-16，可以看出该公司的主营业务：该公司的两个支柱产业是制造业和房地产，餐饮业营业收入占比较小。

5.8　R 语言条形图的绘制

相对于上文介绍的箱图，条形图（bar chart）本身所包含的信息相对较少，但是它们仍然为平均数、中位数、合计数或计数等多种统计数据提供了简单而又多样化的展示，所以条形图也深受研究者的喜爱，经常出现在研究者的论文或者调查报告中。

例 5-7：某地方商业银行内设立 4 个营销团队，分别为 1、2、3、4，其营业净收入及团队人数的具体情况如表 5-11 所示。试通过绘制条形图来分析各团队的工作业绩。

表 5-11　　某商业银行各营销团队营业净收入及团队人数情况

营销团队	营业收入/万元	团队人数/人
1	1899	1000
2	2359	1100
3	3490	1200
4	6824	1200

在目录 F:\2glkx\data2 下建立 al5-7.xls 数据文件后，使用的命令如下。

```
> library(RODBC)      #使用此命令时必须先安装 RODBC，见“3.2.2 Excel数据的读取”
> z<-odbcConnectExcel("F:/2glkx/data2/al5-7.xls")
> sq<-sqlFetch(z,"Sheet1")
```

```
> sq
    team  sum number
  1    1 1899   1000
  2    2 2359   1100
  3    3 3490   1200
  4    4 6824   1200
```

接着，输入如下命令。

```
> barplot(sq$sum)
> axis(side=1)
```

每输入一条命令后，按 Enter 键，得到图 5-17 所示的结果。

通过图 5-17 所示的条形图，可以看出该地方商业银行的 4 个团队的工作业绩：4 业绩最好，3 次之，2 第三，1 最差。

例如，给图形增加标题、给坐标轴添加数值标签。我们要给图形增加标题：某商业银行各营销团队营业净收入及人数情况。给纵坐标轴添加数值标签，取值范围为 1000～7000 元，间距为 1000，命令应该修改如下。

```
> barplot(sq$sum, mian="某商业银行各营销团队营业净收入及人数情况",ylim=c(1000,7000))
> axis(side=1)
```

每输入完一条命令后，按 Enter 键，最终得到图 5-18 所示的结果。

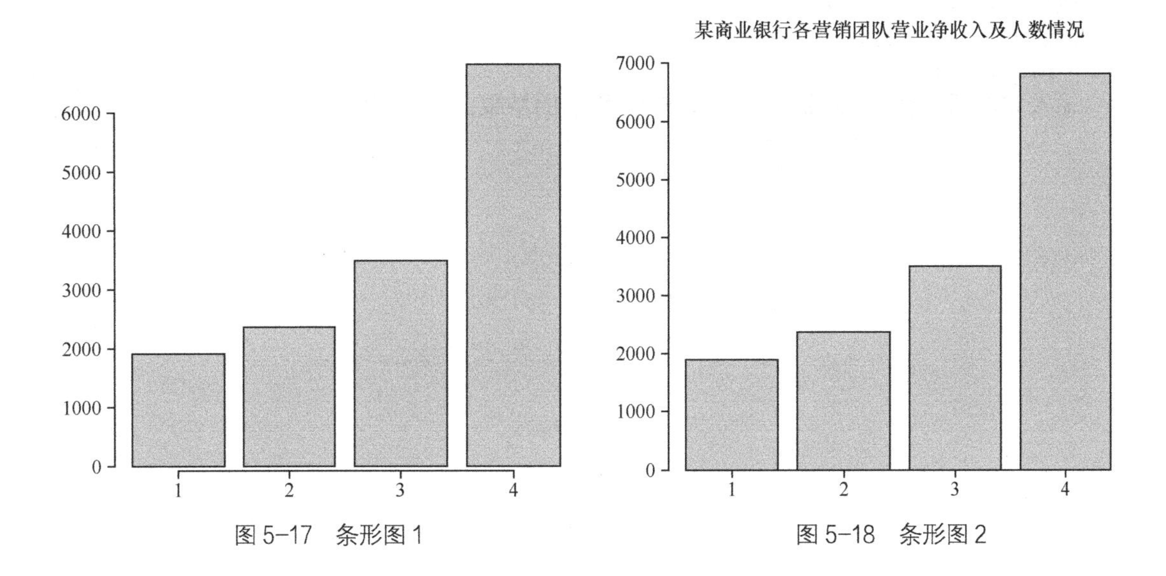

图 5-17　条形图 1　　　　图 5-18　条形图 2

5.9　R 语言点图的绘制

点图的功能和作用是与上文提到的条形图类似的，它们都是用来直观地比较一个或者多个变量的统计情况。点图应用广泛，经常出现在政府机关或者咨询机构发布的预测报告中。

例 5-8：假设某财经大学设立 5 个学院，分别是经济学院、工商学院、会计学院、金融学院、统计学院，其内部教职员工人数情况如表 5-12 所示。试通过绘制点图按学院分析该大学教职员工的组成情况。

表 5-12　　　　某大学教职员工人数组成情况

所在学院	男教职工人数/人	女教职工人数/人
经济学院	56	61
工商学院	67	68
会计学院	66	71
金融学院	59	67
统计学院	78	81

在目录 F:\2glkx\data2 下建立 al5-8.xls 数据文件后，使用的命令如下。

```
> library(RODBC)        #使用此命令时必须先安装 RODBC，见“3.2.2 Excel数据的读取”
> z<-odbcConnectExcel("F:/2glkx/data2/al5-8.xls")
> sq<-sqlFetch(z,"Sheet1")
> sq
        name man wowan
    1     jingji  56    61
    2 gongshang  67    68
    3     kuaiji  66    71
    4    jinrong  59    67
    5     tongji  78    81
```

接着，输入如下命令。

```
> x<-c(1,2,3,4,5)
> plot(sq$man,x)
```

输入完成后，按 Enter 键，得到图 5-19 所示的结果。

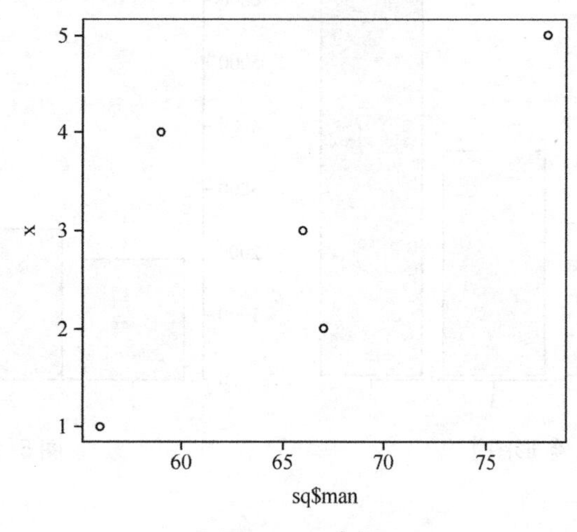

图 5-19　点图 1

1. 给图形增加标题

例如我们要给图形增加标题：某大学男教职员工人数组成情况，命令应该修改如下。

```
> plot(sq$man,x,main="某大学男教职员工人数组成情况")
```

输入完成后，按 Enter 键，得到图 5-20 所示的结果。

2. 改变散点标志的形状

这里与散点图略有不同，我们要使用 pch 命令。例如我们要在图 5-20 的基础上进行改进，使男职工散点标志的形状变为实心菱形，命令应该修改如下。

```
> plot(sq$man,x,main="某大学男教职员工人数组成情况",pch=18)
```

输入上述命令后，按 Enter 键，得到图 5-21 所示的结果。

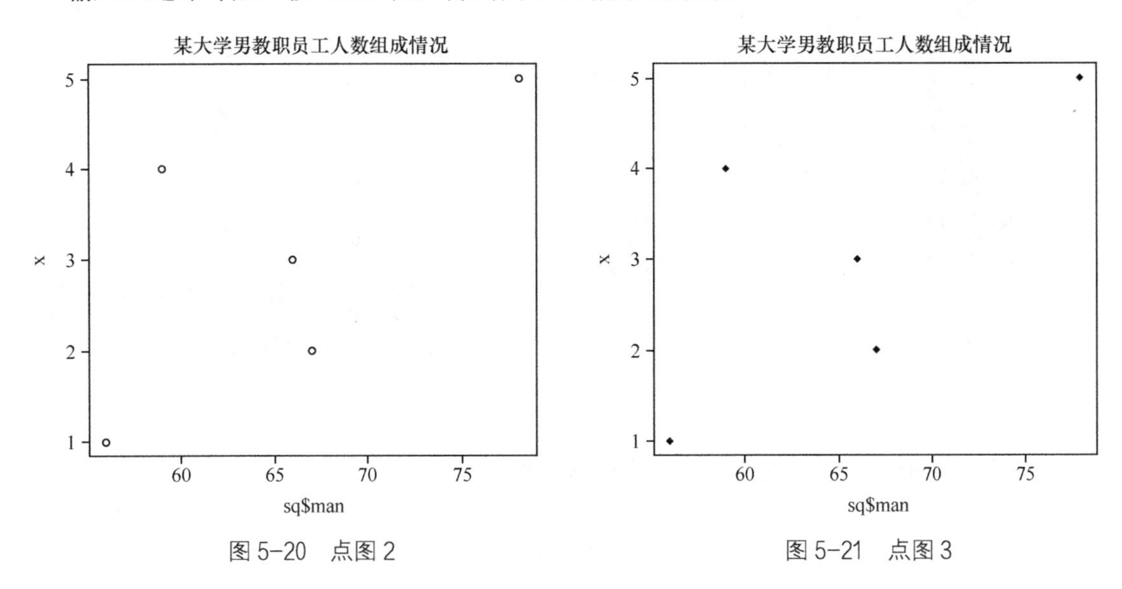

图 5-20 点图 2

图 5-21 点图 3

5.10 R 语言复杂图形的绘制

下面以两个复杂图形的绘制为例来作为本章的结尾。

```
> data=c(4.51,10.69,9.33,7.34,5.09,11.68,4.47,8.53,13.99,5.22,4.22,9.23,7.86)
> labs=c("Species1","Species2","Species3", "Species4", "Species5", "Species6",
"Species7", "Species8","Species9","Species10","Species11","Species12","Species13")
> barplot(data,col=c("steelblue","steelblue","steelblue","mediumturquoise",
"mediumturquoise","mediumturquoise","mediumturquoise", "mediumturquoise", "medium
turquoise","sandybrown","hotpink","hotpink","hotpink"),ylim=c(0,14),width=1,space=1,
ylab="%(……)",las=1)
> text(x=seq(1.5,25.5,by=2),y=-0.15, srt=45, adj=1, labels=labs,xpd=TRUE)
> abline(h=c(2,4,6,8,10,12,14),col="#00000088",lwd=2)
> abline(h=0)
```

每输入一条命令后，按 Enter 键，得到图 5-22 所示的结果。

下面再看一个例子。

```
> labs=c("Species1","Species2","Species3","Species4","Species5","Species6",
"Species7","Species8","Species9","Species10","Species11","Species12","Species13")
> mydata<-cbind(c(2017,400,5013,308),c(640,2998,1798,4530),c(560,300,750,922),
c(4654,323,3432,710),c(249,3246,2490,3604),c(746,200,990,3871),c(150,2419,1700,
937),c(9801,741,144,1118),c(1651,5778,8056,1040),c(196,345,456,2108),c(246,413,
214,1605),c(495,107,1582,820),c(885,501,1618,1881))
> barplot(mydata,col=c("royalblue","firebrick","yellowgreen","darkorchid",
"darkorchid"),width=1,space=1,border=NA,legend.text=c("Name1","Name2","Name3",
"Name4"),args.legend=list(x="topright"))
> abline(h=0)
> text(x=seq(1.5,25.5,by=2),y=-300,srt=45,adj=1,labels=labs,xpd=TRUE)
```

每输入一条命令后，按 Enter 键，得到图 5-23 所示的结果。

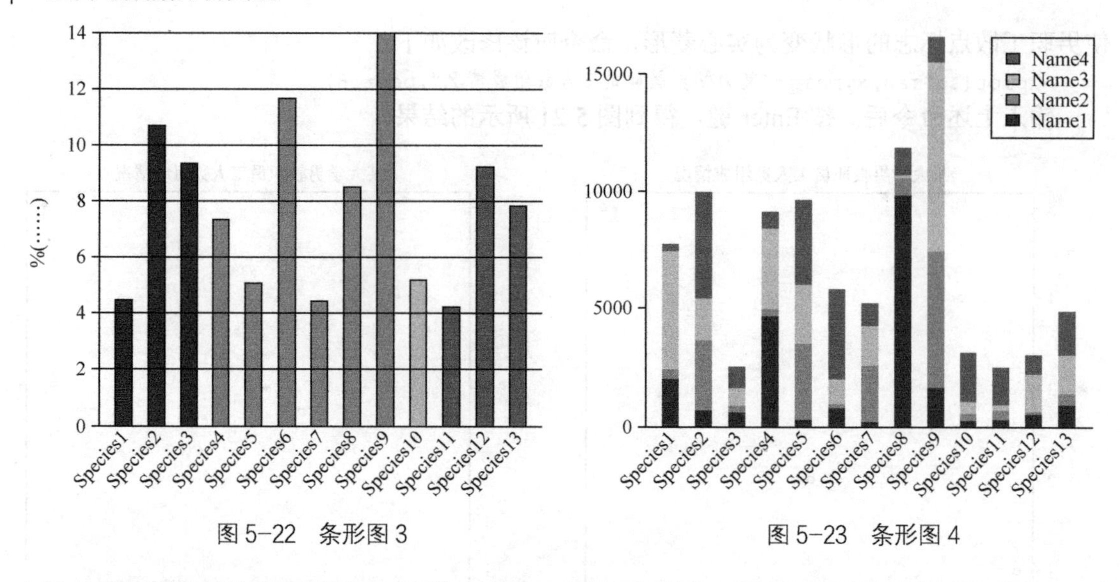

图 5-22 条形图 3　　　　图 5-23 条形图 4

更复杂的图形绘制可以使用 ggplot 程序包实现。

练习题

1．利用下列 5 位同学的成绩，画出条形图展示每位同学的总成绩构成，并添加“平时成绩、期末成绩”的图例。

表 5-13　　某班 5 位同学的成绩

姓名	平时成绩/分	期末成绩/分	总成绩/分
张思远	90	82	86
林善梅	80	50	65
王嘉明	90	60	75
陈晓琼	100	52	76
黄子阳	80	76	78

注：总成绩=平时成绩×0.5+期末成绩×0.5。

2．利用 RODBC 函数读取目录 F:\2glkx\data2 下的 al5-9.xls 数据，在一个图形里画出“总销量”的条形图，“增速”的连线标绘图，并命名为“2011—2019 年中国网上零售状况”。

第6章 R语言描述性统计

统计就是搜集和整理数据，让我们知道事物的总体状况怎么样。它更重要的意义在于数据分析，即做出判断和预测。

描述性统计对数据的性质进行描述，如均值描述了数据的中心趋势，方差描述了数据的离散程度。

推断统计是用于判断和预测的。例如，假设检验是用于判断的；回归分析和时间序列分析是用于预测的。

6.1 R语言统计分布

6.1.1 正态分布

正态分布的密度函数图形如钟形，如图6-1所示，是对称分布的，其均值、中位数、众数均相等，随机变量取值范围为$(-\infty,+\infty)$。如果随机变量X的概率密度为$p(x)=\frac{1}{\sqrt{2\pi}\sigma}\exp\left\{-\frac{(x-\mu)^2}{2\sigma^2}\right\}$，则称随机变量$X$服从均值为$\mu$，方差为$\sigma^2$的正态分布，记为$X\sim N(\mu,\sigma^2)$。

1．正态分布的性质

（1）正态分布由其均值和方差完全描述。

（2）正态分布是对称分布的，其密度函数关于均值左右对称，随机变量落在均值两边的概率相等，其偏度为0，峰度为0。

偏度衡量一组数据左右偏离的程度，如果一个分布不对称，那么其偏度会大于或小于0。偏度大于0位置右偏或正偏，右偏时均值＞中位数＞众数；偏度小于0位置左偏或负偏，左偏时均值＜中位数＜众数。

（3）两个随机分布的随机变量经过线性组合得到的新随机变量仍然服从正态分布。

2．正态分布的置信区间

有了正态分布的概率密度，可以知道正态随机变量取值落在某个区间的概率，这叫作正态分布的置信区间。

服从正态分布的随机变量 X 落在均值周围±1个标准差的概率为0.68，我们称 X 的68%的置信区间为 $[\bar{x}-s,\bar{x}+s]$，$\bar{x}$ 为样本均值，s 为样本标准差。容易理解，随机变量 X 大于 $\bar{x}+s$ 的概率为0.16，小于 $\bar{x}-s$ 的概率是0.16。

服从正态分布的随机变量 X 落在均值周围±1.65个标准差的概率为0.90，我们称 X 的90%的置信区间为 $[\bar{x}-1.65s,\bar{x}+1.65s]$，容易理解，随机变量 X 大于 $\bar{x}+1.65s$ 的概率为0.05，小于 $\bar{x}-1.65s$ 的概率是0.05。

服从正态分布的随机变量 X 落在均值周围±1.96个标准差的概率为0.95，我们称 X 的95%的置信区间为 $[\bar{x}-1.96s,\bar{x}+1.96s]$，容易理解，随机变量 X 大于 $\bar{x}+1.96s$ 的概率为0.025，小于 $\bar{x}-1.96s$ 的概率是0.025。

服从正态分布的随机变量 X 落在均值周围±2.58个标准差的概率为0.99，我们称 X 的99%的置信区间为 $[\bar{x}-2.58s,\bar{x}+2.58s]$，容易理解，随机变量 X 大于 $\bar{x}+2.58s$ 的概率为0.005，小于 $\bar{x}-2.58s$ 的概率是0.005。

3．标准正态分布

如果正态分布的均值为0、方差为1，称其为标准正态分布，此时，概率分布密度函数为 $p(x)=\frac{1}{\sqrt{2\pi}}\exp\left(-\frac{x^2}{2}\right)$，记为 $N(0,1)$ 或 Z 分布。

可以通过变换 $Z=\frac{X-\mu}{\sigma}$，把均值为 μ、方差为 σ^2 的正态分布变成均值为0、方差为1的标准正态分布。

R 语言的正态分布绘图过程如下。

```
> curve(dnorm(x,0,1),xlim=c(-5,5),ylim=c(0,0.8),col='red',lwd=2,lty=3)
> curve(dnorm(x,0,2),add=T,col='blue',lwd=2,lty=2)
> curve(dnorm(x,0,1/2),add=T,lwd=2,lty=1)
> title(main="Gaussian distribution")
```

得到图6-1所示的图形。

```
nf<-layout(matrix(c(1,1,1,2,3,4,2,3,4),nr=3,byrow=T)) hist(rnorm(25); hist
(rnorm(25); hist(rnorm(25); hist(rnorm(25)
```

4．对数正态分布

还有一种分布是对数正态分布，但它是右偏的，期权定价模型的标的资产价格是服从对数正态分布的。其性质如下。

（1）随机变量 X 的自然对数服从正态分布，那么 X 服从对数正态分布。

（2）对数正态分布的取值范围大于或等于0。

（3）对数正态分布是右偏的。

R 语言的对数正态分布绘图过程如下。

```
> curve(dlnorm(x),xlim=c(-0.2,5),ylim=c(0,1.0),lwd=2)
> curve(dlnorm(x,0,3/2),add=T,col='blue',lwd=2,lty=2)
> curve(dlnorm(x,0,1/2),add=T,col='orange',lwd=2,lty=3)
> title(main="Log Normal distribution")
```

得到图6-2所示的图形。

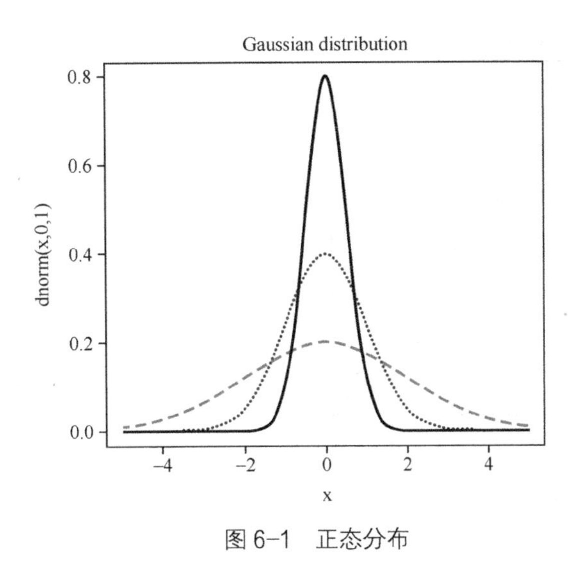

图 6-1 正态分布

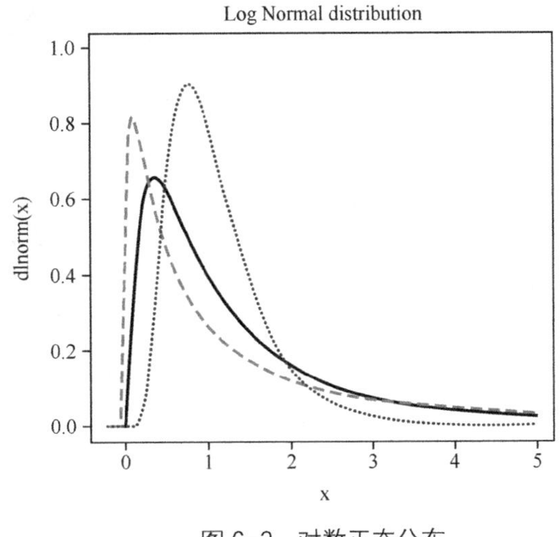

图 6-2 对数正态分布

5. 中心极限定理

中心极限定理告诉我们：如果总体期望值为μ、方差为σ^2，从中抽取样本量为n的简单随机样本，那么当样本量n很大时（$n \geqslant 30$），样本均值$\bar{x}$的抽样分布服从期望值为μ、方差为σ^2/n的正态分布。它告诉我们以下 3 件事情。

（1）不管总体是什么分布，只要样本量足够大（$n \geqslant 30$），样本均值就服从正态分布，即样本均值的抽样分布为正态分布。

（2）样本均值的期望值等于总体均值，即$E(\bar{x}) = \mu$。

（3）样本均值的方差等于总体方差除以样本量。

6.1.2 *t* 分布

t 分布与标准正态分布相似，它也是对称分布，取值范围为$(-\infty,+\infty)$，即 *t* 分布的密度函数向左右两边无限延伸，无限接近 *X* 轴但在其上方。

它与标准正态分布有以下区别。

（1）正态分布有两个参数：均值和方差。而 *t* 分布只有一个参数，就是 *t* 分布自由度，即 *t* 分布由其自由度完全描述。

（2）与标准正态分布比，*t* 分布在峰部较矮，在两边尾部较高，形象地说，标准正态分布的观察点“跑到”两边了，就成了 *t* 分布。因此 *t* 分布又称为“瘦峰厚尾分布”。

（3）随着 *t* 分布自由度的增加，*t* 分布的峰部增高，两边的尾部降低。即随着 *t* 分布的自由度的增加，*t* 分布就越来越接近标准正态分布。当自由度大于 30 时，*t* 分布就已经很接近标准正态分布了。

R 语言的 *t* 分布绘图过程如下。

```
> curve(dt(x,1),xlim=c(-3,3),ylim=c(0,0.4),col='red',lwd=2,lty=1)
> curve(dt(x,2),add=T,col='green',lwd=2,lty=2)
> curve(dt(x,10),add=T,col='orange',lwd=2,lty=3)
> curve(dnorm(x),add=T,lwd=3,lty=4)
> title(main="Studeng T distribution")
```

得到图 6-3 所示的图形。

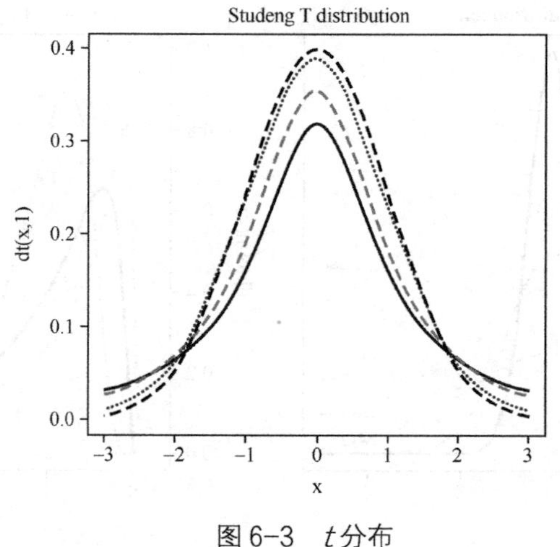

图 6-3　t 分布

6.1.3　卡方分布

若 ***n*** 个相互独立的随机变量服从标准正态分布（也称独立同分布于标准正态分布），则这 ***n*** 个随机边的平方和构成一个新的随机变量，其分布规律称为自由度为 ***n*** 的卡方分布。

卡方分布主要有以下性质。

（1）卡方分布由其自由度完全描述。

（2）卡方分布的取值范围大于或等于 0。

（3）卡方分布是右偏的。

R 语言的卡方分布绘图过程如下。

```
> curve(dchisq(x,1),xlim=c(0,10),ylim=c(0,0.6),col='red',lwd=2)
> curve(dchisq(x,2),add=T,col='green',lwd=2)
> curve(dchisq(x,3),add=T,col='blue',lwd=2)
> curve(dchisq(x,5),add=T,col='orange',lwd=2)
> abline(h=0,lty=3)
> abline(v=0,lty=3)
> title(main="Chi square distribution")
```

得到图 6-4 所示的图形。

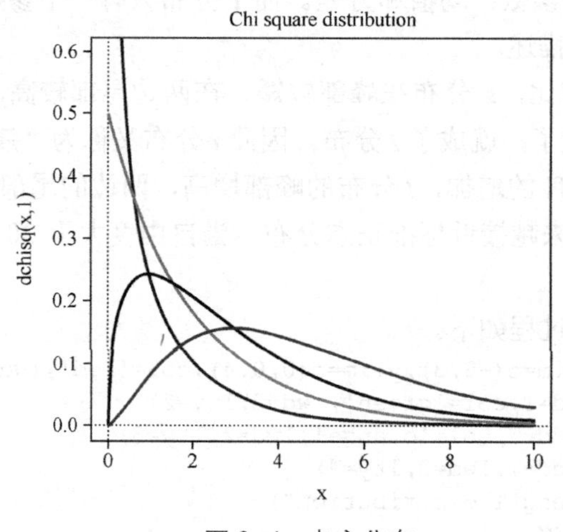

图 6-4　卡方分布

6.1.4 F分布

F 分布定义为：设 *X*、*Y* 为两个独立随机变量，*X* 服从自由度为 *m* 的卡方分布，*Y* 服从自由度为 *n* 的卡方分布，这两个随机变量相除以后得到的新的随机变量，该变量服从自由度为(*m*,*n*)的 *F* 分布，其中 *m* 和 *n* 称为分子自由度和分母自由度。

其性质如下。

（1）*F* 分布由两个自由度（分子自由度和分母自由度）完全描述。

（2）*F* 分布的取值范围为大于或等于 0。

（3）*F* 分布是右偏的。

R 语言的 *F* 分布绘图过程如下。

```
> curve(df(x,1,1),xlim=c(0,2),ylim=c(0,0.8),lty=2)
> curve(df(x,3,1),add=T,lwd=2,lty=2)
> curve(df(x,6,1),add=T,lwd=2,lty=3)
> curve(df(x,3,3),add=T,col='red',lwd=3,lty=4)
> curve(df(x,3,6),add=T,col='blue',lwd=3,lty=5)
> title(main="F distribution")
```

得到图 6-5 所示的图形。

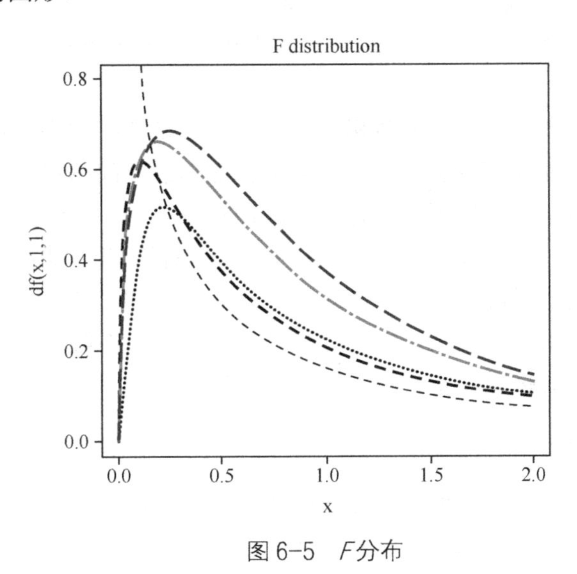

图 6-5　*F*分布

6.2 描述性统计量

6.2.1 总体和样本

总体是我们所要研究的所有个体的集合。如中国人的身高集合就是一个总体，从中抽取 100 人的身高就是一个样本。

我们研究一个总体，通常不是要了解每一个个体的情况，而是想要知道某些总体参数。例如想知道目前中国人的平均身高是多少，这样就可以将其与 10 年前的平均身高进行比较。

但由于种种原因，我们通常不能得到总体中所有个体的数值，而只能抽取一个样本，来计算样本统计量。样本统计量是样本中个体数值的函数，例如样本均值、样本方差等。例如我们抽取 100 个中国人，分别测量他们的身高，并计算他们的平均身高，然后估计中国人总体的平均身高。用图形表示统计过程，如图 6-6 所示。

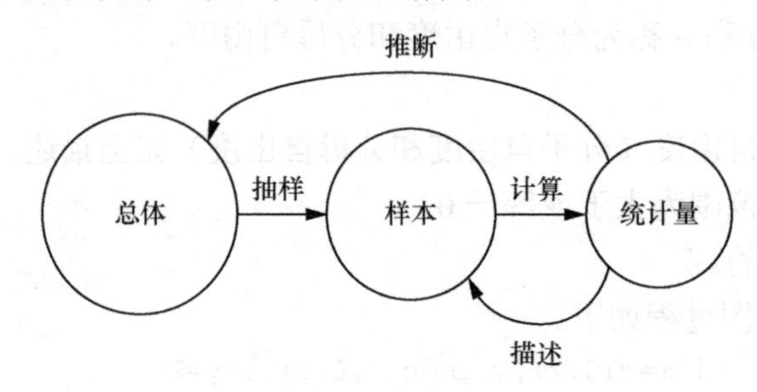

图 6-6　统计过程

6.2.2　度量尺度

为了选择一个恰当的统计方法来描述和分析数据，我们需要区分不同的度量尺度（或测量标准）。数据尺度有强有弱，但不外乎以下 4 种。

名义尺度：代表最简单的度量标准，它对数据进行分类但不进行排序。如用“1”表示男，“0”表示女。

顺序尺度：代表稍微强一点的度量标准，它根据某种特征排序，将数据分成不同类别。

间隔尺度：它比顺序尺度更进一步，可以使得数据之间间隔相等。间隔尺度不仅能比较大小，还能进行加、减运算，但不能进行乘、除运算，例如，上海温度是 20℃，北京市 10℃，可以说上海温度比北京温度高 10℃，但不能说上海的温度是北京的两倍。

比例尺度：它比间隔尺度更进一步，增加了一个绝对零点。它不仅能比较大小，能进行加、减运算，还能进行乘、除运算，如人的身高、债券的价格等。

以上 4 种度量尺度是按照由弱到强的顺序排列的。

6.2.3　频数分布

频数分布是指以表格展示数据的方法，它用较少的区间对总体数据进行概括。实际落入一个给定区间的观测值数量称为绝对频数，或简称频数。频数分布是每个区间的绝对频数除以整个样本观测值的数量。

建立一个频数分布的基本步骤如下。

（1）将数据以升序排序。

（2）计算数据的极差，极差=最大值−最小值。

（3）确定频数分布包含的区间数 k。

（4）确定区间的宽度（极差/k）。

（5）不断地在数据最小值上加上区间宽度来确定各个区间的端点，此过程在到达包含最大值的区间时停止。

（6）计算落入每个区间中观测值的个数。

（7）建立一个落入从小到大排列的每个区间中观测值数量的表格。

例如，某股票过去 25 年的年收益率（通过排序）为：−28%、−22%、−19%、−18%、−12%、−9%、−8%、−6%、−1%、1%、2%、3%、4%、5%、6%、7%、11%、15%、16%、17%、18%、20%、23%、26%、38%。现在我们看看这个股票的年收益率分布情况。

我们发现，年收益率为−30%～40%。将−30%～40%区间分段，每 10%为一段，共分 7 段。

最后得到的频数表如表 6-1 所示。

表 6-1　频数表

区间段	绝对频数	相对频数	累积绝对频数	累积相对频数
[−30%,−20%)	2	0.08	2	0.08
[−20%,−10%)	3	0.12	5	0.2
[−10%,0%)	4	0.16	9	0.36
[0%,10%)	7	0.28	16	0.64
[10%,20%)	5	0.2	21	0.84
[20%,30%)	3	0.12	24	0.96
[30%,40%]	1	0.04	25	1
总计	25	1	—	—

相对频数的柱状图如图 6-7 所示。

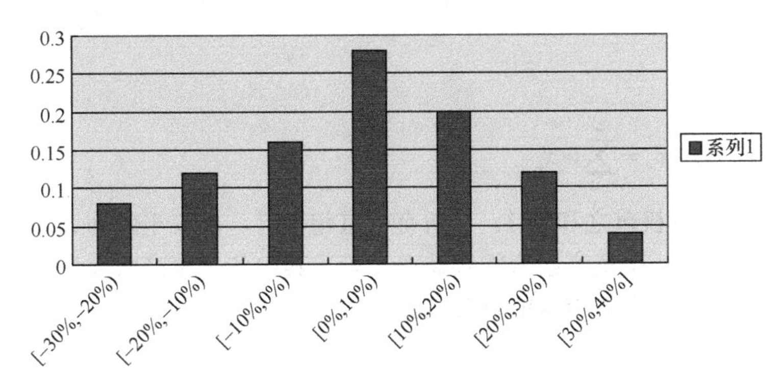

图 6-7　相对频数的柱状图

相对频数的折线图如图 6-8 所示。

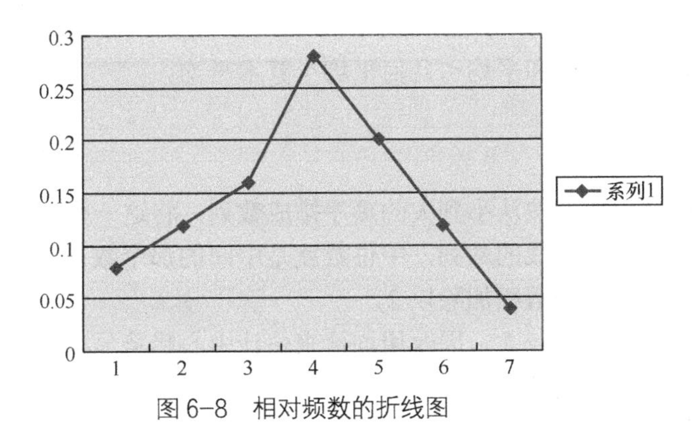

图 6-8　相对频数的折线图

6.2.4 集中趋势的度量

拿到一组数据，我们首先想知道这组数据的中心是什么，即数据围绕什么中心数值波动，这称为集中趋势的度量。集中趋势的度量指标就是均值，均值有如下 4 种。

1. 算术平均

总体均值公式为：$\mu=\frac{1}{N}\sum_{i=1}^{N}X_i$

样本均值公式为：$\overline{x}=\frac{1}{n}\sum_{i=1}^{n}x_i$

2. 几何平均

几何平均公式为：$\overline{x}_g=\sqrt[n]{x_1x_2\cdots x_n}$

在金融学中求绩效平均时，历年收益率的平均收益率应该用几何平均率，即时间加权收益率，它不受投资项目资金流入和流出的影响。几何平均收益率为 t 年收益率分别加 1 之后相乘，再开 t 次方，然后减去 1，公式如下。

$$\overline{R}_g=\sqrt[t]{(1+R_1)(1+R_2)\cdots(1+R_n)}-1$$

3. 加权平均

加权平均公式为：$\overline{x}_w=\sum_{i=1}^{n}w_ix_i$

其中 w_i 为 x_i 的权重，且权重之和为 1。当所有权重相等时，加权平均即为算术平均。加权平均在金融学中的应用：一个资产组合的收益率，等于其中各个资产收益率的加权平均，权重为各个资产市值占总资产组合市值的百分比。

4. 调和平均

调和平均公式为：$\overline{x}_h=\frac{n}{\sum_{i=1}^{n}\frac{1}{x_i}}$

当观测值不全相等时，调和平均＜几何平均＜算术平均。

6.2.5 中位数

如果有一组数据，把它们按从小到大的顺序排成数列，将这一数列等分成两份，分位数称为中位数。对于奇数个数组成的数列，中位数就是中间的那个数；对于偶数个数组成的数列，中位数就是中间的那两个数相加除以 2。

由于均值受异常值的影响较大，因此用均值来估计中心趋势显得很不稳定，而中位数的优点是受异常值影响较小，估计量稳定。

6.2.6 众数

众数就是一组数据中出现次数最多的数。

如数列：1,1,2,2,3,3,3,4,5，其众数为3。

如数列：1,1,1,2,2,3,3,3,4,5，其众数为1和3。

如数列：1,2,3,4,5，没有众数。

一组数据可能有一个众数，可能有多个众数，也可能没有。众数的这一性质使其使用范围受到限制。

6.2.7 分位数

如果我们有一组数据，把它们按从小到大的顺序排成数列，分位数就是正好能将这一数列等分的数。

将这一数列等分成两份，其分位数称为中位数。将这一数列等分为4份，3个分位数都称为四分位数，它从小到大依次称作：第1个四分位数、第2个四分位数、第3个四分位数。其中第2个四分位数就是中位数。

也可以将这一数列等分成5份，得到4个五分位数。也可以将这一数列等分成10份，得到9个十分位数。也可以将这一数列等分成100份，得到99个百分位数。我们可以把所有的分位数都转换成百分位数。例如，第2个五分位数就是第40个百分位数，第3个四分位数就是第75个百分位数。这样，我们就可以用以下公式来计算分位数。

$$L_y = (n+1)y/100$$

其中，

n：数列中一共有多少个数。

y：第几个百分数。

L_y：结果是数列的第几个数。

例如，有这样一组数列：2,5,7,9,12,16,21,34,39，计算第4个五分位数。

第4个五分位数就是第80个百分位数，数列共有9个数，代入公式如下。

$$L_y = (n+1)y/100 = (9+1)\times 80/100 = 8$$

数列的第8个数为34。

有这样一组数列：2,5,7,9,12,16,21,34,39,40，计算第4个五分位数。

第4个五分位数就是第80个百分位数，数列共有10个数，代入公式如下。

$$L_y = (n+1)y/100 = (10+1)\times 80/100 = 8.8$$

数列的第8.8个数是什么意思，就是第8个数再往右的0.8个数。第8个数是34，第9个数是39，相差5，那么0.8个数就是5×0.8=4，所以34+4=38，即第4个五分位数是38。

6.2.8 离散程度的度量

知道一组数据的中心位置后，可能就想知道数据距离中心位置是远还是近，这称为离散程度的度量。在金融数据分析中，常用离散程度来衡量风险。

1．极差

极差公式为：

$$极差=最大值-最小值$$

极差越小，离散程度越小。由定义可知，极差只用到了一组数据中的两个数据，而忽略了数据的分布状况等许多有用的信息，因此仅仅用极差来度量离散程度远不够。

2．平均绝对差

平均绝对差公式为：

$$MAD=\frac{\sum_{i=1}^{n}|x_i-\overline{x}|}{n}$$

式中 $\overline{x}$ 表示样本均值，n 表示样本中观测值的数量。

3．总体方差和总体标准差

总体方差公式为：

$$\sigma^2=\frac{\sum_{i=1}^{N}(X_i-\mu)^2}{N}$$

总体标准差公式为：

$$\sigma=\sqrt{\frac{\sum_{i=1}^{N}(X_i-\mu)^2}{N}}$$

式中 μ 表示总体均值，N 表示总体的规模。

4．样本方差和样本标准差

样本方差公式为：

$$s^2=\frac{\sum_{i=1}^{n}(x_i-\overline{x})^2}{n-1}$$

样本标准差公式为：

$$s=\sqrt{\frac{\sum_{i=1}^{n}(x_i-\overline{x})^2}{n-1}}$$

式中 $\overline{x}$ 表示样本均值，n 表示样本的规模。

5．变异系数

变异系数 CV 定义为标准差除以均值，公式为：

$$CV = \frac{s}{\bar{x}}$$

s 与 $\bar{x}$ 的含义如上文所示。

6．偏度

偏度是衡量一组数据左右偏离的程度。

左右对称的分布偏度为 0。左右对称的分布，其均值、中位数及众数相等。图 6-9 所示为对称分布。

图 6-10 所示为非对称的右偏（正偏）分布。在右偏分布中，均值＞中位数＞众数。

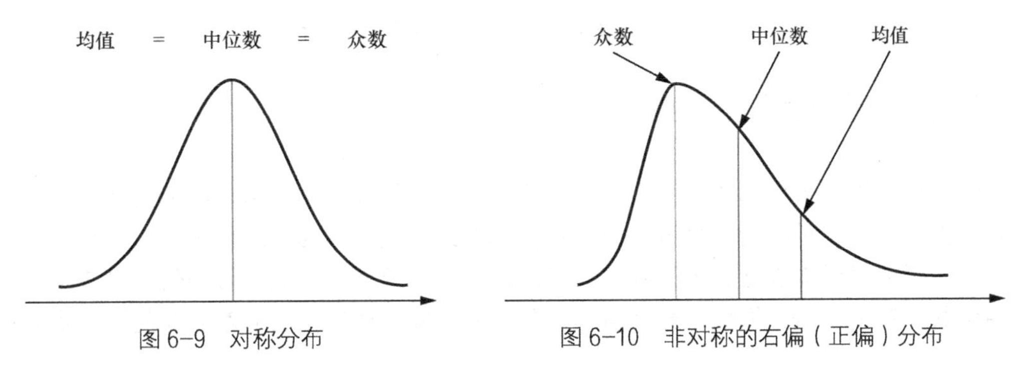

图 6-9　对称分布　　图 6-10　非对称的右偏（正偏）分布

图 6-11 所示为非对称的左偏（负偏）分布。在左偏分布中，均值＜中位数＜众数。

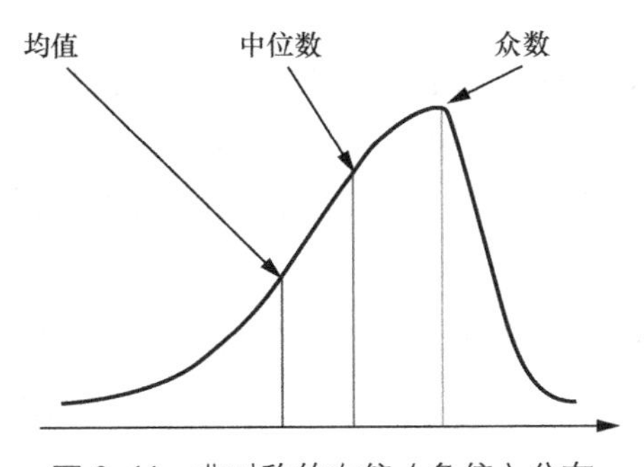

图 6-11　非对称的左偏（负偏）分布

7．峰度

峰度是衡量一组数据峰值大于或小于正态分布的程度。任何一个正态分布的峰度为 3。如果一个分布的峰度大于 3 称为高峰态，小于 3 称为低峰态。

常把峰度的数值减去 3，称为超额峰度。同样，任何一个正态分布的超额峰度为 0。如果一个分布的超额峰度大于 0 称为高峰态，小于 0 称为低峰态。

低峰态、高峰态与正态分布的对比，如图 6-12 所示（浅灰色为正态）。

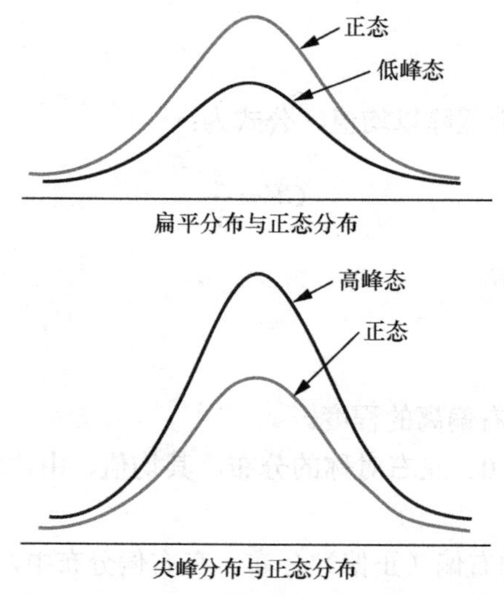

图 6-12 低峰态、高峰态与正态分布的对比

6.3 R 语言单组数据描述性统计

我们知道，样本来自总体，样本的观测值中含有总体各方面的信息，但这些信息较为分散，有时显得杂乱无章。为了将这些分散在样本中的有关总体的信息集中起来以反映总体的各种特征，需要对样本进行加工得到统计量。均值、标准差、五数（最小值、第 3 个四分位数、中位数、第 1 个四分位数、最大值）是数据的主要统计量，它们对数据的进一步分析很有帮助。

6.3.1 总体描述

在 R 语言中，函数 summary()可以计算出单组数据的均值和分位数。

例 6-1：为了解我国各地区的电力消费情况，某课题组收集并整理了 2009 年我国部分省、市、自治区电力消费的数据，如表 6-2 所示。试通过对数据进行基本的描述性分析来了解我国各地区的电力消费情况。

表 6-2 2009 年我国部分省、市、自治区的电力消费情况

地区	电力消费/度
北京	739.146
天津	550.156
河北	2343.85
山西	1267.54
内蒙古	1287.93
……	……
青海	337.24
宁夏	462.96
新疆	547.88

在目录 G:\2glkx\data2 下建立 al6-1.xls 数据文件后，使用的命令如下。

```
> library(RODBC)    #使用此命令时必须先安装 RODBC，见“3.2.2 Excel数据的读取”
>  z<-odbcConnectExcel("G:/2glkx/data2/al6-1.xls")
>  sq<-sqlFetch(z,"Sheet1")
>  sq
                region consumption
   1           Beijing    739.1465
   ……
   31         Xinjiang    547.8766
```

接着，输入如下命令。

```
>summary(sq$consumption)
```

得到：

```
   Min. 1st Qu.  Median    Mean 3rd Qu.    Max.
   17.7   579.7   891.2  1180.0  1306.0  3610.0
```

如果只需要均值，可以利用函数 mean()实现，输入命令如下。

```
> mean(sq$consumption)
1180.489
```

6.3.2　样本分位数描述

五数计算可用函数 fivenum()，计算分位数可用函数 quantile ()，计算中位数可用函数 median()，计算最大值可用函数 max()，计算最小值可用函数 min()。

```
> fivenum(sq$consumption)
  17.6987  579.6896  891.1902 1306.2678 3609.6423
> quantile(sq$consumption)
       0%        25%        50%        75%       100%
  17.6987  579.6896  891.1902 1306.2678 3609.6423
> median(sq$consumption)
 891.1902
> max(sq$consumption)
  3609.642
> min(sq$consumption)
 17.6987
```

6.3.3　离差描述

样本的平均水平可以用上文介绍过的平均值函数 mean()和中位数函数 median()来计算。样本的离散程度可以用极差（max()−min()）、四分位极值函数 IQR()、标准差函数 sd()、方差函数 var()及绝对离差函数 mad()来表示。方差函数 var()也可用于计算两个向量的协方差或一个矩阵的协方差阵。对于 $x=(x_1,\cdots,x_n)$，$sd\,(x)$的公式为：

$$sd(x)=\sqrt{\frac{\sum_{i=1}^{n}(x-\overline{x})^2}{n-1}}$$

绝对离差函数 mad()在 R 语言中的公式为：1.4826*median(abs(x-median(x)))，其中系数 1.4826 约等于 1/qnorm(3/4)，目的是使 mad(x)作为方差的估计具有一致性（在正态分布或大样本下）。

```
> max(sq$consumption)-min(sq$consumption)
 3591.944
> IQR(sq$consumption)
 726.5782
> sd(sq$consumption)
 903.5561
> var(sq$consumption)
 816413.7
> mad(sq$consumption)
 529.8702
```

6.3.4 偏度与峰度描述

偏度公式为：$\beta_1 = \dfrac{E(X-E(X))^3}{(E[X-E(X)]^2)^{3/2}}$。

峰度公式为：$\beta_1 = \dfrac{E(X-E(X))^4}{(E[X-E(X)]^2)^{4/2}} - 3$。

R 基本程序包没有提供求偏度、峰度的函数，但在 R 扩展统计程序包 f Basics 中，函数 skewness()用来求样本的偏度，函数 kurtosis()用来求样本的峰度。例如：

```
> install.packages("fBasics")    #安装 fBasics 程序包
> library(fBasics)               #加载 fBasics 程序包
> skewness(sq$consumption)
 1.246205
attr(,"method")
 "moment"
> kurtosis(sq$consumption)
 0.6422858
attr(,"method")
 "excess"
```

6.4 R 语言多组数据描述性统计

6.4.1 多组数据的概括

对多组数据进行描述性统计与单组数据类似，直接使用 summary()可以得到各组数据的均值和五数。

例如：程序包 datasets 中数据框 state.x77 描述了×××国 50 个州的人口数、人均收入、人均寿命、一年中有雾的天数等情况，数据如下。

```
> state.x77
            Population Income Illiteracy Life Exp Murder HS Grad Frost…
Alabama           3615   3624        2.1    69.05   15.1    41.3    20…
Alaska             365   6315        1.5    69.31   11.3    66.7   152…
Arizona           2212   4530        1.8    70.55    7.8    58.1    15…
Arkansas          2110   3378        1.9    70.66   10.1    39.9    65…
……
Wisconsin         4589   4468        0.7    72.48    3.0    54.5   149…
Wyoming            376   4566        0.6    70.29    6.9    62.9   173…
```

使用函数 summary()描述 state.x77 的结果如下。

```
> summary(state.x77)

  Population        Income        Illiteracy        Life Exp
 Min.   :  365   Min.   :3098   Min.   :0.500   Min.   :67.96
 1st Qu.: 1080   1st Qu.:3993   1st Qu.:0.625   1st Qu.:70.12
 Median : 2838   Median :4519   Median :0.950   Median :70.67
 Mean   : 4246   Mean   :4436   Mean   :1.170   Mean   :70.88
 3rd Qu.: 4968   3rd Qu.:4814   3rd Qu.:1.575   3rd Qu.:71.89
 Max.   :21198   Max.   :6315   Max.   :2.800   Max.   :73.60

 Murder          HS Grad          Frost             Area
 Min.   : 1.400  Min.   :37.80   Min.   :  0.00   Min.   :  1049
 1st Qu.: 4.350  1st Qu.:48.05   1st Qu.: 66.25   1st Qu.: 36985
 Median : 6.850  Median :53.25   Median :114.50   Median : 54277
 Mean   : 7.378  Mean   :53.11   Mean   :104.46   Mean   : 70736
 3rd Qu.:10.675  3rd Qu.:59.15   3rd Qu.:139.75   3rd Qu.: 81163
 Max.   :15.100  Max.   :67.30   Max.   :188.00   Max.   :566432
```

为了统计不同地区（Northeast、South、North Central、West）各变量的均值（或中位数、分位数），可以使用分组描述函数 aggregate()，其格式如下。

```
aggregate(x,by,FUN,...)
```

说明：x 是数据框，by 指定分组变量，FUN 是指用于计算的统计函数。如果计算均值，函数 FUN 为 mean。接着上面的例子计算各地区各变量的均值。

```
> aggregate(state.x77,list(Region=state.region),mean)
         Region Population   Income Illiteracy Life Exp …
1     Northeast   5495.111 4570.222   1.000000 71.26444 …
2         South   4208.125 4011.938   1.737500 69.70625 …
3 North Central   4803.000 4611.083   0.700000 71.76667 …
4          West   2915.308 4702.615   1.023077 71.23462 …
```

同样，根据不同地区和是否一年中有雾的天数超过 130 来统计各变量的均值。

```
> aggregate(state.x77,list(Region=state.region,Cold=state.x77[,"Frost"]>130),mean)
         Region  Cold Population   Income Illiteracy Life Exp …
1     Northeast FALSE  8802.8000 4780.400  1.1800000 71.12800 …
2         South FALSE  4208.1250 4011.938  1.7375000 69.70625 …
3 North Central FALSE  7233.8333 4633.333  0.7833333 70.95667 …
4          West FALSE  4582.5714 4550.143  1.2571429 71.70000 …
5     Northeast  TRUE  1360.5000 4307.500  0.7750000 71.43500 …
6 North Central  TRUE  2372.1667 4588.833  0.6166667 72.57667 …
7          West  TRUE   970.1667 4880.500  0.7500000 70.69167 …
```

注意：Cold 为 TRUE 表示该地区一年有雾的天数超过 130 天；Cold 为 FALSE 表示该地区一年有雾的天数没有超过 130 天。

6.4.2　方差与协方差的计算

变量的方差与协方差的计算使用函数 var()。例如：

```
> var(state.x77)
           Population  Income Illiteracy  Life Exp …
Population   19931684  571230    292.868 -4.08e+02 …
```

```
Income          571230   377573   -163.702  2.81e+02 …
Illiteracy         293     -164      0.372 -4.82e-01 …
Life Exp          -408      281     -0.482  1.80e+00 …
Murder            5664     -522      1.582 -3.87e+00 …
HS Grad          -3552     3077     -3.235  6.31e+00 …
Frost           -77082     7228    -21.290  1.83e+01 …
Area           8587917 19049014   4018.337 -1.23e+04 …
```

6.5 R 语言分类数据描述性统计

如果数据集中对应的变量都是定性变量，这样的数据称为分类数据。分类数据常使用表格来描述，这样主要考虑由二元定性数据所构成的二维列联表数据的描述性统计。

6.5.1 列联表的创建

可以通过矩阵建立列联表，命令如下。

```
        Eye
Hair    Brown Blue Hazel Green
Black     68   20    15     5
Brown    119   84    54    29
Red       26   17    14    14
Blond      7   94    10    16
> Eye.Hair<-matrix(c(68,20,15,5,119,84,54,29,26,17,14,14,7,94,10,16),nrow=4,byrow=T)
> colnames(Eye.Hair)<-c("Brown","Blue","Hazel","Green")
> rownames(Eye.Hair)<-c("Black","Brown","Red","Blond")
> Eye.Hair
```

6.5.2 获得边际列表

在实际使用时，常需要按列联表中某个属性（因子）求和，称为边际列表。可使用函数 margin.table()。例如，对于数据 Eye.Hair，获得边际列表命令如下。

```
> margin.table(Eye.Hair,1)       #按列相加
Black Brown   Red Blond
  108   286    71   127
> margin.table(Eye.Hair,2)       #按行相加
Brown  Blue Hazel Green
  220   215    93    64
```

6.5.3 获得频数列联表

6.5.1 小节中列联表的元素为分类变量（因子）的频数，可称为频数列联表。由列联表除以边际列表就可得到，这可通过函数 prop.table()实现。若（相对）频数列联表再乘上 100，就得到相对应的百分比（相对）频数列联表。

```
> options(digits=1)
> prop.table(Eye.Hair,1)
      Brown Blue Hazel Green
Black  0.63  0.2  0.14  0.05
Brown  0.42  0.3  0.19  0.10
```

```
Red    0.37  0.2  0.20  0.20
Blond  0.06  0.7  0.08  0.13
>  prop.table(Eye.Hair,1)*100
      Brown Blue Hazel Green
Black    63   19    14     5
Brown    42   29    19    10
Red      37   24    20    20
Blond     6   74     8    13
```

注意：全局相对频数列联表不能由 prop.table()得到，但可以用下面的命令得到。

```
> Eye.Hair/sum(Eye.Hair)
      Brown Blue Hazel Green
Black  0.11 0.03  0.03 0.008
Brown  0.20 0.14  0.09 0.049
Red    0.04 0.03  0.02 0.024
Blond  0.01 0.16  0.02 0.027
```

6.6 R语言列联表图形描述

我们可以用条形图（或柱状图）来描述二维列表的定性数据。命令如下。

```
> data(HairEyeColor)
> HairEyeColor
```

得到如下数据。

```
, , Sex = Male
       Eye
Hair    Brown Blue Hazel Green
  Black    32   11    10     3
  Brown    53   50    25    15
  Red      10   10     7     7
  Blond     3   30     5     8
, , Sex = Female
       Eye
Hair    Brown Blue Hazel Green
  Black    36    9     5     2
  Brown    66   34    29    14
  Red      16    7     7     7
  Blond     4   64     5     8
> a<-as.table(apply(HairEyeColor,c(1,2),sum))
> barplot(a,legend.text=attr(a,"dimnames")$Hair)
```

得到叠加条形图，如图 6-13 所示。

这是按行（头发颜色）叠加，按列（眼睛颜色）排列的条形图。我们也可以将列并列展示，这时只需设置选项 beside 为 TRUE，命令如下。

```
> barplot(a,beside=TRUE,legend.text=attr(a,"dimnames")$Hair)
```

得到并列条形图如图 6-14 所示。

函数 dotchart()可绘出克利夫兰（Cleveland）点图，命令如下。

```
> dotchart(Eye.Hair)
```

可以得到克利夫兰点图如图 6-15 所示。

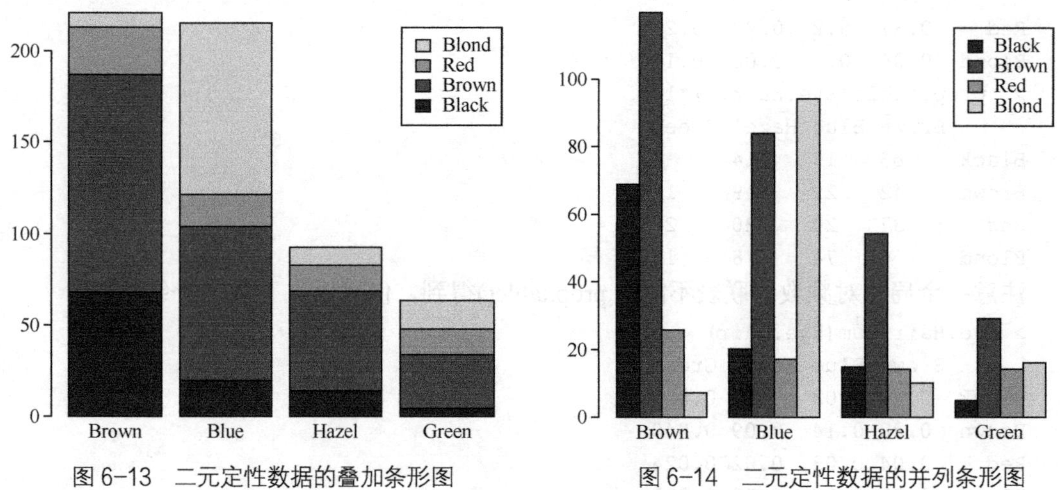

图 6-13　二元定性数据的叠加条形图　　图 6-14　二元定性数据的并列条形图

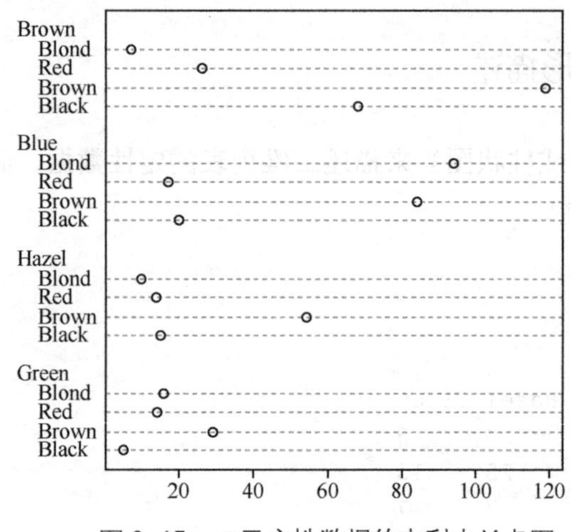

图 6-15　二元定性数据的克利夫兰点图

练习题

1．利用程序包 RODBC 读取目录 F:\2glkx\data2 下的 al6-2.xls 数据，2019 年我国 250 家上市公司的财务数据。请列出 250 家公司“总资产”的频数分布，并求出总负债，净利润，营业收入的均值、中位数、极值、标准差等。

2．利用题 1 的数据 al6-2.xls，找一找还有哪些描述性统计量的函数，并比较和 summary() 函数的不同。提示有 Hmisc()、pastecs()、psych()等。

第 7 章 R 语言参数估计

7.1 参数估计概述

根据样本推断总体的分布和分布的数字特征称为统计推断。本章我们讨论统计推断的一个基本问题——参数估计。参数估计有两类：一类是点估计，就是以某个统计量的样本观察值作为未知参数的估计值；另一类是区间估计，就是用两个统计量所构成的区间来估计未知参数。我们在估计总体均值的时候，用样本均值作为总体均值的估计，就是点估计。在进行置信区间估计之前，必须先规定一个置信度，例如 95%。置信度用概率 $1-\alpha$表示，这里的α就是假设检验里的显著性水平。因此 95%的置信度就相当于 0.05 的显著性水平。

置信区间估计的一般公式为：

点估计±关键值×样本均值的标准误差

即：

$$\bar{x} \pm z_{\alpha/2} \times s/\sqrt{n}$$

这里的关键值就是以显著性水平α做双尾检验的关键值。关键值是 z 关键值或 t 关键值。z 关键值与 t 关键值选择如表 7-1 所示。

表 7-1　　z 关键值与 t 关键值选择

	正态总体 $n<30$	正态总体 $n\geqslant 30$
已知总体方差	z	z
未知总体方差	t	t 或 z

假设一位投资分析师从股权基金中选取了一个随机样本，并计算出了平均的夏普比率。样本的容量为 100，并且平均的夏普比率为 0.45。该样本具有的标准差为 0.30。利用一个基于标准正态分布的临界值，计算并解释所有股权基金总体均值的 90%置信区间。该 90%的置信区间的临界值为 $z_{0.05}=1.65$，故置信区间上、下限为 $\bar{x} \pm z_{0.05}\frac{s}{\sqrt{n}} = 0.45 \pm 1.65\frac{0.30}{\sqrt{100}}$，置信区间为 0.4005～0.4495，分析师可以有 90%的信心认为这个区间包含了总体均值。

7.2 R 语言点估计

由大数定律可知，如果总体 X 的 k 阶矩存在，则样本的 k 阶矩以概率收敛到总体的 k 阶矩，样本矩的连续函数收敛到总体矩的连续函数。这就启发我们可以用样本矩作为总体矩的估计量，这种用相应的样本矩去估计总体矩的估计方法称为矩估计法。

设 $X_1,\cdots,X_n$ 为来自某总体的一个样本，样本的 k 阶原点矩为：

$$A_k=\frac{1}{n}\sum_{i=1}^{n}X_i^k,\ k=1,2,\cdots$$

如果总体 X 的 k 阶原点矩 $\mu_k=E(X^k)$ 存在，则按矩估计法的思想，用 A_k 去估计 $\mu_k:\hat{\mu}_k=A_k$。

设总体 X 的分布函数含有 k 个未知参数 $\theta_j=(\theta_1,\cdots,\theta_k),\ j=1,2,\cdots,k$，且分布的前 k 阶矩存在，它们都是 $\theta_1,\cdots,\theta_k$ 的函数，此时求 $\theta_j(j=1,2,\cdots,k)$ 矩估计的步骤如下。

（1）求出 $E(X^j)=\mu_j,\ j=1,2,\cdots,k$，并假定：

$$\mu_j=g_j(\theta_1,\cdots,\theta_k),\ j=1,2,\cdots,k$$

（2）解以上方程组，得到：

$$\theta_i=h_i(\mu_1,\cdots,\mu_k),\ i=1,2,\cdots,k$$

（3）在上式中用 A_j 代替 $\mu_j,\ j=1,2,\cdots,k$，即可得到 $\theta_j=(\theta_1,\cdots,\theta_k)$ 的矩估计公式为：

$$\hat{\theta}_i=h_i(A_1,\cdots,A_k),\ i=1,2,\cdots,k$$

若有样本观察值 $x_1,\cdots,x_n$ 代入上式即可得到 $\theta_j=(\theta_1,\cdots,\theta_k)$ 的估计值。

由于函数 g_j 的表达式不同，求解上述方程或方程组会相当困难，这时需要应用迭代算法进行数值求解。这需要具体问题具体分析，我们难以用固定的 R 语言程序来直接估计 θ，只能利用 R 语言的计算功能根据具体问题编写相应的 R 程序，下面看一个例子。

例 7-1：设 $X_1,\cdots,X_n$ 为来自 $b(1,\theta)$ 的一个样本，θ 表示某事件成功的概率，通常人们对事件成功的概率比 $g(\theta)=\theta/(1-\theta)$ 更感兴趣，可以利用矩估计轻松给出一个很不错的矩估计 $g(\theta)$。因为 θ 是总体均值，由矩估计法，记 $\bar{X}=\frac{1}{n}\sum_{i=1}^{n}X_i$，则 $h(\bar{X})=\frac{\bar{X}}{1-\bar{X}}$ 是 $g(\theta)$ 的一个矩估计。

例 7-2：对某个篮球运动员记录其在某一次比赛中投篮命中与否，观测数据如下。

```
1 1 0 1 0 0 1 0 1 1 1 0 1 1 0 1
0 0 1 0 1 0 1 0 0 1 1 0 1 1 0 1
```

编写 R 程序估计这个篮球运动员投篮的成败比。

```
> X<-c(1,1,0,1,0,0,1,0,1,1,1,0,1,1,0,1,0,0,1,0,1,0,1,0,0,1,1,0,1,1,0,1)
> theta<-mean(X)
> h<-theta/(1-theta)
> h
[1] 1.285714
```

得到 $g(\theta)$ 的矩估计值为 1.285714。

7.3 R 语言单正态总体均值区间估计

7.2 节讨论了点估计，由于点估计值只是估计量的一个近似值，因而点估计本身既没有反映出这种近似值的精度，即指出用估计值去估计的误差范围有多大，也没有指出这个误差范围以多大的概率包括未知参数，这正是区间估计要解决的问题。本节讨论单正态总体均值的区间估计问题。

1．方差 $\sigma_0=\sigma$ 已知时 μ 的置信区间

设来自正态总体 $N(\mu,\sigma^2)$ 的随机样本和样本值记为 $X_1,X_2,\cdots X_n$，样本均值 $\bar{X}$ 是总体均值 μ 的一个很好的估计量，利用 $\bar{X}$ 的分布，可以得出总体均值 μ 的置信度为 $1-\alpha$ 的置信区间（通常 α=0.05）。

由于 $\bar{X}\sim N(\mu,\sigma^2)$，因此有 $Z=\dfrac{\bar{X}-\mu}{\sigma/\sqrt{n}}\sim N(0,1)$。

由 $P(-z_{1-\alpha/2}<Z<z_{1-\alpha/2})=1-\alpha$，得：

$$P\left(\bar{X}-\frac{\sigma}{\sqrt{n}}z_{1-\alpha/2}<\mu<\bar{X}+\frac{\sigma}{\sqrt{n}}z_{1-\alpha/2}\right)=1-\alpha\text{。}$$

所以对于单个正态总体 $N(\mu,\sigma^2)$，当 $\sigma_0=\sigma$ 已知时，μ 的置信度为 $1-\alpha$ 的置信区间为 $\left(\bar{X}-\dfrac{\sigma}{\sqrt{n}}z_{1-\alpha/2},\bar{X}+\dfrac{\sigma}{\sqrt{n}}z_{1-\alpha/2}\right)$。

同理可求得 μ 的置信度为 $1-\alpha$ 的置信上限为 $\bar{X}+\dfrac{\sigma}{\sqrt{n}}z_{1-\alpha}$。

μ 的置信度为 $1-\alpha$ 的置信下限为 $\bar{X}-\dfrac{\sigma}{\sqrt{n}}z_{1-\alpha}$。

由于在 R 语言中没有求方差已知时均值置信区间的内置函数，因此需要自己编写 R 程序。我们编写的 R 程序如下。

```
> conf<-function(x,sigma,alpha){
 n<-length(x)
 mean<-mean(x)
 result<-c(mean-sigma*qnorm(1-alpha/2)/sqrt(n),
 mean+sigma*qnorm(1-alpha/2)/sqrt(n))
 result
}
```

例 7-3：某车间生产的滚珠直径 X 服从正态分布 $N(\mu,0.6)$。现从某日的产品中抽取 6 个，测得直径如下（单位：mm）。

14.6　15.1　14.9　14.8　15.2　15.1

试求平均直径置信度为 95%的置信区间。

解：置信度 $1-\alpha$=0.95，α=0.05。α/2=0.025，查表可得 $z_{0.025}=1.96$，又由样本值得 $\bar{x}$=14.95，n=6，$\sigma=\sqrt{0.6}$。

置信下限为 $\bar{x}-z_{1-\alpha/2}\dfrac{\sigma_0}{\sqrt{n}}=14.95-1.96\times\sqrt{\dfrac{0.6}{6}}=14.3302$。

置信上限为 $\bar{x}+z_{1-\alpha/2}\dfrac{\sigma_0}{\sqrt{n}}=14.95+1.96\times\sqrt{\dfrac{0.6}{6}}=15.5698$。

所以均值的置信区间为(14.3302,15.5698)。

先在 R 语言中把上面编写的程序调入内存，然后输入如下命令。

```
> x<-c(14.6,15.1,14.9,14.8,15.2,15.1)
> sigma=sqrt(0.6)
> conf(x,sigma,0.05)
[1] 14.3302  15.5698
```

2．方差 σ^2 未知时 μ 的置信区间

由于 $Z=\dfrac{\bar{X}-\mu}{\sigma/\sqrt{n}}\sim N(0.1)$ 和 $\dfrac{(n-1)S^2}{\sigma^2}\sim X^2(n-1)$，且两者独立，所以有：

$$T=\frac{\bar{X}-\mu}{S/\sqrt{n}}\sim t(n-1)。$$

同样由 $P(-t_{1-\alpha/2}(n-1)<T<t_{1-\alpha/2}(n-1))=1-\alpha$ 得到：

$$P\left(\bar{X}-\frac{S}{\sqrt{n}}t_{1-\alpha/2}(n-1)<\mu<\bar{X}+\frac{S}{\sqrt{n}}t_{1-\alpha/2}(n-1)\right)=1-\alpha。$$

所以方差 σ^2 未知时 μ 的置信度为 $1-\alpha$ 的置信区间为：

$$\left(\bar{X}-\frac{S}{\sqrt{n}}t_{1-\alpha/2}(n-1),\bar{X}+\frac{S}{\sqrt{n}}t_{1-\alpha/2}(n-1)\right)。$$

其中 $t_p(n)$ 为自由度为 n 的 t 分布的下侧 p 分位数。

同理可求得 μ 的置信度为 $1-\alpha$ 的置信上限为 $\bar{X}+\dfrac{S}{\sqrt{n}}t_{1-\alpha}(n-1)$，$\mu$ 的置信度为 $1-\alpha$ 的置信下限为 $\bar{X}-\dfrac{S}{\sqrt{n}}t_{1-\alpha}(n-1)$，$S=\sqrt{\dfrac{1}{n-1}\sum_{i=1}^{n}(X_i-\bar{X})^2}$。

例 7-4：某糖厂自动包装机装糖，设各包糖重量服从正态分布 $N(\mu,\sigma^2)$。某日开工后测得 9 包糖重量（单位：kg）为 99.3、98.7、100.5、101.2、98.3、99.7、99.5、102.1、100.5，试求 μ 的置信度为 95%的置信区间。

解：置信度 $1-\alpha$=0.95，查表得 $t_{1-\alpha/2}(n-1)=t_{0.025}(8)=2.306$。由样本值计算得 $\bar{x}$=99.978，$s^2=1.47$，故：

置信下限为 $\bar{x}-t_{1-\alpha/2}(n-1)\dfrac{s}{\sqrt{n}}$=99.978−2.306×$\sqrt{\dfrac{1.47}{9}}$=99.046；

置信上限为 $\bar{x}+t_{1-\alpha/2}(n-1)\dfrac{s}{\sqrt{n}}$=99.978+2.306×$\sqrt{\dfrac{1.47}{9}}$=100.91。

所以 μ 的置信度为 95%的置信区间为(99.046,100.91)。

由于在 R 语言中有求方差未知时均值置信区间的内置函数 t.test()，其调用格式如下：

```
t.test(x,y=NULL,alternative=c("two.sided","less","greater"),mu=0,paired=FALSE,
var.equal=FALSE,conf.level=0.95,…)
```

alternative 用于指定所求置信区间的类型；alternative="two.sided"为默认值；mu 表示均值，默认值为 0。

```
> x<-c(99.3,98.7,100.5,101.2,98.3,99.7,99.5,102.1,100.5)
```

```
> t.test(x)
        One Sample t-test
data:  x
t = 247.4276, df = 8, p-value < 2.2e-16
alternative hypothesis: true mean is not equal to 0
95 percent confidence interval:
 99.04599 100.90956
sample estimates:
mean of x
 99.97778
```

从上述代码中可以看到置信水平为0.95的置信区间为(99.04599,100.90956)。

这个结果过于烦琐，由于只需要置信区间的结果，因此R程序如下。

```
> t.test(x)$conf.int
```

则得到的结果如下。

```
 99.04599 100.90956
attr(,"conf.level")
 0.95
```

7.4 R语言单正态总体方差区间估计

此时，虽然也可以就均值μ是否已知分两种情况讨论方差的区间估计，但在实际中μ已知的情形是极为罕见的，所以只讨论在μ未知的条件下方差σ^2的置信区间。

由于$\chi^2=(n-1)S^2/\sigma^2 \sim \chi^2(n-1)$，$P\left(\chi^2_{\alpha/2}(n-1)<\dfrac{(n-1)S^2}{\sigma^2}<\chi^2_{1-\alpha/2}(n-1)\right)=1-\alpha$，就可以得出$\sigma^2$的置信水平为$1-\alpha$的置信区间为：

$$\left(\frac{(n-1)S^2}{\chi^2_{\alpha/2}(n-1)},\frac{(n-1)S^2}{\chi^2_{1-\alpha/2}(n-1)}\right)。$$

由于在R语言中没有求方差的置信区间的内置函数，因此需要自己编写R程序。我们编写的R程序如下。

```
chisq<-function(n,s2,alpha){
result<-c((n-1)*s2/qchisq(alpha/2,df=n-1,lower.tail=F), (n-1)*s2/qchisq (1-alpha/2,df=n-1,lower.tail=F))
result
}
```

例7-5：从某车间加工的同类零件中抽取了16件，测得零件的平均长度为12.8cm，方差为0.0023。假设零件的长度服从正态分布，试求总体方差及标准差的置信区间（置信度为95%）。

解：已知n=16，$S^2=0.0023$，$1-\alpha$=0.95。

查表得：

$$\chi^2_{1-\alpha/2}(n-1)=\chi^2_{0.975}(15)=6.262$$

$$\chi^2_{\alpha/2}(n-1)=\chi^2_{0.025}(15)=27.488$$

代入数据，可算出所求的总体方差的置信区间为(0.0013,0.0055)。

总体标准差的置信区间为(0.0354,0.0742)。

先在 R 语言中把上面编写的程序调入内存，然后输入如下命令。

```
> chisq(16,0.0023,0.05)
[1] 0.001255075 0.005509301
```

由运行显示可知，总体方差的区间估计为(0.001255075,0.005509301)。

7.5 R 语言双正态总体均值差区间估计

本节讨论双正态总体均值差区间估计的问题。

1. 两方差已知时两均值差的置信区间

假设σ_1^2、σ_2^2已知，求$\mu_1-\mu_2$置信水平为$1-\alpha$的置信区间。

由于$\bar{X}\sim N(\mu_1,\sigma_1^2)$，$\bar{Y}\sim N(\mu_2,\sigma_2^2)$，且两者独立，因此可得到：

$$\bar{X}-\bar{Y}\sim N(\mu_1-\mu_2,\sigma_1^2/n_1+\sigma_2^2/n_2)$$

因此有：

$$Z=\frac{(\bar{X}-\bar{Y})-(\mu_1-\mu_2)}{\sqrt{\sigma_1^2/n_1+\sigma_2^2/n_2}}\sim N(0,1)\text{。}$$

由$P(-z_{1-\alpha/2}<Z<z_{1-\alpha/2})=1-\alpha$即得：

$$P\left(\bar{X}-\bar{Y}-z_{1-\alpha/2}\sqrt{\sigma_1^2/n_1+\sigma_2^2/n_2}<\mu_1-\mu_2<\bar{X}-\bar{Y}+z_{1-\alpha/2}\sqrt{\sigma_1^2/n_1+\sigma_2^2/n_2}\right)=1-\alpha$$

所以两均值差的置信区间为：

$$\left(\bar{X}-\bar{Y}-z_{1-\alpha/2}\sqrt{\sigma_1^2/n_1+\sigma_2^2/n_2},\bar{X}-\bar{Y}+z_{1-\alpha/2}\sqrt{\sigma_1^2/n_1+\sigma_2^2/n_2}\right)$$

同理可求得两均值差的置信度为$1-\alpha$的置信上限为$\left(\bar{X}-\bar{Y}+z_{1-\alpha}\sqrt{\sigma_1^2/n_1+\sigma_2^2/n_2}\right)$，两均值差的置信度为$1-\alpha$的置信下限为$\left(\bar{X}-\bar{Y}-z_{1-\alpha}\sqrt{\sigma_1^2/n_1+\sigma_2^2/n_2}\right)$。

在 R 语言中没有求两方差已知时两均值差的置信区间的内置函数，因此需要自己编写 R 程序。我们编写的 R 程序如下。

```
two.sample.ci<-function(x,y,conf.level=0.95,sigma1,sigma2){
options(digits=4)
m=length(x);n=length(y)
xbar=mean(x)-mean(y)
alpha=1-conf.level
zstar=qnorm(1-alpha/2)*(sigma1/m+ sigma2/n)^(1/2)
xbar+c(-zstar,+zstar)
}
```

例 7-6：为比较两种农产品的产量，选择 18 块条件相似的试验田，采用相同的耕作方法做实验，结果播种甲品种的 8 块试验田的单位面积产量和播种乙品种的 10 块试验田的单位面积产量分别如表 7-2 所示。

表 7-2　　两种农产品的单位面积产量

甲品种	628、583、510、554、612、523、530、615
乙品种	535、433、398、470、567、480、498、560、503、426

假定每个品种的单位面积产量均服从正态分布，甲品种产量的方差为 2140，乙品种产量的方差为 3250，试求这两个品种平均面积产量差的置信区间（取 α =0.05）。

先在 R 语言中把上面编写的程序调入内存，然后输入如下命令。

```
> x<-c(628,583,510,554,612,523,530,615)
> y<-c(535,433,398,470,567,480,498,560,503,426)
> sigma1=2140
> sigma2=3250
> two.sample.ci(x,y,conf.level=0.95,sigma1,sigma2)
 34.67 130.08
```

2．两方差都未知时两均值的置信区间

设两方差均未知，但 $\sigma_1^2=\sigma_2^2=\sigma^2$，

此时，由于 $Z=\dfrac{\overline{X}-\overline{Y}-(\mu_1-\mu_2)}{\sqrt{\sigma_1^2/n_1+\sigma_2^2/n_2}}\sim N(0,1)$，$\dfrac{(n_1-1)S_1^2}{\sigma^2}\sim\chi^2(n_1-1)$，$\dfrac{(n_2-1)S_2^2}{\sigma^2}\sim\chi^2(n_2-1)$，

因此，$\dfrac{(n_2-1)S_1^2}{\sigma^2}+\dfrac{(n_2-1)S_2^2}{\sigma^2}\sim\chi^2(n_1+n_2-2)$。

由此可得：

$$T=\frac{\overline{X}-\overline{Y}-(\mu_1-\mu_2)}{\sqrt{(1/n_1+1/n_2)S^2}}\sim t(n_1+n_2-2)$$

其中 $S^2=\dfrac{(n_1-1)S_1^2+(n_2-1)S_2^2}{(n_1-1)+(n_2-1)}$。

同样由 $P(-t_{1-\alpha/2}(n_1+n_2-2)<T<t_{1-\alpha/2}(n_1+n_2-2))=1-\alpha$，

解不等式即得两均值差的置信水平为 $1-\alpha$ 的置信区间：

$$\left(\overline{X}-\overline{Y}\pm t_{1-\alpha/2}(n_1+n_2-2)\sqrt{(1/n_1+1/n_2)S^2}\right)$$

同理可求得两均值差的置信度为 $1-\alpha$ 的置信上限为：

$$\left(\overline{X}-\overline{Y}+t_{1-\alpha/2}(n_1+n_2-2)\sqrt{(1/n_1+1/n_2)S^2}\right)$$

两均值差的置信度为 $1-\alpha$ 的置信下限为：

$$\left(\overline{X}-\overline{Y}-t_{1-\alpha/2}(n_1+n_2-2)\sqrt{(1/n_1+1/n_2)S^2}\right)$$

如同求单正态的均值置信区间，在 R 语言中可以直接利用 t.test()求两方差都未知但相等时两均值差的置信区间。

例 7-7：在例 7-6 中，如果不知道两种农产品产量的方差，但已知两者相同。此时须在 t.test()中指定选项 var.equal=TRUE，则：

```
> x<-c(628,583,510,554,612,523,530,615)
```

```
> y<-c(535,433,398,470,567,480,498,560,503,426)
> t.test(x,y,var.equal=TRUE)
        Two Sample t-test
data:  x and y
t = 3.301, df = 16, p-value = 0.004512
alternative hypothesis: true difference in means is not equal to 0
95 percent confidence interval:
  29.47 135.28
sample estimates:
mean of x mean of y
    569.4     487.0
```

由上述代码可见，这两个品种的单位面积产量之差的置信水平为 0.95 的置信区间为(29.47,135.28)。

7.6 R 语言双正态总体方差比区间估计

此时虽然也可以就均值是否已知分两种情况讨论方差的区间估计，但在实际中 μ 已知的情形是极为罕见的，所以只讨论在 μ 未知的条件下方差 σ^2 的置信区间。

由于 $(n_1-1)S_1^2/\sigma^2 \sim \chi^2(n_1-1)$，$(n_2-1)S_2^2/\sigma^2 \sim \chi^2(n_2-1)$，且 S_1^2 与 S_2^2 相互独立，故：

$$F=(S_1^2/\sigma_1^2)/(S_2^2/\sigma_2^2) \sim F(n_1-1,n_2-1)$$

所以对于给定的置信水平 $1-\alpha$，由：

$$P(F_{\alpha/2}(n_1-1,n_2-1)<(S_1^2/\sigma_1^2)/(S_2^2/\sigma_2^2)<F_{1-\alpha/2}(n_1-1,n_2-1))=1-\alpha$$

就可以得出两方差比的置信水平为 $1-\alpha$ 的置信区间。

$$\left(\frac{S_1^2}{S_2^2}\times\frac{1}{F_{1-\alpha/2}(n_1-1,n_2-1)},\frac{S_1^2}{S_2^2}\times\frac{1}{F_{\alpha/2}(n_1-1,n_2-1)}\right)$$

其中 $F_p(m,n)$ 为自由度为 (m,n) 的 F 分布的下侧 p 分位数。

在 R 语言中提供了求方差比的置信区间的内置函数 var.test()，其调用格式如下：

```
var.test(x,y,ratio=1,alternative=c("two.sided","less","greater"),conf.level=0.95,…)
```

在求置信区间时，只给出两个总体样本 x、y 及相应的置信水平，可选择 alternative 用于第 8 章所述的假设检验。

例 7-8：甲、乙两台机床分别加工某种轴承，它们加工的轴承的直径分别服从正态分布 $N(\mu_1,\sigma_1^2)$、$N(\mu_2,\sigma_2^2)$，从各自加工的轴承中分别抽取若干个轴承测其直径，结果如表 7-3 所示。

表 7-3　　轴承的直径

总体	样本容量	直径
x（机床甲）	8	20.5、19.8、19.7、20.4、20.1、20.0、19.0、19.9
y（机床乙）	7	20.7、19.8、19.5、20.8、20.4、19.6、20.2

试求两台机床加工的轴承直径的方差比的 0.95 的置信区间，代码如下。

```
> x<-c(20.5,19.8,19.7,20.4,20.1,20.0,19.0,19.9)
```

```
> y<-c(20.7,19.8,19.5,20.8,20.4,19.6,20.2)
> var.test(x,y)
        F test to compare two variances
data:  x and y
F = 0.7932, num df = 7, denom df = 6, p-value = 0.7608
alternative hypothesis: true ratio of variances is not equal to 1
95 percent confidence interval:
 0.1393 4.0600
sample estimates:
ratio of variances
          0.7932
```

由上面的运行结果可见，两台机床的加工轴承直径方差比的0.95的置信区间为(0.1393,4.0600)，方差比为0.7932。

7.7 R语言确定样本容量

确定样本容量 n 是抽样中一个重要问题。样本抽取过少会丢失样本信息，会导致误差太大不满足要求；若样本抽取太多，虽然各种信息都包含了，误差也降低了，但同时会增加所需的人力、物力和费用开销。权衡两者，我们要抽取适当数量的样本。

7.7.1 估计正态总体均值时样本容量的确定

设总体 X 的均值为 μ，方差为 σ^2，一般估计总体的均值时，我们提出这样的精度要求：置信度为 $1-\alpha$，允许均值的最大绝对误差为 d，即

$$P(|\overline{X}-\mu|\leqslant d)=1-\alpha$$

下面考虑总体 X 为正态或近似正态分布的情况下，估计均值 μ 时所需的样本容量。分两种情况来讨论。

1. 总体方差已知

令 $\sigma^2=\sigma_0^2$，则由 $\dfrac{\overline{X}-\mu}{\sigma_0/\sqrt{n}}\sim N(0,1)$ 得到：

$$P\left(\frac{\overline{X}-\mu}{\sigma_0/\sqrt{n}}<\frac{d}{\sigma_0/\sqrt{n}}\right)=1-\alpha$$

所以 $n=\left(\dfrac{z_{1-\alpha/2}\sigma_0}{d}\right)^2$。

在R语言中可以自己编写如下的函数size.norm1()求样本容量。

```
size.norm1<-function(d,var,conf.level){
alpha=1-conf.level
((qnorm(1-alpha/2)*var^(1/2))/d)^2
}
```

例7-9：某地区有10000户家庭，拟抽取一个简单的样本调查一个月的平均开支，要求置信度为95%，最大允许误差为2。根据经验，家庭开支的方差为500，应抽取多少户进行调查？

先在 R 语言中把上面编写的函数调入内存，然后输入如下命令。

```
> size.norm1(2,500,conf.level=0.95)
 480.2
```

由上述代码可知应抽取 481 户。

2．总体方差未知

当 σ^2 未知时，则由 $\dfrac{\bar{X}-u}{S/\sqrt{n}} \sim t_{1-\alpha/2}(n-1)$ 得到：

$$P\left(\frac{\bar{X}-\mu}{S/\sqrt{n}} < \frac{d}{S/\sqrt{n}}\right)=1-\alpha$$

所以 $n=\left(\dfrac{t_{1-\alpha/2}(n-1)S}{d}\right)^2$。

可以注意到，$t_{1-\alpha/2}(n-1)$ 的值是随自由度 $n-1$ 变化的，也就是说 $t_{1-\alpha/2}(n-1)$ 的值原本就与样本容量 n 有关。这样在 n 确定之前，$t_{1-\alpha/2}(n-1)$ 的值也是未知的。在这种情况下，一般用尝试法，先将一个非常大的自由度代入（相当于用 $z_{1-\alpha/2}$ 代替 $t_{1-\alpha/2}(n-1)$）求出 n_1，然后将 n_1 代入 $t_{1-\alpha/2}(n-1)$ 求出 n_2，重复此法直到先后两次所求得的 n 几乎相等为止，最后的 n_2 就是要确定的样本容量。

在 R 语言中可以通过循环确定样本容量，可自己编写如下的函数 size.norm2()求样本容量。

```
size.norm2<-function(s,alpha,d,m){
t1<-qt(alpha/2,m,lower.tail=FALSE)
n1<-(t1*s/d)^2
t2<-qt(alpha/2,n1,lower.tail=FALSE)
n2<-(t2*s/d)^2
while(abs(n2-n1)>0.5){
n1<-(qt(alpha/2,n2,lower.tail=FALSE)*s/d)^2
n2<-(qt(alpha/2,n1,lower.tail=FALSE)*s/d)^2
}
n2
}
```

例 7-10：某公司生产了一批新产品，产品总体服从正态分布，现要估计这批产品的平均重量，最大允许误差为 2，样本标准差 s=10，试问 $\alpha=0.01$ 下应抽取多少样本？

先把上面编写的函数调入 R 语言，然后输入如下命令：

```
> size.norm2(10,0.01,2,100)
 169.665
```

上述代码表示在最大允许误差为 2 的时候应抽取 170 个样本。

7.7.2 估计比例 p 时样本容量的确定

在样本容量较大的条件下，样本比例 $\hat{p}$ 近似服从正态分布，即：

$$\frac{\hat{p}-p}{\sqrt{p(1-p)}} \sim N(0,1)$$

在置信水平 $1-\alpha$ 下，若允许比例的最大绝对误差为 d，则由：

$$P\left(\frac{\hat{p}-p}{\sqrt{p(1-p)/n}}<\frac{d}{\sqrt{p(1-p)/n}}\right)=1-\alpha$$

得 $n=\left(\frac{z_{1-\alpha/2}}{d}\right)^2 p(1-p)$。

根据经验，如果能给出 p 的一个粗略估计或知道 p 的取值范围，问题就能解决。

0.5 在取值范围内时，取 p=0.5，反之，取接近 0.5 的值，这样我们可以得到 n 的一个较为保守的值，因为 $p(1-p)\leqslant 1/4$。如果对 p 没有任何先验知识时，取 α=0.5。

应用 R 语言编写如下程序：

```
size.bi<-function(d,p,conf.level=0.95){
alpha=1-conf.level
((qnorm(1-alpha/2))/d)^2*p*(1-p)
}
```

例 7-11：某市一所大学历届毕业生就业率为 90%，试估计应届毕业生就业率，要求估计误差不超过 3%，试问在 α =0.05 下要抽取应届毕业生多少人？

先在 R 语言中把上面编写的程序调入内存，然后输入如下命令。

```
> size.bi(0.03,0.9,0.95)
 384.1
```

所以在 α =0.05 下要抽取应届毕业生 385 人才能使估计误差不超过 3%。

练习题

1．高三 1、2 班的期末数学成绩服从正态分布，分别从 1、2 班各抽取 12 名学生的成绩，如表 7-4 所示。假设 1 班数学成绩的方差为 181，2 班数学成绩的方差为 214.5。

表 7-4　　高三 1、2 班的期末数学成绩

班级	样本量	成绩/分
1	12	64、63、91、70、92、98、96、83、89、84、61、74
2	12	87、61、47、89、73、71、86、86、95、91、62、76

试比较 1、2 班成绩差的 95%置信区间，成绩方差比的 99%置信区间。

2. 某研究机构受托为一大型公司进行客户消费能力调研，需要估计出潜在客户对公司产品的平均消费支出意愿（单位：元），允许误差为 200 元，标准差为 300 元，在 90%的置信区间里，该研究机构应该抽取多少个客户？如果置信区间提高到 95%、99%时，客户调研数量将发生什么变化？

第8章 R语言参数假设检验

参数假设检验是指对参数的平均值、方差、比率等特征进行的统计检验。参数假设检验一般假设统计总体的具体分布是已知的，但是其中的一些参数或者取值范围不确定，分析的主要目的是估计这些未知参数的取值，或者对这些参数进行假设检验。参数假设检验不仅能够对总体的特征参数进行推断，还能够对两个或多个总体的参数进行比较。常用的参数假设检验包括单一样本 t 检验、两个总体均值差异的假设检验、总体方差的假设检验、总体比率的假设检验等。本章先介绍参数假设检验的基本理论，然后通过实例来说明 R 语言在参数假设检验中的具体应用。

8.1 参数假设检验基本理论

1．假设检验的概念

为了推断总体的某些性质，我们会提出总体性质的各种假设。假设检验就是根据样本提供的信息对所提出的假设做出判断的过程。

原假设是我们有怀疑、想要拒绝的假设，记为 H_0。备择假设是我们拒绝了原假设后得到的结论，记为 H_α。

假设都是关于总体参数的，例如，我们想知道总体均值是否等于某个常数 μ_0，那么原假设是：$H_0:\mu=\mu_0$，则备择假设是：$H_\alpha:\mu\neq\mu_0$。

上面这种假设称为双尾检验，因为备择假设是双边的。

下面两种假设检验称为单尾检验。

（1）$H_0:\mu\geqslant\mu_0, H_\alpha:\mu<\mu_0$。

（2）$H_0:\mu\leqslant\mu_0, H_\alpha:\mu>\mu_0$。

注意：无论是单尾检验还是双尾检验，等号永远都在原假设这边，这是用来判断原来假设的唯一标准。

2．第一类错误和第二类错误

我们在做假设检验的时候会犯两种错误：第一，原来假设是正确的而被判断为错误；第二，原来假设是错误的而被判断为正确。它们分别称为第一类错误和第二类错误。

第一类错误：原来假设是正确的，却拒绝了原来假设。

第二类错误：原来假设是错误的，却没有拒绝原来假设。

这类似于法官判案时，如果被告是好人，却判他/她为坏人，这是第一类错误（错判好人或以真为假）；如果被告是坏人，却判他/她为好人，这是第二类错误（放走坏人或以假为真）。

在其他条件相同的情况下，如果要求犯第一类错误概率越小，那么犯第二类错误的概率就会越大。通俗的理解是：当我们要求错判好人的概率减小，那么往往就会更容易放走坏人。

同样地，在其他条件不变的情况下，如果要求犯第二类错误概率越小，那么犯第一类错误的概率就越大。通俗理解，即当我们要求放走坏人的概率降低，那么往往就会错判好人。

其他条件不变主要指的是样本量 n 不变。换言之，要想减小犯第一类错误的概率和第二类错误的概率，就要增大样本量 n。

在假设检验的时候，我们会规定一个允许犯第一类错误的概率，比如 5%，这称为显著性水平，记为 α 。我们通常只规定犯第一类错误的概率，而不规定犯第二类错误的概率。

检验的势（power）定义为在原假设是错误的情况下拒绝原假设的概率。检验的势等于 1 减去犯第二类错误的概率。

我们用表 8-1 来表示显著性水平和检验的势。

表 8-1　显著性水平和检验的势

	原假设正确	原假设不正确
拒绝原假设	第一类错误 显著性水平 α	判断正确 检验的势=1−P（第二类错误）
没有拒绝原假设	判断正确	第二类错误

要做假设检验，我们先要计算两个值：检验统计量和关键值。

检验统计量是从样本数据中计算得来的。检验统计量的一般形式为：

检验统计量=(样本统计量−在 H_0 中假设的总体参数值)/样本统计量的标准误差

关键值是查表得到的。关键值的计算需要知道下面 3 点。

（1）检验统计量是什么分布。这决定我们要去查哪张表。

（2）显著性水平。

（3）是双尾检验还是单尾检验。

3. 决策规则

（1）基于检验统计量和关键值的决策准则

计算检验统计量和关键值后，怎样判断是拒绝原假设还是不拒绝原假设呢？

首先，要清楚我们做的是双尾检验还是单尾检验。如果是双尾检验，那么拒绝域在两边。以双尾 z 检验为例，首先画出 z 分布（标准正态分布），在两边画出阴影的拒绝区域，如图 8-1 所示。

拒绝区域的面积应等于显著性水平。以 $\alpha = 0.05$ 为例，左、右两块拒绝区域的面积之和应等于 0.05，可知交界处的数值为±1.96，±1.96 即关键值。

如果从样本数据中计算得出的检验统计量落在拒绝区域（小于−1.96 或大于 1.96），就拒绝原假设；如果检验统计量没有落在拒绝区域（在−1.96 和 1.96 之间），就不能拒绝原假设。

如果是单尾检验，那么拒绝区域在一边。拒绝区域在哪一边，要看备择假设在哪一边。

以单尾的 z 检验为例，假设原假设为$H_0:\mu\leqslant\mu_0$，备择假设为$H_\alpha:\mu>\mu_0$，那么拒绝区域在右边，因为备择假设在右边。首先画出 z 分布（标准正态分布），在右边画出阴影的拒绝区域，如图 8-2 所示。

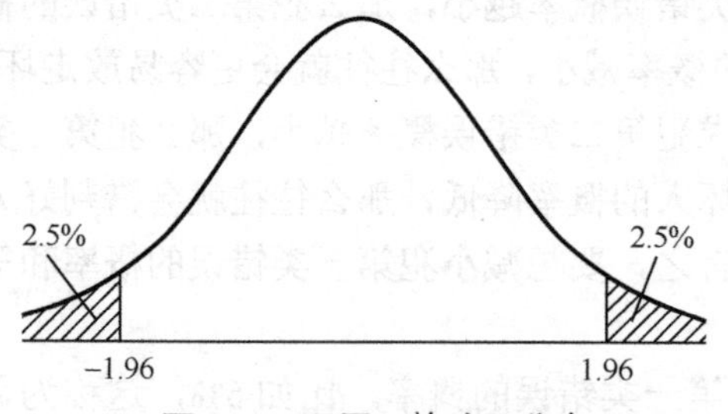

图 8-1　双尾 z 检验及分布

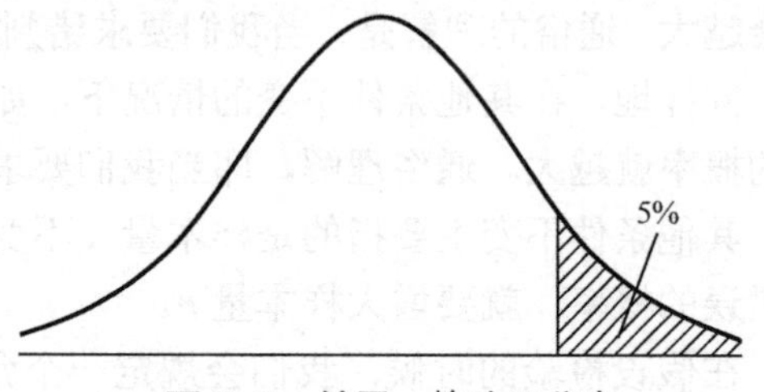

图 8-2　单尾 z 检验及分布

拒绝区域的面积还是等于显著性水平。以$\alpha=0.05$为例，因为只有一块拒绝区域，所以其面积为 0.05，可知交界处的数值为 1.65。1.65 即关键值。

如果从样本数据中计算得出的检验统计量落在拒绝区域（大于 1.65），就拒绝原假设；如果检验统计量没有落在拒绝区域（小于 1.65），就不能拒绝原假设。

（2）基于 p 值和显著性水平的决策规则

在实际中，如统计软件经常给出是 p 值，可以将 p 值与显著性水平做比较，以决定是拒绝还是不拒绝原假设，这是基于 p 值和显著性水平的决策规则。

首先来看看 p 值到底是什么。对于双尾检验，有两个检验统计量，其两边的面积之和就是 p 值。因此，每一边的面积是 $p/2$，如图 8-3 所示。

对于单尾检验，只有一个检验统计量，其左或右边的面积就是 p 值，如图 8-4 所示。

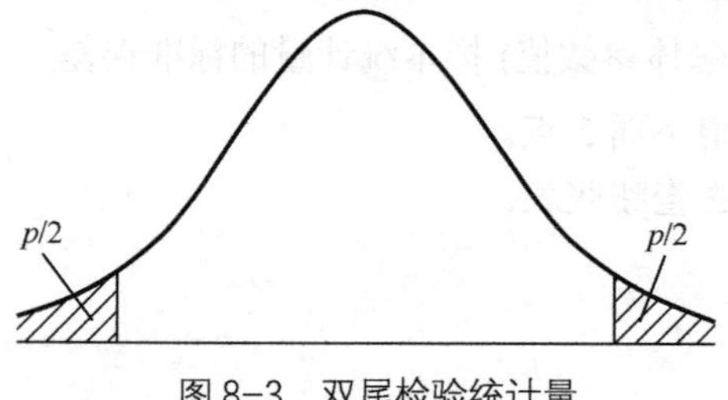

图 8-3　双尾检验统计量

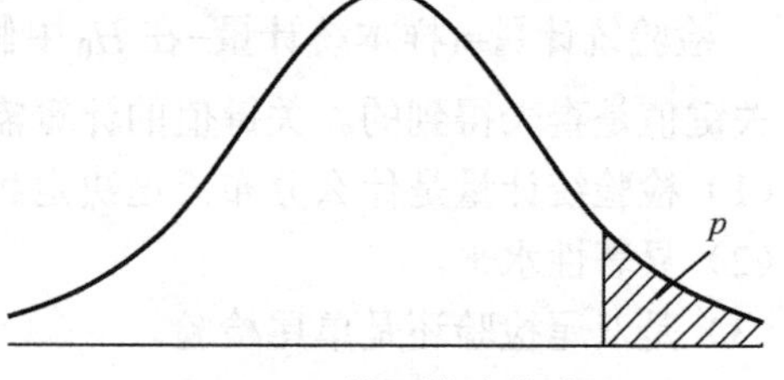

图 8-4　单尾检验统计量

计算 p 值的目的是与显著性水平做比较。如果 p 值小于显著性水平，说明检验统计量落在拒绝区域，因此拒绝原假设。如果 p 值大于显著性水平，说明检验统计量没有落在拒绝区域，因此不能拒绝原假设。

p 值的定义为：可以拒绝原假设的最小显著性水平。

（3）结论的陈述

如果不能拒绝原假设，我们不能说接受原假设，只能说 can not reject H_0 或 fail to reject H_0。在做出判断后，我们还要陈述结论。如果拒绝原假设，那么我们说总体均值显著不相等。

4．单个总体均值的假设检验

如果想知道一个总体均值是否等于（大于或等于/小于或等于）某个常数 μ_0，可以使用 z

检验或 t 检验。双尾检验和单尾检验的原假设和备择假设如下。

$$H_0: \mu = \mu_0 \qquad H_\alpha: \mu \neq \mu_0$$

$$H_0: \mu \geqslant \mu_0 \qquad H_\alpha: \mu < \mu_0$$

$$H_0: \mu \leqslant \mu_0 \qquad H_\alpha: \mu > \mu_0$$

表 8-2 告诉我们什么时候使用 z 检验，什么时候使用 t 检验。

表 8-2　　z 检验与 t 检验比较

	正态总体 n<30	**正态总体 n≥30**
已知总体方差	z 检验	z 检验
未知总体方差	t 检验	t 检验或 z 检验

下面我们要计算检验统计量 z 和检验统计量 t。

如果已知总体方差，那么检验统计量 z 的公式为：$z=\dfrac{\overline{x}-\mu_0}{\sigma\sqrt{n}}$，其中 $\overline{x}$ 为样本均值，σ 为总体标准差，n 为样本容量。

如果未知总体方差，那么检验统计量 z 的公式为：$z=\dfrac{\overline{x}-\mu_0}{s\sqrt{n}}$，其中 $\overline{x}$ 为样本均值，s 为样本标准差，n 为样本容量$\left(\text{样本方差} n>30，s^2=\dfrac{1}{n}\sum_{i=1}^{n}(x_i-\overline{x})^2；n<30，s^2=\dfrac{1}{n-1}\sum_{i=1}^{n}(x_i-\overline{x})^2\right)$。

检验统计量 t 的公式为：$t_{n-1}=\dfrac{\overline{x}-\mu_0}{s\sqrt{n}}$，其中 $\overline{x}$ 为样本均值，s 为样本标准差，n 为样本容量。下标 $n-1$ 是 t 分布的自由度，我们在查表找关键值时要用到自由度。

例如：现有一家已经在市场中生存了 24 个月的中等市值成长型基金。在这个区间中，该基金实现了 1.5%的月度平均收益率，而且该月度收益率的样本标准差为 3.6%。给定该基金所面临的系统性风险（市场风险）水平，并根据一个定价模型，我们预期该共同基金在这个区间中应该获得 1.1%的月度平均收益率。假定收益率服从正态分布，那么实际结果是否和 1.1%这个理论上的月度平均收益率或者总体月度平均收益率一致？

（1）给出与该研究项目的语言描述相一致的原假设和备择假设。

（2）找出对于（1）中的假设进行检验的检验统计量。

（3）求出 0.10 显著性水平下（1）中所检验的假设的拒绝点。

（4）确定是否应该在 0.10 显著性水平下拒绝原假设。

解：

（1）我们有一个“不等”的备择假设，其中 μ 是该股票基金的对应的平均收益率。假设 $H_0: \mu=1.1$，$H_\alpha: \mu\neq 1.1$。

（2）因为总体方差是未知的，我们利用 24−1=23 自由度的 t 检验。

（3）因为这是一个双边检验，我们的拒绝点 $t_{n-1}=t_{0.05,23}$，在 t 分布表中，自由度为 23 的行和 0.05 的列，找到 1.714。双边检验的两个拒绝点是 1.714 和−1.714。如果我们发现 $t>1.714$ 或 $t<1.714$，将拒绝原假设。

（4）$t_{23}=\dfrac{\overline{x}-\mu_0}{s/\sqrt{n}}=\dfrac{1.5\%-1.1\%}{3.6\%/\sqrt{24}}\approx 0.544$

5. 两个独立总体均值的假设检验

如果想知道两个相互独立的正态分布总体的均值是否相等，可以使用 t 检验来完成。双尾检验和单尾检验的原假设和备选假设如下。

$$H_0: \mu_1 = \mu_2 \qquad H_\alpha: \mu_1 \neq \mu_2$$

$$H_0: \mu_1 \geqslant \mu_2 \qquad H_\alpha: \mu_1 < \mu_2$$

$$H_0: \mu_1 \leqslant \mu_2 \qquad H_\alpha: \mu_1 > \mu_2$$

下标 1 和下标 2 分别表示取自第一个总体的样本和取自第二个总体的样本，这两个样本是相互独立的。

在开始做假设检验前，我们先要区分两种情况：第一种，两总体方差未知但假定其相等；第二种，两总体方差未知且假定其不等。

对于第一种情况，我们用 t 检验，其自由度为 n_1+n_2-2 。检验统计量 t 的计算公式如下：

$$t_{n_1+n_2-2} = \frac{(\overline{x}_1 - \overline{x}_2) - (\mu_1 - \mu_2)}{\sqrt{\dfrac{s_p^2}{n_1} + \dfrac{s_p^2}{n_2}}}$$

其中 $s_p^2 = \dfrac{(n_1-1)s_1^2 + (n_2-1)s_2^2}{n_1+n_2-2}$ ， s_1^2 为第一个样本的样本方差， s_2^2 为第二个样本的样本方差， n_1 为第一个样本的样本量， n_2 为第二个样本的样本量。

例如：20 世纪 80 年代的标准普尔 500 指数已实现的月度平均收益率似乎与 20 世纪 70 年代的月度平均收益率有着巨大的不同，那么这个不同是否在统计上是显著的呢？表 8-3 所给的数据表明，我们没有充足的理由拒绝这两个 10 年区间的收益率的总体方差是相同的假设。

表 8-3　　两个 10 年的标准普尔 500 指数的月度平均收益率及其标准差

10 年区间	月份数（n）	月度平均收益率/%	标准差/%
20 世纪 70 年代	120	0.580	4.598
20 世纪 80 年代	120	1.470	4.738

（1）给出与双边假设检验相一致的原假设和备择假设。

（2）找出（1）中假设的检验统计量。

（3）求出（1）中所检验的假设在 0.10、0.05、0.01 显著性水平下的拒绝点。

（4）确定在 0.10、0.05 及 0.01 显著性水平下是否应拒绝原假设。

解：

（1）令 μ_1 表示 20 世纪 70 年代的总体平均收益率，令 μ_2 表示 20 世纪 80 年代的总体平均收益率，于是我们给出如下的假设。

$$H_0: \mu_1 = \mu_2 \qquad H_\alpha: \mu_1 \neq \mu_2$$

（2）因为两个样本分别取自不同的 10 年区间，所以它们是独立样本。总体方差是未知的，但是可以假设为相等。给定所有这些条件，在检验统计量 t 的计算公式中所给出的 t 检验具有 120+120−2=238 的自由度。

（3）在 t 分布表中，最接近 238 的自由度为 200。对于一个双边检验，df = 200 的 0.10、0.05、

0.01 显著性水平下的拒绝点分别为± 1.653、± 1.972、± 2.601。即在 0.10 显著性水平下，如果 $t<-1.653$ 或者 $t>1.653$，我们将拒绝原假设；在 0.05 显著性水平下，如果 $t<-1.972$ 或者 $t>1.972$，我们将拒绝原假设；在 0.01 显著性水平下，如果 $t<-2.601$ 或者 $t>2.601$，我们将拒绝原假设。

（4）计算检验统计量时，首先计算合并方差的估计值。

$$s_p^2=\frac{(n_1-1)s_1^2+(n_2-1)s_2^2}{n_1+n_2-2}=\frac{(120-1)(4.598)^2+(120-1)(4.738)^2}{120+120-2}\approx 21.795$$

$$t_{n_1+n_2-2}=\frac{(\bar{x}_1-\bar{x}_2)-(\mu_1-\mu_2)}{\sqrt{\frac{s_p^2}{n_1}+\frac{s_p^2}{n_2}}}=\frac{(0.580-1.470)-0}{\left(\frac{21.795124}{120}+\frac{21.795124}{120}\right)^{1/2}}\approx\frac{-0.89}{0.602704}\approx -1.477$$

t 统计量等于−1.477 在 0.10 显著性水平下不显著，同样在 0.05 和 0.01 显著性水平下也不显著。因此，我们无法在任一个显著性水平下拒绝原假设。

当我们能假设两个总体服从正态分布，但是不知道总体方差，而且不能假设方差是相等的时候，基于独立随机样本的近似，t 统计量的公式如下：

$$t=\frac{(\bar{x}_1-\bar{x}_2)-(\mu_1-\mu_2)}{\sqrt{\frac{s_1^2}{n_1}+\frac{s_2^2}{n_2}}}$$

s_1^2 为第一个样本的样本方差，s_2^2 为第二个样本的样本方差，n_1 为第一个样本的样本量，n_2 为第二个样本的样本量。其中，我们使用“修正的”自由度，其计算公式为：

$$\mathrm{df}=\frac{(s_1^2/n_1+s_2^2/n_2)^2}{(s_1^2/n_1)^2/n_1+(s_2^2/n_2)^2/n_2}$$

例如：违约债券回收率具有风险的公司债券要求的收益率是如何决定的？两个重要的考虑因素为预期违约概率和在违约发生的情况下预期能够回收的金额（回收率）。奥尔特曼（Altman）和基肖尔（Kishore）在 1996 年首次记录了行业和信用等级进行分层的违约债券的平均回收率。对于他们的研究区间 1971—1995 年，奥尔特曼和基肖尔发现公共事业公司、化工类公司、石油公司及塑胶制造公司的违约债券的回收率明显要高于其他行业。这一差别是否能够通过回收率行业中的高信用债券比较来解释？他们通过检验以信用等级分层的回收率来对此进行研究。这里，我们仅讨论他们对于高信用担保债券的结果。其中 μ_1 表示公共事业公司的高信用担保债券的总体平均回收率，而 μ_2 表示其他行业（非公共事业）公司的高信用担保债券的总体平均回收率，假设：$H_0:\mu_1=\mu_2$，$H_\alpha:\mu_1\neq\mu_2$。

表 8-4 摘自他们的部分结果。

表 8-4　　高信用债券的回收率

行业类/高信用	公共事业样本			非公共事业样本		
	观测数	违约时的平均价格/美元	标准差	观测数	违约时的平均价格/美元	标准差
公共事业高信用担保	21	64.42	14.03	64	55.75	25.17

根据他们的研究假设，总体服从正态分布，并且样本是相互独立的。根据表 8-4 中的数据，回答下列问题。

（1）讨论为什么奥尔特曼和基肖尔会选择：

$$t=\frac{(\overline{x}_1-\overline{x}_2)-(\mu_1-\mu_2)}{\sqrt{\frac{s_1^2}{n_1}+\frac{s_2^2}{n_2}}}$$

而不是 $t_{n_1+n_2-2}=\frac{(\overline{x}_1-\overline{x}_2)-(\mu_1-\mu_2)}{\sqrt{\frac{s_p^2}{n_1}+\frac{s_p^2}{n_2}}}$ 的检验方法。

（2）计算检验上述给出的原假设的检验统计量。

（3）该检验的修正自由度的数值为多少？

（4）确定在 0.10 显著性水平下是否应该拒绝原假设。

解：

（1）高信用担保的公共事业公司回收率的样本标准差为 14.03，要比非公共事业公司回收率的样本标准差 25.17 更小。故不假设它们的均值相等是恰当的，奥尔特曼和基肖尔采用 $t=\frac{(\overline{x}_1-\overline{x}_2)-(\mu_1-\mu_2)}{\sqrt{\frac{s_1^2}{n_1}+\frac{s_2^2}{n_2}}}$ 的检验方法。

（2）检验统计量为 $t=\frac{(\overline{x}_1-\overline{x}_2)-(\mu_1-\mu_2)}{\sqrt{\frac{s_1^2}{n_1}+\frac{s_2^2}{n_2}}}$。

式中，$\overline{x}_1$ 表示公共事业公司的样本平均回收率，值为 64.42，$\overline{x}_2$ 表示非公共事业公司的样本平均回收率，值为 55.75，$s_1^2=14.03^2=196.8409$，$s_2^2=25.17^2=633.5289$，$n_1=21$，$n_2=64$。

因此 $t=\frac{(\overline{x}_1-\overline{x}_2)-(\mu_1-\mu_2)}{\sqrt{\frac{s_1^2}{n_1}+\frac{s_2^2}{n_2}}}=\frac{64.42-5575}{(196.8409/21+633.5289/64)^{1/2}}=1.975$。

（3）$\mathrm{df}=\frac{(s_1^2/n_1+s_2^2/n_2)^2}{(s_1^2/n_1)^2/n_1+(s_2^2/n_2)^2/n_2}$

$$=\frac{(196.8409/21+633.5289/64)^2}{(196.8409/21)^2/21+(633.5289/64)^2/64}=64.99$$

即该检验的修正自由度的数值为 65。

（4）在 t 分布表的数值表中最接近 df = 65 的一栏是 df = 60。对于 $\alpha=0.10$，我们找到 $t_{\alpha/2}=1.671$。因此，如果 $t<-1.671$ 或 $t>1.671$，我们就会拒绝原假设。基于所计算的值 $t=1.975$，我们在 0.10 显著性水平下拒绝原假设。存在一些公共事业公司和非公共事业公司回收率不同的证据。为什么是这样的？奥尔特曼和基肖尔认为公司资产的不同性质及不同行业的竞争水平造成了不同的回收率。

6．成对比较检验

上文讲的是两个相互独立的正态分布总体的均值检验，两个样本是相互独立的。如果两个样本相互不独立，均值检验时要使用成对比较检验。成对比较检验也使用 t 检验来完成，双尾检验和单尾检验的原假设和备择假设如下。

$$H_0: \mu_d = \mu_0 \qquad H_\alpha: \mu_d \neq \mu_0$$

$$H_0: \mu_d \geqslant \mu_0 \qquad H_\alpha: \mu_d < \mu_0$$

$$H_0: \mu_d \leqslant \mu_0 \qquad H_\alpha: \mu_d > \mu_0$$

其中 μ_d 表示两个样本均值之差，为常数，μ_0 通常等于 0。检验统计量 t 的自由度为 n−1，计算公式如下。

$$t = \frac{\bar{d} - \mu_0}{s_{\bar{d}}}$$

其中，$\bar{d}$ 是样本差的均值。我们取得成对的两个样本后，将成对样本对应相减，就得到一组样本差的数据，求这一组数据的均值，就是 $\bar{d}$ 。$s_{\bar{d}}$ 是 $\bar{d}$ 的标准误差，即 $s_{\bar{d}} = s_d/\sqrt{n}$ 。

下面的例子说明了对于竞争的投资策略进行评估的这个检验的应用。

例如：麦奎因（Mcqueen）、谢尔兹（Shields）和索利（Thorley）在 1997 年检验了一个流行的投资策略——道-10 投资策略（该策略投资于道琼斯工业平均指数中收益率最高的 10 只股票），与一个买入并持有的策略——道-30 投资策略（该策略投资于道琼斯工业平均指数中所有的 30 只股票）之间的业绩比较。他们研究的区间段是 1946—1995 年的 50 年区间，如表 8-5 所示。

表 8-5　道-10 投资策略和道-30 投资策略投资组合年度收益率汇总（1946—1995 年）（n=50）

投资策略	平均收益率/%	标准差/%
道-10	16.77	19.10
道-30	13.71	16.64
差别	3.06	6.62

在有差别的样本标准差前提下，求证以下问题。

（1）给出道-10 投资策略和道-30 投资策略间收益率差别的均值等于 0 的双边检验相一致的原假设和备择假设。

（2）找出对于（1）中进行假设检验的检验统计量。

（3）求出在 0.01 显著性水平下（1）中所检验的假设的拒绝点。

（4）确定在 0.01 显著性水平下是否应该拒绝原假设。

（5）讨论为什么选择配对比较检验。

解：

（1）μ_d 表示道-10 投资策略和道-30 投资策略间收益率差别的均值，我们有 $H_0: \mu_d = 0$，$H_\alpha: \mu_d \neq 0$ 。

（2）因为总体方差未知，所有检验统计量为一个自由度为 50−1=49 的 t 检验。

（3）在 t 分布表中，我们查阅自由度为 49 的一行，显著性水平为 0.05 的一列，从而得到 2.68。如果我们发现 $t > 2.68$ 或 $t < -2.68$，我们将拒绝原假设。

（4）$t = \dfrac{3.06\%}{6.62\%/\sqrt{50}} \approx 3.27$

因为 3.27>2.68，所以应该拒绝原假设。

结论：差别的平均收益率在统计上是明显显著的。

（5）道-30 投资策略包含道-10 投资策略。因此，它们不是相互独立的样本；通常，道-10 投资策略和道-30 投资策略间收益率的相关系数为正。因为样本是相互依赖的，配对比较检验是恰当的。

7．单个总体方差的假设检验

首先是关于单个总体方差是否等于（大于或等于/小于或等于）某个常数的假设检验。我们要使用卡方检验。

双尾检验和单尾检验的原假设和备择假设如下。

$$H_0:\sigma^2=\sigma_0^2 \qquad H_\alpha:\sigma^2\neq\sigma_0^2$$

$$H_0:\sigma^2\geqslant\sigma_0^2 \qquad H_\alpha:\sigma^2<\sigma_0^2$$

$$H_0:\sigma^2\leqslant\sigma_0^2 \qquad H_\alpha:\sigma^2>\sigma_0^2$$

卡方统计量的自由度为 $n-1$，计算方法如下。

$$\chi^2=\frac{(n-1)s^2}{\sigma_0^2}$$

其中，s^2 为样本方差。

例如：某股票的历史月收益率的标准差为 5%，这一数据是基于 2003 年以前的历史数据测定的。现在，我们选取 2004—2006 年的 36 个月的月收益率数据，来检验其标准差是否还为 5%。我们测得这 36 个月的月收益率标准差为 6%。以显著性水平为 0.05，检验其标准差是否还为 5%，结果如何？

（1）写出原假设和备择假设如下。

$$H_0:\sigma^2=(5\%)^2 \qquad H_\alpha:\sigma^2\neq(5\%)^2$$

（2）使用卡方检验。

$$\chi^2=\frac{(n-1)s^2}{\sigma_0^2}=(36-1)\times(6\%)^2/(5\%)^2=50.4\text{。}$$

（3）查表得到卡方关键值。对于显著性水平 0.05，由于是双尾检验，两边的拒绝区域面积都为 0.025，自由度为 35，因此关键值为 20.569 和 53.203。

（4）由于 50.4<53.203，卡方统计量没有落在拒绝区域，因此我们不能拒绝原假设。

（5）最后我们陈述结论：该股票的标准差没有显著不等于 5%。

8．两个总体方差的假设检验

双尾检验和单尾检验的原假设和备择假设如下。

$$H_0:\sigma_1^2=\sigma_2^2 \qquad H_\alpha:\sigma_1^2\neq\sigma_2^2$$

$$H_0:\sigma_1^2\geqslant\sigma_2^2 \qquad H_\alpha:\sigma_1^2<\sigma_2^2$$

$$H_0:\sigma_1^2\leqslant\sigma_2^2 \qquad H_\alpha:\sigma_1^2>\sigma_2^2$$

F 统计量的自由度为 n_1-1 和 n_2-1, $F=s_1^2/s_2^2$。

注意：永远把较大的一个样本方差放在分子上，即 F 统计量大于 1，如果这样，我们只需考虑右边的拒绝区域，而不管 F 检验是单尾检验还是双尾检验。

例如：我们想检验 IBM 股票和 HP 股票的月收益率的标准差是否相等。我们选取 2004—2006 年的 36 个月的月收益率数据，来检验其标准差是否还为 5%。我们测得这 36 个月月收益率标准差分别为 5%和 6%。以显著性水平为 0.05，假设检验的结果如何？

（1）写出原假设和备择假设如下。

$$H_0:\sigma_1^2=\sigma_2^2 \qquad H_\alpha:\sigma_1^2\neq\sigma_2^2$$

（2）使用 F 检验，计算 F 统计量 $F=s_1^2/s_2^2=0.0036/0.0025=1.44$。

（3）查表得到 F 关键值 2.07。

（4）由于 1.44<2.07，F 统计量没有落在拒绝区域，因此我们不能拒绝原假设。

（5）最后我们陈述结论：IBM 股票和 HP 股票的标准差没有显著不等。

8.2 R 语言单个样本 *t* 检验

单个样本 t 检验是假设检验中最基本、也是最常用的方法之一。与所有的假设检验一样，其依据的基本原理也是统计学中的“小概率反证法”原理。通过单个样本 t 检验，可以实现样本均值和总体均值的比较。检验的基本步骤是：首先提出原假设和备择假设，规定好检验的显著性水平，然后确定适当的检验统计量，并计算检验统计量的值，最后依据计算值和临界值的比较结果做出统计决策。

例 8-1：某计算机公司销售经理人均月销售 500 台计算机，现采取新的广告策略，半年后，随机抽取该公司 20 名销售经理的人均月销售量数据，具体数据如表 8-6 所示。问广告策略是否能够影响销售经理的人均月销售量？

表 8-6　　人均月销售量

编号	人均月销售量/台	编号	人均月销售量/台
1	506	11	510
2	503	12	504
3	489	13	512
4	501	14	499
5	498	15	487
6	497	16	507
7	491	17	503
8	502	18	488
9	490	19	521
10	511	20	517

在目录 F:\2glkx\data2 下建立 al8-1.xls 数据文件后，使用的命令如下。

```
> library(RODBC)     #使用此命令时必须先安装 RODBC，见“3.2.2 Excel数据的读取”
> z<-odbcConnectExcel("F:/2glkx/data2/al8-1.xls")
> sq<-sqlFetch(z,"Sheet1")
> sq
```

```
    sale
 1  506
 ……
20  517
```

接着，输入如下命令。

```
> t.test(sq$sale,mu=500)
            One Sample t-test
data:  sq$sale
t = 0.8309, df = 19, p-value = 0.4163
alternative hypothesis: true mean is not equal to 500
95 percent confidence interval:
 497.266 506.334
sample estimates:
mean of x
    501.8
```

通过上面的分析结果，可以看出样本均值是 501.8，95%的置信区间是[497.266,506.334]，样本的 t 值为 0.8309，自由度为 19，p 值为 0.4163，远大于 0.05，因此不能拒绝原假设（$H_0:\mu=\mu_0=500$）。也就是说，广告策略不能够影响销售经理的人均月销售量。

上面的 R 命令比较简单，分析过程及结果已经达到解决实际问题的要求。但 R 的强大之处在于，它还提供了更加丰富的命令以满足用户更加个性化的需求。

例如：我们要把显著性水平调到 0.01，也就是说置信水平为 99%，那么操作命令为：

```
> t.test(sq$sale, mu=500, conf.level = 0.99)
```

输入完成后，按 Enter 键，得到如下结果。

```
> t.test(sq$sale, mu=500, conf.level = 0.99)
        One Sample t-test
data:  sq$sale
t = 0.8309, df = 19, p-value = 0.4163
alternative hypothesis: true mean is not equal to 500
99 percent confidence interval:
 495.6025 507.9975
sample estimates:
mean of x
    501.8
```

从上面的分析结果中可以看出，置信水平为 99%与 95%的置信水平不同的地方在于，置信区间得到了进一步放大。这是正常的结果，因为这是要取得更高置信水平所必须付出的代价。

8.3 R 语言两个独立样本 t 检验

R 语言的独立样本 t 检验是假设检验中最基本、也是最常用的方法之一。与所有的假设检验一样，其依据的基本原理也是统计学中的“小概率反证法”原理。通过独立样本 t 检验，可以实现两个独立样本的均值比较。两个独立样本 t 检验的基本步骤也是首先提出原假设和备择假设，规定好检验的显著性水平，然后确定适当的检验统计量，并计算检验统计量的值，最后依据计算值和临界值的比较结果做出统计决策。

1. 在同方差假设条件下进行假设检验

具体示例见例 8-2。

例 8-2：表 8-7 给出了 a、b 两个基金公司各管理 40 只基金的价格。试用独立样本 *t* 检验方法研究两家基金公司所管理的基金价格之间有无明显的差别（设定显著性水平为 0.05）。

表 8-7　　a、b 两家基金公司所管理基金的价格（部分）

编号	a 基金公司价格/元	b 基金公司价格/元
1	145	101
2	147	98
3	139	87
4	138	106
5	145	101
……	……	……
38	138	105
39	144	99
40	102	108

虽然这里两只基金的样本相同，但要注意的是：两个独立样本 *t* 检验并不需要两个样本数相同。

在目录 F:\2glkx\data2 下建立 al8-2.xls 数据文件后，使用的命令如下。

```
> library(RODBC)     #使用此命令时必须先安装 RODBC，见“3.2.2 Excel数据的读取”
> z<-odbcConnectExcel("F:/2glkx/data2/al8-2.xls")
> sq<-sqlFetch(z,"Sheet1")
> sq
    fa  fb
    1  145 101
    ……
    40 102 108
```

接着，输入如下命令。

```
> t.test(sq$fa,sq$fb,var.equal=TRUE)
```

输入命令并按 Enter 键，结果如下。

```
        Two Sample t-test
data:  sq$fa and sq$fb
t = 14.0498, df = 78, p-value < 2.2e-16
alternative hypothesis: true difference in means is not equal to 0
95 percent confidence interval:
 25.94213 34.50787
sample estimates:
mean of x mean of y
  135.175   104.950
```

通过上面的分析结果，可以看出自由度为 78，其中变量 fa 包括 40 个样本，样本均值是 135.175；变量 fb 包括 40 个样本，样本均值是 104.95。p 值小于 2.2×10^{-6}，约为 0.0000，远小于 0.05，因此需要拒绝原假设（$H_0:\mu_1=\mu_2$），也就是说，两家基金公司被调查的基金价格之间存在明显的差别。

上面的 R 命令比较简单，分析过程及结果已经达到解决实际问题的要求。但 R 的强大之处在于，它还提供了更加丰富的命令以满足用户更加个性化的需求。

例如，我们要把显著性水平调到 0.01，也就是说置信水平为 99%，那么操作命令为：

```
> t.test(sq$fa,sq$fb,var.equal=TRUE, conf.level = 0.99)
```

输入命令并按 Enter 键，结果如下。

```
        Two Sample t-test
data:  sq$fa and sq$fb
t = 14.0498, df = 78, p-value < 2.2e-16
alternative hypothesis: true difference in means is not equal to 0
99 percent confidence interval:
 24.54489 35.90511
sample estimates:
mean of x mean of y
  135.175   104.950
```

从上面的分析结果中可以看出，置信水平为 99%与 95%的置信水平不同的地方在于置信区间得到了进一步放大，这是正常的结果，因为这是要取得更高置信水平所必须付出的代价。

2．在异方差假设条件下进行假设检验

上面的检验过程是假设两个样本代表的总体之间存在相同的方差，如果假设两个样本之间代表的总体之间的方差并不相同，那么操作命令可以相应地修改为：

```
> t.test(sq$fa,sq$fb, paired = FALSE, var.equal = FALSE, conf.level = 0.99)
```

输入命令并按 Enter 键，结果如下。

```
        Welch Two Sample t-test
data:  sq$fa and sq$fb
t = 14.0498, df = 63.405, p-value < 2.2e-16
alternative hypothesis: true difference in means is not equal to 0
99 percent confidence interval:
 24.51203 35.93797
sample estimates:
mean of x mean of y
  135.175   104.950
```

8.4 R 语言配对样本 *t* 检验

R 语言的配对样本 *t* 检验过程也是假设检验中的方法之一。与所有的假设检验一样，其依据的基本原理也是统计学中的“小概率反证法”原理。通过配对样本 *t* 检验，可以实现对称成对数据的样本均值比较。与独立样本 *t* 检验的区别是：两个样本来自同一总体，而且数据的顺序不能调换。配对样本 *t* 检验的基本步骤也是首先提出原假设和备择假设，规定好检验的显著性水平，然后确定适当的检验统计量，并计算检验统计量的值，最后依据计算值和临界值的比较结果做出统计决策。

例 8-3：为了研究一种政策的效果，特抽取了 50 只股票进行了试验，实施政策前后股票的价格如表 8-8 所示。试用配对样本 *t* 检验方法判断该政策能否引起研究股票价格的明显变化（设定显著性水平为 0.05）。

表 8-8　　实施政策前后的股票价格（部分）

编号	政策前价格/元	政策后价格/元
1	88.60	75.60

续表

编号	政策前价格/元	政策后价格/元
2	85.20	76.50
3	75.20	68.20
……	……	……
48	82.70	78.10
49	82.40	75.30
50	75.60	69.90

在目录F:\2glkx\data2下建立al8-3.xls数据文件后，使用的命令如下。

```
> library(RODBC)    #使用此命令时必须先安装RODBC，见“3.2.2 Excel数据的读取”
> z<-odbcConnectExcel("F:/2glkx/data2/al8-3.xls")
> sq<-sqlFetch(z,"Sheet1")
> sq
      qian  hou
  1   88.6 75.6
  ……
  50  75.6 69.9
```

接着，输入如下命令。

```
> t.test(sq$qian, sq$hou, paired =TRUE, conf.level = 0.95)
```

输入完成后，按Enter键，得到如下结果。

```
         Paired t-test
data:  sq$qian and sq$hou
t = 12.4305, df = 49, p-value < 2.2e-16
alternative hypothesis: true difference in means is not equal to 0
95 percent confidence interval:
 6.958186 9.641813
sample estimates:
mean of the differences
               8.299999
```

通过上面的分析结果，可以看出$t = 12.4305$，自由度为49，两者差异的0.95置信区间是[6.958186,9.641813]。p值为2.2e−16，远小于0.05，因此需要拒绝原假设（$H_0:\mu_1=\mu_2$），也就是说，该政策能引起股票价格的明显变化。

上面的R命令比较简单，分析过程及结果已经达到解决实际问题的要求。但R的强大之处在于，它提供了更加丰富的命令以满足用户更加个性化的需求。

与单一样本t检验类似，例如我们要把显著性水平调到0.01，也就是说置信水平为99%，那么命令可以相应地修改为：

```
> t.test(sq$qian,sq$hou, paired =TRUE, conf.level = 0.99)
```

输入完成后，按Enter键，得到如下结果。

```
        Paired t-test
data:  sq$qian and sq$hou
t = 12.4305, df = 49, p-value < 2.2e-16
alternative hypothesis: true difference in means is not equal to 0
99 percent confidence interval:
  6.510568 10.089430
sample estimates:
```

```
mean of the differences
           8.299999
```

从上面的分析结果中可以看出，与 95%的置信水平不同的地方在于两者差异的置信区间得到了进一步放大，这是正常的结果，因为这是要取得更高置信水平所必须付出的代价。

8.5 R 语言单样本方差假设检验

方差用来反映波动情况，经常用在金融市场波动等情形。单一总体方差的假设检验的基本步骤是首先提出原假设和备择假设，规定好检验的显著性水平，然后确定适当的检验统计量，并计算检验统计量的值，最后依据计算值和临界值的比较结果做出统计决策。

例 8-4：为了研究某只基金的收益率波动情况，某课题组对该只基金的连续 50 天的收益率情况进行了调查研究，调查得到的数据经整理后如表 8-9 所示。试对该数据资料进行假设检验其方差是否等于 1%（设定显著性水平为 0.05）。

表 8-9　　某只基金的收益率波动情况（部分）

编号	收益率
1	0.564409196
2	0.264802098
3	0.947742641
4	0.276915401
5	0.118015848
……	……
48	−0.967873454
49	0.582328379
50	0.795299947

在目录 F:/2glkx/data2 下建立 al8-4.xls 数据文件后，使用的命令如下。

```
> library(RODBC)      #使用此命令时必须先安装 RODBC，见“3.2.2 Excel数据的读取”
> z<-odbcConnectExcel("F:/2glkx/data2/al8-4.xls")
> sq<-sqlFetch(z,"Sheet1")
> sq
   bh         syl
1  1  0.56440920
   ……
50   50  0.79529995
```

由于在 R 语言中没有求方差检验的内置函数，因此需要自己编写 R 程序。我们编写的 R 程序如下。

```
> chisq.var.test<-function(x,var,alpha){
    n<-length(x)
    s2<-var(x)
    chi2<-(n-1)*s2/var
    p<-pchisq(chi2,n-1)
    p.value<-p
    p.value
}
> chisq.var.test(sq$syl,1,0.05)
```

输入完成后，按 Enter 键，得到如下的分析结果。

```
[1] 2.194693e-09
```

通过上面的分析结果，可以看出 p 值为 2.194693e−09，约为 0，远小于 0.05，因此需要拒绝原假设（$H_0:\sigma^2=\sigma_0^2=1\%$），也就是说，该股票的收益率方差不显著等于 1%。

8.6　R 语言双样本方差假设检验

双样本方差的假设检验用来判断两个样本的波动情况是否相同，在金融市场领域应用研究中相当广泛。其基本步骤也是首先提出原假设和备择假设，规定好检验的显著性水平，然后确定适当的检验统计量，并计算检验统计量的值，最后依据计算值和临界值的比较结果做出统计决策。

例 8-5：为了研究某两只基金的收益率波动情况是否相同，某课题组对该两只基金的连续 20 天的收益率情况进行了调查研究，调查得到的数据经整理后如表 8-10 所示。试使用 R 对该数据资料进行假设检验其方差是否相同（设定显著性水平为 0.05）。

表 8-10　某两只基金的收益率波动情况（部分）

编号	基金 A 收益率	基金 B 收益率
1	0.424156	0.261075
2	0.898346	0.165021
3	0.521925	0.760604
4	0.841409	0.37138
5	0.211008	0.379541
……	……	……
18	0.564409	0.967873
19	0.264802	0.582328
20	0.947743	0.7953

在目录 F:\2glkx\data2 下建立 al8-5.xls 数据文件后，使用的命令如下。

```
> library(RODBC)     #使用此命令时必须先安装 RODBC，见“3.2.2 Excel数据的读取”
> z<-odbcConnectExcel("F:/2glkx/data2/al8-5.xls")
> sq<-sqlFetch(z,"Sheet1")
> sq
    returnA    returnB
1  0.42415571 0.2610746
……
20 0.94774264 0.7952999
```

R 语言中的 var.test()函数可完成双样本的 F 检验，即双样本方差的假设检验。输入如下命令。

```
> var.test(sq$returnA, sq$returnB)
```

输入完成后，按 Enter 键，得到如下的分析结果。

```
> var.test(sq$returnA, sq$returnB)
            F test to compare two variances
   data:  sq$returnA and sq$returnB
   F = 0.973, num df = 19, denom df = 19, p-value = 0.953
   alternative hypothesis: true ratio of variances is not equal to 1
```

```
95 percent confidence interval:
 0.3851107 2.4581437
sample estimates:
ratio of variances
         0.9729632
```

通过上面的分析结果，可以看出：$F=0.973$，自由度为 19，两者结合的置信区间是[0.3851107,2.4581437]；p=0.953，远大于 0.05。因此需要接受原假设（$H_0:\sigma_1^2=\sigma_2^2$），也就是说，两只股票的收益率方差（波动）显著相同。

上面的 R 语言命令比较简单，分析过程及结果已经达到解决实际问题的要求。但 R 的强大之处在于，它还提供了更加丰富的命令以满足用户更加个性化的需求。

与单一样本 t 检验类似，例如我们要把显著性水平调到 0.01，也就是说置信水平为 99%，那么操作命令可以相应地修改如下。

```
> var.test(sq$returnA, sq$returnB, conf.level = 0.99)
```

输入完成后，按 Enter 键确认，得到如下的结果。

```
        F test to compare two variances
data:  sq$returnA and sq$returnB
F = 0.973, num df = 19, denom df = 19, p-value = 0.953
alternative hypothesis: true ratio of variances is not equal to 1
99 percent confidence interval:
 0.2835181 3.3389665
sample estimates:
ratio of variances
     0.9729632
```

从上面的分析结果中可以看出，此结果与 95%的置信水平不同的地方在于置信区间得到了进一步放大，这是正常的结果，因为这是要取得更高置信水平所必须付出的代价。

练习题

1．上证综指和沪深 300 指数是 A 股市场两个重要的市场指数。上证综指选用在上海证券交易所上市的全部股票作为样本构造股指，沪深 300 指数选用在上海证券交易所、深圳证券交易所中的部分股票作为样本构造股指。已知上证综指和沪深 300 指数最近 120 个交易日的日度收益率数据，见 al8-6.xls 数据文件。依据上述条件试回答以下问题。

（1）利用 R 语言分别计算出上证综指和沪深 300 指数收益率的样本均值、标准差、峰度、偏度。

（2）两个指数样本的收益率均值的差别、标准差分别是多少？

（3）给出两个指数收益率差别的均值等于 0 的双边检验相一致的原假设和备择假设，并计算出检验统计量。

（4）确定在 0.01 显著性水平下是否应该拒绝原假设。

2．根据练习题第 1 题的信息，试回答以下问题。

（1）试比较两个指数的收益率方差是否显著不同，并写出检验统计量的表达式。

（2）利用 R 语言分别计算出 90%、95%、99%下的置信区间，判断在 0.01 显著性水平下是否应该拒绝原假设。

第9章 R语言相关分析、回归分析与计量检验

在得到相关数据资料后，我们要对这些数据进行分析，研究各个变量之间的关系。相关分析是应用非常广泛的一种方法。它是不考虑变量之间的因果关系而只研究变量之间的相关关系的一种统计分析方法。本章介绍相关分析的基本理论及具体实例应用。

回归分析是经典的数据分析方法之一，应用范围非常广泛。它是研究分析某一变量受到其他变量影响的分析方法，其基本思想是以被影响变量为因变量，以影响变量为自变量，研究因变量与自变量之间的因果关系。本章主要介绍最小二乘线性回归分析方法（包括一元线性回归分析、多元线性回归分析等）的基本理论及其具体实例应用。

9.1 相关分析基本理论

简单相关分析是最简单、也是最常用的一种相关分析方法，其基本功能是研究变量之间的线性相关程度，并用适当的统计指标表示出来。

1. 简单相关系数的计算

两个随机变量(X,Y)的 n 个观测值为(x_i, y_i)，$i=1,2,\cdots,n$，则(X,Y)之间的相关系数计算公式如下。

$$r=\frac{\sum_{i=1}^{n}(x_i-\overline{x})(y_i-\overline{y})}{\sqrt{\sum_{i=1}^{n}(x_i-\overline{x})^2\sum_{i=1}^{n}(y_i-\overline{y})^2}}$$

其中，$\overline{x}=\frac{1}{n}\sum_{i=1}^{n}x_i$ 和 $\overline{y}=\frac{1}{n}\sum_{i=1}^{n}y_i$ 分别为随机变量 X 和 Y 的均值。

可以证明：$-1\leqslant r\leqslant 1$，即$|r|\leqslant 1$。于是有：

当$|r|=1$时，实际 y_i 完全落在回归直线上，y 与 x 完全线性相关；

当$0<r<1$时，y 与 x 有一定的正线性相关，r 越接近 1 则相关性越高；

当$-1<r<0$时，y 与 x 有一定的负线性相关，r 越接近−1 则相关性越高。

2. 简单相关系数的显著性检验

由于抽样误差的存在，当相关系数不为 0 时，不能说明两个随机变量 X 和 Y 之间的相关

系数不为 0，因此需要对相关系数是否为 0 进行检验，即检验相关系数的显著性。

按照假设检验的步骤，简单相关系数的显著性检验过程如下。

（1）建立原假设 H_0 和备择假设 H_1。

$H_0: r=0$，相关系数为 0。

$H_1: r \neq 0$，相关系数不为 0。

（2）建立统计量 $t=r\sqrt{n-2}/\sqrt{1-r^2}$，其中 r 为相关系数，n 为样本容量。

（3）给定显著性水平，一般为 0.05。

（4）计算统计量的值。

在 H_0 成立的条件下，$t=r\sqrt{n-2}/\sqrt{1-r^2}$，否定域 $\theta=\{|t|>t_{\alpha/2}(n-2)\}$。

（5）统计决策。

对于给定的显著性水平 α，查 t 分布表得临界值 $t_{\alpha/2}(n-2)$，将 t 值与临界值进行比较：

当 $|t| < t_{\alpha/2}(n-2)$ 时，接受 H_0，表示总体的两变量之间线性相关性不显著；

当 $|t| \geqslant t_{\alpha/2}(n-2)$ 时，拒绝 H_0，表示总体的两变量之间线性相关性显著（样本相关系数的绝对值接近 1，并不是由于偶然机会所致）。

9.2 R 语言相关分析

例 9-1：在研究广告费和销售额之间的关系时，小王收集了某厂 1 月到 12 月各月广告费和销售额数据，如表 9-1 所示。试分析广告费和销售额之间的相关关系。

表 9-1　广告费和销售额数据

月份	广告费/万元	销售额/万元
1	35	50
2	50	100
3	56	120
4	68	180
5	70	175
6	100	203
7	130	230
8	180	300
9	200	310
10	230	325
11	240	330
12	250	340

在目录 F:\2glkx\data2 下建立 al9-1.xls 数据文件后，使用的命令如下。

```
> library(RODBC)     #使用此命令时必须先安装 RODBC，见“3.2.2 Excel数据的读取”
> z<-odbcConnectExcel("F:/2glkx/data2/al9-1.xls")
> sq<-sqlFetch(z,"Sheet1")
> close(z)
> sq
   time adv sale
1    1  35   50
```

```
……
12  12 250  340
```

接着，输入如下命令。

```
> d<-data.frame(y1=sq$time,y2=sq$adv,y3=sq$sale)
> cor(d)
```

输入完成后，按 Enter 键，得到如下的分析结果。

```
          y1        y2        y3
y1 1.0000000 0.9773278 0.9797958
y2 0.9773278 1.0000000 0.9636817
y3 0.9797958 0.9636817 1.0000000
```

通过上面的结果，可以看出共有 12 个有效样本参与了分析，然后可以看到变量两两之间的相关系数，其中 time 与 adv 之间的相关系数为 0.9773278，time 和 sale 之间的相关系数为 0.9797958，adv 和 sale 之间的相关系数为 0.9636817，也就是说，本例中变量之间相关性很高。

我们在进行数据分析时，很多时候需要使用变量的方差、协方差矩阵，那么操作命令可以相应地修改如下。

```
> cov(d)
```

输入完成后，按 Enter 键，得到如下的结果。

```
         y1        y2        y3
y1  13.0000  286.9545  352.1364
y2 286.9545 6631.3561 7822.3712
y3 352.1364 7822.3712 9935.9015
```

从上面的分析结果中可以看到变量的方差、协方差矩阵，其中 time 的方差是 13，adv 的方差是 6631.3561，sale 的方差是 9935.9015，time 与 adv 的协方差为 286.9545，time 和 sale 的协方差为 352.1364，adv 和 sale 的协方差为 7822.3712。

9.3　一元线性回归分析基本理论

9.3.1　一元线性回归分析模型

一元线性回归分析模型如下。

$$Y_i = b_0 + b_1 X_i + \varepsilon_i$$

其中，X 称为自变量，Y 称为因变量，ε_i 称为残差项或误差项。

给定若干的样本点(X_i,Y_i)，利用最小二乘法可以找到这样一条直线，它的截距为$\hat{b}_0$，斜率为$\hat{b}_1$，符号上面的“帽子”符号“^”表示“估计值”。因此我们得到回归结果如下。

$$\hat{Y}_i = \hat{b}_0 + \hat{b}_1 X_i$$

截距的含义是：$X=0$ 时 Y 的值。斜率的含义是：如果 X 增加 1 个单位，则 Y 应增加几个单位。回归的目的是预测因变量 Y，已知截距和斜率的估计值，如果得到了自变量 X 的预测值，我们就很容易求得因变量 Y 的预测值。

例如：某公司的分析师根据历史数据，做了公司销售额增长率关于 GDP 增长率的线性回归分析，得到截距为−3.2%，斜率为 2。国家统计局预测今年 GDP 增长率为 9%，问该公司今年销售额增长率预计为多少？

答：$Y = -3.2\% + 2X = -3.2\% + 2 \times 9\% = 14.8\%$。

9.3.2 一元线性回归的假设

任何模型都有假设前提，一元线性回归模型有以下 6 条假设前提。

（1）自变量 X 和因变量 Y 之间存在线性关系。

（2）残差项的期望值为 0。残差=真实的 Y 值−预测的 Y 值，即预测的误差。期望值为 0 即表示有些点在回归线的上方，有些点在回归线的下方，且均匀围绕回归直线，这符合常理。

（3）自变量 X 与残差项不相关。残差项本身就是 Y 的变动中不能被 X 的变动所解释的部分。

（4）残差项的方差为常数，这称为同方差性。如果残差项的方差不恒定，称为异方差性。

（5）残差项与残差项之间不相关。如果残差项与残差项之间相关，称为自相关或序列相关。

（6）残差项为正态分布的随机变量。

9.3.3 方差分析

完成一元线性回归模型后，我们通常想要知道回归模型做得好不好。方差分析可以用来评价回归模型的好坏。方差分析的结果是一张表，如表 9-2 所示。

表 9-2　一元线性回归的方差分析

	自由度	平方和	均方和（MS）
回归	k	回归平方和（RSS）	回归均方和（MSR）= RSS/k
误差	n−2	误差平方和（SSE）	误差均方和（MSE）= SSE/(n−2)
总和	n−1	总平方和（SST）	—

我们可以基于方差分析表 9-2 求得决定系数和估计的标准误差，用来评价回归模型的好坏。

回归的自由度为 k，k 为自变量的个数。在一元线性回归中，自变量的个数为 1。误差的自由度为 $n-2$，n 是样本量。总自由度为以上两个自由度之和。

回归平方和代表可以被回归方程解释（可以被自变量解释）的变动，误差平方和代表不能被回归方程解释（被残差所解释）的变动。总平方和 SST 代表总的变动，总平方和为以上两个平方和之和，即 SST=RSS+SSE。

均方和等于各自的平方和除以各自的自由度。

几乎所有的统计软件都能输出方差分析表。有了方差分析表，就能很容易求得决定系数和估计的标准误差。

9.3.4 决定系数

决定系数等于回归平方和除以总平方和，公式为：

$$R^2 = \frac{\text{RSS}}{\text{SST}} = 1 - \frac{\text{SSE}}{\text{SST}}$$

决定系数的含义是：X 的变动可以解释多少比例的 Y 的变动。例如决定系数为 0.7 的含义是：X 的变动可以解释 70%的 Y 的变动。注意：是用 X 来解释 Y 的。

通俗地说，$R^2 = \dfrac{\text{可以被解释的变动（}Y\text{）}}{\text{总的变化（}X\text{）}} = 1 - \dfrac{\text{不可以被解释的变动}}{\text{总的变动}}$

显然，决定系数越大，表示回归模型越好。

另外，对于一元线性回归，决定系数还等于自变量和因变量的样本相关系数的平方，即 $R^2 = r^2$。

9.3.5　估计的标准误差

估计的标准误差 SEE 等于误差均方和的平方根，公式如下。

$$\text{SEE} = \sqrt{\text{SSE}/(n-2)} = \sqrt{\text{MSE}}$$

SSE 是误差平方和，MSE 就相当于误差的方差，而 SEE 就相当于误差的标准差。显然，估计的标准误差越小，表示回归模型越好。

例如，我们做了一个一元线性回归模型，得到如表 9-3 所示的方差分析结果。

表 9-3　　一元线性回归的方差分析

	自由度	平方和	均方和（MS）
回归	1	8000	8000
误差	50	2000	40
总和	51	10000	—

则决定系数和估计的标准误差分别为多少？

答：决定系数为 0.8，估计的标准误差为 6.32。

9.3.6　回归系数的假设检验

回归系数的假设检验是指检验回归系数（截距和斜率）是否等于某个常数。通常要检验斜率系数是否等于 0（$H_0{:}b_1 = 0$），这称为斜率系数的显著性检验。如果不能拒绝原假设，即斜率系数没有显著不等于 0，那就说明自变量 X 和因变量 Y 的线性相关性不大，回归是失败的。

这是一个 t 检验，检验统计量 t 自由度为 $n-2$，计算公式如下。

$$t = \frac{\hat{b}_1}{s_{\hat{b}_1}}$$

其中，$s_{\hat{b}_1}$ 为斜率系数的标准误差。

例如，我们做了一个线性回归模型，得到 $Y = 0.2 + 1.4X$。截距系数的标准误差为 0.4，斜率系数的标准误差为 0.2，问截距和斜率系数的显著性检验结果如何？设显著性水平为 0.05。

答：截距系数的显著性检验，计算检验统计量 $t = 0.2/0.4 = 0.5<2$（t 检验的临界点），因此我们不能拒绝原假设，即认为截距系数没有显著不等于 0。

斜率系数的显著性检验，计算检验统计量 $t = 1.4/0.2 = 7 > 2$（t 检验的临界点），因此我们拒绝原假设，即认为斜率系数显著不等于 0。这说明我们的回归做得不错。

9.3.7　回归系数的置信区间

置信区间估计与假设检验本质上是一样的，一般公式为：点估计±关键值×点估计的标准差。回归系数的置信区间也是这样的。

斜率系数的置信区间为：$\hat{b}_1 \pm t_c s_{\hat{b}_1}$，其中，$t_c$ 是自由度为 $n-2$ 的 t 关键值。

例如，我们做了一个线性回归模型，得到 $Y = 0.2 + 1.4X$。截距系数的标准误差为 0.4，斜率系数的标准误差为 0.2，求截距和斜率系数的置信度为 95%的置信区间。

答：截距系数的置信区间，假设 n 充分大，显著性水平 0.05 的 t 关键值一般近似为 2，所以我们得到置信区间为 0.2±2×0.4，即[−0.6,1.0]。

0 在置信区间中，所以我们认为截距系数没有显著不等于 0。

斜率系数的置信区间为 1.4±2×0.2，即[1.0,1.8]。

0 不在置信区间中，所以我们认为斜率系数显著不等于 0。

9.4 R 语言一元线性回归分析

简单线性回归分析也称一元线性回归分析，是最简单、最基本的一种回归分析方法。简单线性回归分析的特色是只涉及一个自变量，它主要用来处理一个因变量与一个自变量之间的线性关系，建立变量之间的线性模型并根据模型进行评价和预测。

例 9-2：某公司为研究销售人员数量对新产品销售额的影响，从其下属多家子公司中随机抽取 10 个子公司，这 10 个子公司当年新产品销售额和销售人员数量统计数据如表 9-4 所示。试用简单线性回归分析方法研究销售人员数量对新产品销售额的影响。

表 9-4　　新产品销售额和销售人员数量统计数据

子公司	新产品销售额/万元	销售人员数量/人
1	385	17
2	251	10
3	701	44
4	479	30
5	433	22
6	411	15
7	355	11
8	217	5
9	581	31
10	653	36

在目录 F:\2glkx\data2 下建立 al9-2.xls 数据文件后，使用的命令如下。

```
> library(RODBC)     #使用此命令时必须先安装 RODBC，见“3.2.2 Excel数据的读取”
> z<-odbcConnectExcel("F:/2glkx/data2/al9-2.xls")
> sq<-sqlFetch(z,"Sheet1")
> close(z)
> sq
  dq xse rs
1   1 385 17
……
10 10 653 36
```

1. 对数据进行描述性分析

输入如下命令。

```
> y<-sq$xse; x<-sq$rs
> d<-data.frame(y,x)
> summary(d)  #这些命令对年份、通货膨胀率、失业率等变量进行详细的描述性分析
```

输入完成后，按 Enter 键，得到如下的分析结果。

```
       y               x
 Min.   :217.0   Min.   : 5.00
 1st Qu.:362.5   1st Qu.:12.00
 Median :422.0   Median :19.50
 Mean   :446.6   Mean   :22.10
 3rd Qu.:555.5   3rd Qu.:30.75
 Max.   :701.0   Max.   :44.00
```

通过上面的结果，可以得到很多信息，包括两个最小值、两个第 1 个四分位数、两个中位数、两个平均值、两个第 3 个四分位数、两个最大值等。

具体信息描述如下。

（1）最小值

变量 xse 最小值（Min）是 217.0。

变量 rs 最小值是 5.00。

（2）四分位数

可以看出变量 xse 的第 1 个四分位数（1st Qu.）是 362.5，第 3 个四分位数（3rd Qu.）是 555.5。变量 rs 的第 1 个四分位数是 12.00，第 3 个四分位数是 30.75。

（3）中位数

变量 xse 中位数（Median）是 422.0。

变量 rs 中位数是 19.50。

（4）平均值

变量 xse 平均值（Mean）是 446.6。

变量 rs 平均值是 22.10。

（5）最大值

变量 xse 最大值（Max）是 701.0。

变量 rs 最大值是 44.00。

2．对数据进行相关分析

输入如下命令。

```
> cor(y,x) #本命令对新产品销售额、销售人员人数等变量进行相关性分析
```

输入完成后，按 Enter 键，得到如下的分析结果。

```
[1] 0.9699062
```

通过上面的结果，可以看出 xse 和 rs 之间的相关系数为 0.9699062，这说明两个变量之间存在很强的正相关关系，所以我们可以进行回归分析。

3．对数据进行回归分析

输入如下命令。

```
> lm.reg<-lm(y~1+x)    #本命令对 xse、rs 等变量进行简单线性回归分析
> summary(lm.reg)
```

每输入一条命令后，按 Enter 键，最后得到如下的分析结果。

```
Call:
lm(formula = y ~ 1 + x)
Residuals:
    Min      1Q  Median      3Q     Max
-64.225 -18.702  -5.799  33.678  51.240
Coefficients:
            Estimate Std. Error t value Pr(>|t|)
(Intercept)  176.295     27.327   6.451 0.000198 ***
x             12.231      1.086  11.267 3.46e-06 ***
---
Signif. codes:  0 '***' 0.001 '**' 0.01 '*' 0.05 '.' 0.1 ' ' 1
Residual standard error: 41.38 on 8 degrees of freedom
Multiple R-squared:  0.9407,    Adjusted R-squared:  0.9333
F-statistic: 126.9 on 1 and 8 DF,  p-value: 3.46e-06
```

通过上面的结果，可以看出模型的 F 值为 126.9，p 值为 0，说明该模型整体上是非常显著的。模型的决定系数（R-squared）为 0.9407，调整的决定系数（Adjusted R-squared）为 0.9333，说明模型的解释能力是很强的。

模型的回归方程为：

$$\text{xse} = 12.231 \times \text{rs} + 176.295$$

变量 rs 的系数的标准误差是 1.086，t 值为 11.267，p 值为 0.00，说明系数是非常显著的。常数项的系数的标准误差是 27.327，t 值为 6.451，p 值为 0.000198，说明系数是非常显著的。

4．求参数的置信区间

R 语言中可以用函数 confint()求参数的置信区间，命令如下。

```
> confint(lm.reg,level=0.95)
                 2.5 %    97.5 %
(Intercept) 113.279335 239.31107
x             9.727714  14.73426
```

5．预测分析

若要求 rs = 40 时相应 xse 的置信水平为 0.95 的预测值和预测区间，可用 predict()函数求预测值和预测区间，命令如下。

```
> point<-data.frame(x=40)
> lm.pred<-predict(lm.reg,point,interval="prediction",level=0.95)
> lm.pred
       fit      lwr      upr
1 665.5347 555.8868 775.1825
> q()  #退出 R
```

9.5 多元线性回归分析基本理论

多元线性回归分析也叫作多重线性回归分析，是最为常用的一种回归分析方法。多元线性回归分析涉及多个自变量，它用来处理一个因变量与多个自变量之间的线性关系，建立变量之间的线性模型并根据模型进行评价和预测。

9.5.1 多元线性回归模型

多元线性回归就是用多个自变量来解释因变量。多元线性回归模型如下。

$$Y_i = b_0 + b_1 X_{1i} + b_2 X_{2i} + \cdots + b_k X_{ki} + \varepsilon_i$$

利用最小二乘法可以找到这样一条直线：

$$\hat{Y}_i = \hat{b}_0 + \hat{b}_1 X_1 + \hat{b}_2 X_2 + \cdots + \hat{b}_k X_k$$

如果我们得到了 $\hat{b}_0$ 和多个 $\hat{b}_j(j=1,\cdots,k)$，又得到了所有自变量 $X_j(j=1,\cdots,k)$ 的预测值，我们就可求得因变量 Y 的值。

例如，某公司的分析师根据历史数据，做了公司销售额增长率关于 GDP 增长率和公司销售人员增长率的线性回归分析，得到截距为−3.2%，关于 GDP 增长率的斜率为 2，关于公司销售人员增长率的斜率为 1.2，国家统计局预测今年 GDP 增长率为 9%，公司销售部门预计公司销售人员今年将减少 20%。问该公司今年销售额增长率预计为多少？

答：$Y = -3.2\% + 2x_1 + 1.2x_2 = -3.2\% + 2 \times 9\% + 1.2 \times (-20\%) = -9.2\%$。

9.5.2 方差分析

与一元线性回归类似，多元线性回归的方差分析如表 9-5 所示。

表 9-5　多元线性回归的方差分析

	自由度	平方和	均方和（MS）
回归	k	回归平方和（RSS）	回归均方和（MSR）= RSS/k
误差	$n-k-1$	误差平方和（SSE）	误差均方和（MSE）= SSE/($n-k-1$)
总和	$n-1$	总平方和（SST）	—

我们可以从方差分析表 9-5 中求得决定系数和估计的标准误差，用来评价回归模型的好坏。

回归的自由度为 k，k 为自变量的个数。误差的自由度为 $n-k-1$，n 是样本量。总自由度为以上两个自由度之和。

总平方和 SST 等于回归平方和与误差平方和之和，即 SST=RSS+SSE。

均方和等于各自的平方和除以各自的自由度，如表 9-5 所示。

9.5.3 决定系数

决定系数等于回归平方和除以总平方和，公式为：

$$R^2 = \frac{\text{RSS}}{\text{SST}} = 1 - \frac{\text{SSE}}{\text{SST}}$$

和一元线性回归一样，多元线性回归的决定系数的含义仍然是：所有自变量 X 的变动可以解释多少比例的 Y 的变动。决定系数越大，表示回归模型越好。但是对于多元线性回归，随着自变量个数 k 的增加，决定系数总是变大，无论新增的自变量是否对因变量有解释作用。因此，我们就要调整决定系数如下。

$$\overline{R}^2 = 1 - \frac{n-1}{n-k-1}(1-R^2)$$

调整后的决定系数不一定随着自变量个数 k 的增加而增大。因此，调整后的决定系数能有效地比较不同自变量个数回归模型的优劣。

关于调整后的决定系数，还要注意以下两点。

（1）调整后的决定系数总是小于或等于未调整的决定系数。

（2）调整后的决定系数有可能小于 0。

9.5.4 估计的标准误差

估计的标准误差 SEE 等于残差均方和的平方根，公式为：

$$\text{SEE} = \sqrt{\text{SSE}/(n-k-1)} = \sqrt{\text{MSE}}$$

显然，估计的标准误差越小，表示回归模型越好。

9.5.5 回归系数的 t 检验和置信区间

与一元线性回归类似，回归系数的 t 检验是指检验回归系数是否等于某个常数。通常要检验斜率系数是否等于 0（H_0:b_j=0），这称为斜率系数的显著性检验。如果不能拒绝原假设，即斜率系数没有显著不等于 0，那就说明自变量 X_j 和因变量 Y 的线性相关性不大，回归是失败的。

t 检验：检验统计量 t 自由度为 n–k–1，计算公式为：

$$t = \frac{\hat{b}_j}{s_{\hat{b}_j}}$$

其中，$s_{\hat{b}_j}$ 为斜率系数的标准误差。

斜率系数的置信区间为：$\left[\hat{b}_j - t_c s_{\hat{b}_j}, \hat{b}_j + t_c s_{\hat{b}_j}\right]$，其中，$t_c$ 是自由度为 n–k–1 的 t 关键值。

例如，我们做了一个二元线性回归模型，得到的结果如表 9-6 所示。

表 9-6 变量系数表

变量	系数	统计量
b_0	0.5	1.28
b_1	1.2	2.4
b_2	−0.3	0.92

斜率系数 b_1 的置信度为 95%的置信区间为多少？

由于 b_1 的统计量 $t = \frac{\hat{b}_1}{s_{\hat{b}_1}} = \frac{1.2}{s_{\hat{b}_1}} = 2.4$，$s_{\hat{b}_1}$=1.2/2.4=0.5。置信区间为[1.2−2×0.5,1.2+2×0.5]=[0.2,2.2]。

由于 0 不在置信区间中，所以斜率系数 b_1 显著不等于 0。

9.5.6 回归系数的 F 检验

回归系数的 F 检验用来检验斜率系数是否全部都等于 0，其原假设是所有斜率系数都等于 0，备择假设是至少有一个斜率系数不等于 0。

$$H_0: b_1 = b_2 = \cdots = b_k = 0 \quad H_\alpha: 至少有一个 b_j \neq 0$$

F 统计量的分子自由度和分母自由度分别为 k 和 $n-k-1$，F 统计量的计算公式如下。

$$F = \frac{\text{MSR}}{\text{MSE}} = \frac{\text{RSS}/k}{\text{SSE}/(n-k-1)}$$

注意：F 检验看上去是双尾检验，但请将其当作单尾检验，其拒绝区域只在分布的右边。回归系数的 t 检验是对单个斜率系数做检验，而回归系数的 F 检验是对全部斜率系数做检验。如果我们没有拒绝原假设，说明所有的斜率系数都没有显著不等于 0，即所有自变量和因变量 Y 的线性相关性都不大，回归模型做得不好。如果我们能够拒绝原假设，说明至少有一个斜率系数显著不等于 0，即至少有一个自变量可以解释 Y，回归模型做得不错。

例如，我们抽取了一个样本量为 43 的样本，做了一个三元线性回归，得到 RSS=4500，SSE=1500，以显著性水平为 0.05 检验是否至少有一个斜率系数显著不等于 0。假设检验的结果如何？

$$\text{MSR}=\text{RSS}/k=4500/3=1500$$

$$\text{MSE}=\text{SSE}/(n-k-1)=1500/(43-3-1)=38.4$$

$$F=\text{MSR}/\text{MSE}=1500/38.4=39$$

查 F 统计表得关键值为 2.84。

由于 2.84<39，F 统计量落在拒绝区域，因此我们要拒绝原假设。

最后结论：至少有一个斜率系数显著不等于 0。

9.5.7 虚拟变量

某些回归分析中，需要使用定性的自变量，称为虚拟变量。使用虚拟变量的目的是考察不同类别之间是否存在显著差异。

虚拟变量的取值为 0 或 1 时，只需一个虚拟变量，如果虚拟变量取值为 n 时，则需 $n-1$ 个虚拟变量。

例如，在研究工资水平同学历和工作年限的关系时，我们以 Y 表示工作水平，以 X_1 表示学历，以 X_2 表示工作年限，同时引进虚拟变量 D，其取值如下：

$$D = \begin{cases} 1, & \text{男性} \\ 0, & \text{女性} \end{cases}$$

则可构造如下理论回归模型：

$$Y = \beta_0 + \beta_1 X_1 + \beta_2 X_2 + \beta_3 D + \varepsilon$$

为了模拟某商品销售量的时间序列的季节影响，我们需要引入 4−1=3 个虚拟变量，如下：

$$Q_1 = \begin{cases} 1, & \text{如果为第1季度} \\ 0, & \text{其他情况} \end{cases}; \quad Q_2 = \begin{cases} 1, & \text{如果为第2季度} \\ 0, & \text{其他情况} \end{cases}; \quad Q_3 = \begin{cases} 1, & \text{如果为第3季度} \\ 0, & \text{其他情况} \end{cases}$$

则可构造如下理论回归模型：

$$Y = \beta_0 + \beta_1 Q_1 + \beta_2 Q_2 + \beta_3 Q_3 + \varepsilon$$

9.6 R语言多元线性回归分析

例 9-3：为了检验美国电力行业是否存在规模经济，纳洛夫（Nerlove）于 1963 年收集了 1955 年 145 家美国电力企业的总成本（TC）、产量（Q）、工资率（PL）、燃料价格（PF）及资本租赁价格（PK）的数据，如表 9-7 所示。试以总成本为因变量，以产量、工资率、燃料价格和资本租赁价格为自变量，利用多元线性回归分析方法研究它们之间的关系。

表 9-7　美国电力行业数据

编号	TC/百万美元	Q/kW·h	PL/美元·(kW·h)$^{-1}$	PF/美元·(kW·h)$^{-1}$	PK/美元·(kW·h)$^{-1}$
1	0.082	2	2.09	17.9	183
2	0.661	3	2.05	35.1	174
3	0.99	4	2.05	35.1	171
4	0.315	4	1.83	32.2	166
5	0.197	5	2.12	28.6	233
6	0.098	9	2.12	28.6	195
……	……	……	……	……	……
143	73.05	11796	2.12	28.6	148
144	139.422	14359	2.31	33.5	212
145	119.939	16719	2.3	23.6	162

在目录 F:\2glkx\data2 下建立 al9-3.xls 数据文件后，使用的命令如下。

```
> library(RODBC)      #使用此命令时必须先安装 RODBC，见“3.2.2 Excel 数据的读取”
> z<-odbcConnectExcel("F:/2glkx/data2/al9-3.xls")
> sq<-sqlFetch(z,"Sheet1")
> close(z)
> sq
       TC     Q   PL   PF   PK
1   0.082     2 2.09 17.9  183
……
145 119.939 16719 2.30 23.6 162
```

1. 对数据进行描述性分析

输入如下命令。

```
> y<-sq$TC; x1<-sq$Q; x2<-sq$PL; x3<-sq$PF; x4<-sq$PK
> d<-data.frame(y,x1,x2,x3,x4)
> summary(d)
#这些命令对总成本（TC）、产量（Q）、工资率（PL）、燃料价格（PF）及资本租赁价格（PK）等变量进行详细的描述性分析
```

输入完成后，按 Enter 键，得到如下的分析结果。

```
       y                x1               x2               x3
 Min.   : 0.082   Min.   :    2   Min.   :1.450   Min.   :10.30
 1st Qu.: 2.382   1st Qu.:  279   1st Qu.:1.760   1st Qu.:21.30
 Median : 6.754   Median : 1109   Median :2.040   Median :26.90
```

```
Mean    : 12.976   Mean    : 2133   Mean    :1.972   Mean    :26.18
3rd Qu.: 14.132   3rd Qu.: 2507   3rd Qu.:2.190   3rd Qu.:32.20
Max.    :139.422   Max.    :16719   Max.    :2.320   Max.    :42.80
       x4
Min.    :138.0
1st Qu.:162.0
Median :170.0
Mean    :174.5
3rd Qu.:183.0
Max.    :233.0
```

通过上面的结果，可以得到很多信息，如最小值、第 1 个四分位数、第 3 个四分位数、中位数、平均值、最大值等。具体信息描述如下。

（1）5 个最小值

变量总成本（TC）最小值（Min）是 0.082。

变量产量（Q）最小值是 2。

变量工资率（PL）最小值是 1.450。

燃料价格（PF）最小值是 10.30。

资本租赁价格（PK）最小值是 138.0。

（2）5 个四分位数

5 个变量的第 1 个四分位数（1st Qu）分别是 2.382、279、1.760、21.30、162.0。

5 个变量的第 3 个四分位数（3rd Qu）分别是 14.132、2507、2.190、32.20、233.0。

（3）5 个中位数

5 个变量的中位数（Median）分别是 6.754、1109、2.040、26.90、170.0。

（4）5 个平均值

5 个变量的平均值（Mean）分别是 12.976、2133、1.972、26.18、174.5。

（5）5 个最大值

5 个变量的最大值（Max）分别是 139.422、16719、2.320、42.80、233.0。

2．对数据进行相关分析

输入如下命令。

```
> d<-data.frame(y,x1,x2,x3,x4)
> cor(d)
```

输入命令后，按 Enter 键，得到如下的分析结果。

```
            y           x1          x2           x3           x4
y  1.00000000  0.952503699  0.2513375  0.03393519  0.027202000
x1 0.95250370  1.000000000  0.1714499 -0.07734943  0.002869139
x2 0.25133754  0.171449901  1.0000000  0.31370293 -0.178145470
x3 0.03393519 -0.077349434  0.3137029  1.00000000  0.125428217
x4 0.02720200  0.002869139 -0.1781455  0.12542822  1.000000000
```

通过上面的结果，可以看到变量 TC 与各个变量之间的相关关系还是可以接受的，可以进行下面的回归分析过程。

3．对数据进行回归分析

输入如下命令。

```
> lm.reg<-lm(y~1+x1+x2+x3+x4)
#本命令对总成本（TC）、产量（Q）、工资率（PL）、燃料价格（PF）及资本租赁价格（PK）等变量进行多元回归分析
> summary(lm.reg)
```

每输入一条命令后，按Enter键，最后得到如下的分析结果。

```
Call:
lm(formula = y ~ 1 + x1 + x2 + x3 + x4)
Residuals:
    Min      1Q  Median      3Q     Max
-17.814  -1.609  -0.092   2.231  43.761
Coefficients:
              Estimate Std. Error t value Pr(>|t|)
(Intercept) -2.222e+01  6.587e+00  -3.373 0.000961 ***
x1           6.395e-03  1.629e-04  39.258  < 2e-16 ***
x2           5.655e+00  2.176e+00   2.598 0.010366 *
x3           2.078e-01  6.410e-02   3.242 0.001482 **
x4           2.844e-02  2.650e-02   1.073 0.285088
---
Signif. codes:  0 '***' 0.001 '**' 0.01 '*' 0.05 '.' 0.1 ' ' 1
Residual standard error: 5.579 on 140 degrees of freedom
Multiple R-squared:  0.9228,    Adjusted R-squared:  0.9206
F-statistic: 418.1 on 4 and 140 DF,  p-value: < 2.2e-16
```

通过上面的分析结果，可以看出：模型的F值为418.12，p值为2.2×10^{-16}，约为0，说明模型整体上是非常显著的。模型的决定系数（R-squared）为0.9228，调整的决定系数（Adjusted R-squared）为0.9206，说明模型的解释能力较好。

模型的回归方程是：

$$\mathrm{TC}=0.006395\times Q+5.655\times \mathrm{PL}+0.2078\times \mathrm{PF}+0.02844\times \mathrm{PK}-22.22$$

变量Q（$x1$）的系数标准误差是0.0001629，t值为39.258，p值为0.000，系数是非常显著的。变量PL（$x2$）的系数标准误差是2.176，t值为2.598，p值为0.010366，系数是非常显著的。变量PF（$x3$）的系数标准误差是0.06410，t值为3.242，p值为0.001482，系数是非常显著的。变量PK（$x4$）的系数标准误差是0.0265，t值为1.073，p值为0.285088，系数是非常不显著的。常数项的系数标准误差是6.587，t值为−3.373，p值为0.000961，系数是非常显著的。

综合上面的分析，可以看出：美国电力企业的总成本（TC）受到产量（Q）、工资率（PL）、燃料价格（PF）、资本租赁价格（PK）的影响，美国电力行业存在规模经济。

读者应注意上面的模型中，PK的系数是不显著的，下面把该变量剔除后重新进行回归分析，命令如下。

```
> lm.reg<-lm(y~1+x1+x2+x3)
> summary(lm.reg)
```

输入命令后，按Enter键，则得到如下的分析结果。

```
Call:
lm(formula = y ~ 1 + x1 + x2 + x3)
Residuals:
    Min      1Q  Median      3Q     Max
-17.290  -1.503  -0.385   2.179  44.779
Coefficients:
```

```
              Estimate Std. Error t value Pr(>|t|)
(Intercept) -1.654e+01  3.928e+00  -4.212 4.48e-05 ***
x1           6.406e-03  1.627e-04  39.384  < 2e-16 ***
x2           5.098e+00  2.115e+00   2.411 0.017208 *
x3           2.217e-01  6.283e-02   3.528 0.000565 ***
---
Signif. codes:  0 '***' 0.001 '**' 0.01 '*' 0.05 '.' 0.1 ' ' 1
Residual standard error: 5.582 on 141 degrees of freedom
Multiple R-squared:  0.9221,    Adjusted R-squared:  0.9205
F-statistic: 556.5 on 3 and 141 DF,  p-value: < 2.2e-16
>q()  #退出R
```

从上面分析结果可见，模型整体依旧是非常显著的。模型的决定系数及调整的决定系数变化不大，说明模型的解释能力几乎没有变化。其他变量（含常数项的系数）都非常显著，模型接近完美。可以把回归结果作为最终的回归方程，即

$$\mathrm{TC} = 0.006406 \times Q + 5.098 \times \mathrm{PL} + 0.2217 \times \mathrm{PF} - 16.54$$

从上面的分析可以看出美国电力企业的总成本受到产量、工资率、燃料价格的影响。总成本随着这些变量的升高而升高、降低而降低。

值得注意的是：产量的增加引起总成本的相对变化是很小的，所以从经济意义上说，美国电力行业存在规模经济。

9.7 R语言处理多重共线性问题

多重共线性问题是指拟合多元线性回归时，自变量之间存在线性关系或近似线性关系。自变量之间的线性关系将会隐蔽变量的显著性，增加参数估计的误差，还会产生一个很不稳定的模型。所以多重共线性诊断就是要找出哪些变量之间存在共线性关系，主要有以下几种方法。

1. 特征值法

先把 $X'X$ 变换为主对角线是 1 的矩阵，然后求特征值和特征向量。若有 r 个特征值近似等于 0，则回归设计矩阵 X 中有 r 个共线性关系，且共线性关系的系数向量就是近似为 0 的特征值对应的特征向量。

R 语言中提供了计算矩阵特征值和特征向量的函数为 eigen()，其调用格式如下。

```
eigen(x,symmetric,only.values=FALSE,EISPACK= FALSE)
```

说明：x 为所求矩阵；symmetric 规定矩阵的对称性；only.values=FALSE 表示返回特征值和特征向量，否则只返回特征值。其他参数参见在线帮助。

2. 条件指数法

若自变量的交叉乘积矩阵 $X'X$ 的特征值为 $d_1^2 \geqslant d_2^2 \geqslant \cdots \geqslant d_k^2$，则 X 的条件数 d_1/d_k 就是描述矩阵的奇异性的一个指标，故称 d_1/d_k 为条件指数。

一般认为，若条件指数在 10～30 为弱相关；在 30～100 为中等相关；大于 100 表明有强相关性。

R 语言中提供了函数为 kappa()，其调用格式如下。

```
kappa(x,exact=FALSE,...)
```

说明：x 为矩阵；exact 是逻辑变量，当 exact=FALSE 时，近似计算条件数，否则精确计算条件数。

3．方差膨胀因子法

方差膨胀因子 VIF 是指回归系数的估计量由于自变量共线性使得方差增加的一个相对度量。对第 j 个回归系数（$j=1,2,\cdots,m$），它的方差膨胀因子定义为：

$$\mathrm{VIF}_j = \text{第}j\text{个回归系数的方差/自变量不相关时第}j\text{个回归系数的方差}$$

$$=\frac{1}{1-R_j^2}=\frac{1}{\mathrm{TOL}_j}$$

其中，$1-R_j^2$ 是自变量 x_j 对模型中其余自变量线性回归模型的 R^2，VIF_j 的倒数 TOL_j 也称容限。

若 $\mathrm{VIF}_j>10$，则表明模型中有很强的共线性问题。

R 语言的 DAAG 程序包中，提供了函数为 vif()，其调用格式如下。

```
vif(lmobj,exact=FALSE,digits=5)
```

说明：lmobj 为由 lm()生成的对象；exact 是逻辑变量，当 exact=FALSE 时，近似计算条件数，否则精确计算条件数；digits 给出小数点后的保留位数，默认为 5 位。

例 9-4：企业在技术创新过程中，新产品的利润往往受到开发人力、开发财力及以往的技术水平的影响，我们将历年专利申请量累计作为技术水平，各项指标的数据如表 9-8 所示。试对自变量的共线性进行诊断。

表 9-8　各项指标的数据

利润/万元	开发人力/人	开发财力/万元	技术水平/项
1178	47	230	49
902	31	164	38
849	24	102	67
386	10	50	38
2024	74	365	63
1566	70	321	129
1756	65	407	72
1287	50	265	96
917	43	221	102
1400	61	327	268
978	39	191	41
749	26	136	32
705	20	85	56
320	8	42	32
1680	61	303	52
1300	58	266	107
1457	54	338	60

续表

利润/万元	开发人力/人	开发财力/万元	技术水平/项
1068	42	220	80
761	36	183	85
1162	51	271	222

在目录 F:\2glkx\data2 下建立 al9-4.xls 数据文件后，使用的命令如下。

```
> library(RODBC)     #使用此命令时必须先安装 RODBC，见“3.2.2 Excel 数据的读取”
> z<-odbcConnectExcel("F:/2glkx/data2/al9-4.xls")
> sq<-sqlFetch(z,"Sheet1")
> close(z)
> sq
> sq
    run z1  z2  z3
1  1178 47 230  49
……
20 1162 51 271 222
```

接着，输入如下命令。

```
> y<-sq$run;x1<-sq$z1;x2<-sq$z2;x3<-sq$z3
> lm.reg<-lm(y~1+x1+x2+x3)
> summary(lm.reg)
```

得到如下结果。

```
Call:
lm(formula = y ~ 1 + x1 + x2 + x3)
Residuals:
     Min       1Q   Median       3Q      Max
-177.662  -63.558   -3.028   36.176  197.523
Coefficients:
            Estimate Std. Error t value Pr(>|t|)
(Intercept) 185.3854    63.2497   2.931  0.00979 **
x1           18.0136     5.3335   3.377  0.00384 **
x2            1.1559     0.9628   1.201  0.24740
x3           -1.2557     0.4584  -2.739  0.01455 *
---
Signif. codes:  0 '***' 0.001 '**' 0.01 '*' 0.05 '.' 0.1 ' ' 1
Residual standard error: 109.8 on 16 degrees of freedom
Multiple R-squared:  0.9492,    Adjusted R-squared:  0.9396
F-statistic: 99.56 on 3 and 16 DF,  p-value: 1.457e-10
```

由上可见，在 0.05 的显著性水平下，仅有 x2 的系数是不显著的，其他变量的系数都是显著的。

再看一下 x1、x2、x3 的方差膨胀因子，输入如下命令。

```
> library(DAAG)
> vif(lm.reg,digits=3)
```

得到如下结果。

```
   x1    x2    x3
16.50 16.20  1.25
```

从 R 输出结果可见，x1、x2 的方差膨胀因子分别 16.50、16.20，所以模型存在严重的多重共线性。下面用逐步回归法来解决多种共线性问题。

R 提供了函数 step()来实现逐步回归。其语法格式如下。

```
> step(object,scope,direction,...)
```

其中，object 是线性模型或广义线性模型分析的结果；scope 是确定逐步搜索的区域；direction 是确定逐步搜索的方向，direction 为“both”表示使用一切子集回归法，direction 为“backword”表示使用向后法，direction 为“forword”表示使用向前法，默认值为 both。其他参数参见在线帮助。

```
> lm.step<-step(lm.reg)
```

回归结果为：

```
Start:  AIC=191.48
y ~ 1 + x1 + x2 + x3
       Df Sum of Sq    RSS    AIC
- x2    1     17377 210279 191.21
<none>              192903 191.48
- x3    1     90462 283365 197.18
- x1    1    137532 330435 200.25

Step:  AIC=191.21
y ~ x1 + x3
       Df Sum of Sq      RSS    AIC
<none>                210279 191.21
- x3    1   92601    302881  196.51
- x1    1   3262188 3472467  245.29
```

结论：用全部变量进行回归分析时，赤池信息准则（akaike information criterion，AIC）统计量的值为 191.48，如果去掉 x2，AIC 统计量的值为 191.21；如果去掉 x3，AIC 统计量的值为 191.48；依此类推。由于去掉 x2，使 AIC 统计量的值达到最小，因此 R 语言会自动去掉 x2，进入下一轮计算。在下一轮中，无论去掉哪一个变量，AIC 统计量的值均会增大，因此 R 语言自动终止计算，得到“最优”回归方程。

再用函数 summary()提取相关回归信息。

```
> summary(lm.step)
Call:
lm(formula = y ~ x1 + x3)
Residuals:
    Min      1Q  Median      3Q     Max
-179.28  -78.07   18.37   89.33  175.88

Coefficients:
            Estimate Std. Error t value Pr(>|t|)
(Intercept) 178.1580    63.7745   2.794   0.0125 *
x1           24.1689     1.4883  16.240 8.73e-12 ***
x3           -1.2700     0.4642  -2.736   0.0141 *
---
Signif. codes:  0 '***' 0.001 '**' 0.01 '*' 0.05 '.' 0.1 ' ' 1
Residual standard error: 111.2 on 17 degrees of freedom
Multiple R-squared:  0.9446,    Adjusted R-squared:  0.9381
F-statistic: 144.9 on 2 and 17 DF,  p-value: 2.096e-11
```

结论：回归系数的显著性水平有很大提高，所有的检验均是显著的。由此，得到“最优”的回归方程。

$$y = 178.1580 + 24.1689x_1 - 1.27x_3$$

下面再看一下方差膨胀因子。

```
> vif(lm.step,digits=3)
  x1   x3
1.25 1.25
```

两个变量的方差膨胀因子都小于10，因此通过逐步回归法消除了多种共线性的影响。

9.8 R语言处理自相关问题

9.8.1 自相关问题

对于研究的实际问题，获得n个样本($X_{i1},\cdots,X_{ip},Y_i$)，$i=1,2,\cdots,n$，则回归模型如下。

$$Y_i = \beta_0 + \beta_1 X_{i1} + \cdots + \beta_p X_{ip} + \varepsilon_i,\quad i=1,\cdots,n$$

在上述回归模型的基本假设中，随机误差项$\varepsilon_1,\cdots,\varepsilon_n$项应独立，即当$\mathrm{Cov}(\varepsilon_i,\varepsilon_j)=0$，$i \neq j$时或当$\mathrm{Cov}(\varepsilon_i,\varepsilon_j) \neq 0$，$i \neq j$时，称回归模型存在自相关问题。

9.8.2 自相关问题诊断

检验模型是否存在自相关问题，除了使用残差图外，DW检验是常用的检验方法。DW检验方法的基本思想如下。

使用最小二乘法对回归模型进行拟合，求出残差ε_i的估计值e_i（$i=1,\cdots,n$），计算DW统计量，根据DW统计量判断是否存在自相关问题。DW统计量的计算公式如下。

$$\mathrm{DW} = \frac{\sum_{i=1}^{n}(e_i - e_{i-1})^2}{\sum_{i=1}^{n} e_i^2}$$

可以证明DW统计量的取值范围为$0 \leqslant \mathrm{DW} \leqslant 4$。根据样本容量$n$、指标数量$p$、显著水平$\alpha$及DW统计分布表，可以确定临界值的上界、下界分别为d_L、d_U，然后根据表9-9可以确定回归模型的自相关情况。

表9-9 使用DW统计量判断自相关

DW统计量取值范围	残差项存在关系
$0 \leqslant \mathrm{DW} \leqslant d_L$	存在正相关
$d_L \leqslant \mathrm{DW} \leqslant d_U$或$4-d_U \leqslant \mathrm{DW} \leqslant 4-d_L$	无法确定
$d_U < \mathrm{DW} < 4-d_U$	不存在相关
$4-d_L \leqslant \mathrm{DW} \leqslant 4$	存在负相关

9.8.3 自相关问题的解决

当模型存在自相关问题时，可以采用差分法来解决自相关问题。差分法的具体计算过程如下。

令$\Delta y_i = y_i - y_{i-1}$，$\Delta x_{ij} = x_{ij} - x_{i-1j}$，$i=1,\cdots,n,\ j=1,\cdots,p$。利用$\Delta y_i$和$\Delta x_{ij}$数据，采取最小二乘法对下述回归模型的参数进行拟合，可以求出经验回归参数$\beta_j,\ j=1,\cdots,p$。

$$\Delta y_i = \beta_0 + \beta_1 \Delta x_{i1} + \cdots + \beta_p \Delta x_{ip} + \varepsilon_i,\ i=1,\cdots,n$$

9.8.4 R语言的自相关问题处理

例 9-5：某公司 1991—2005 年的开发经费和新产品利润数据如表 9-10 所示。利用回归分析开发经费对新产品利润的影响。

表 9-10　开发经费和新产品利润数据

开发经费/万元	新产品利润/万元	Δy	Δx_{i1}
35	690		
38	734	3	44
42	788	4	54
45	870	3	82
52	1038	7	168
65	1280	13	242
72	1434	7	154
81	1656	9	222
103	2033	22	377
113	2268	10	235
119	2451	6	183
133	2819	14	368
159	3431	26	612
198	4409	39	978
260	5885	62	1476

在目录 F:\2glkx\data2 下建立 al9-5.xls 数据文件后，使用的命令如下。

```
> library(RODBC)       #使用此命令时必须先安装 RODBC，见“3.2.2 Excel数据的读取”
> z<-odbcConnectExcel("F:/2glkx/data2/al9-5.xls")
> sq<-sqlFetch(z,"Sheet1")
> close(z)
> sq
    kf   lr cc dy   dx
1   35  690 NA NA   NA
……
15 260 5885 NA 62 1476
```

接着，输入如下命令。

```
> y<-sq$lr;x<-sq$kf
> lm.reg<-lm(y~1+x)
> summary(lm.reg)
```

得到如下结果。

```
Call:
lm(formula = y ~ 1 + x)
Residuals:
```

```
     Min       1Q    Median       3Q      Max
-132.150  -30.931   -2.238   51.439  102.346
Coefficients:
            Estimate Std. Error t value Pr(>|t|)
(Intercept) -208.1174    36.8566  -5.647 7.97e-05 ***
x             23.0414     0.3097  74.400  < 2e-16 ***
---
Signif. codes:  0 '***' 0.001 '**' 0.01 '*' 0.05 '.' 0.1 ' ' 1
Residual standard error: 75.5 on 13 degrees of freedom
Multiple R-squared:  0.9977,    Adjusted R-squared:  0.9975
F-statistic:  5535 on 1 and 13 DF,  p-value: < 2.2e-16
```

下面再看看DW统计量的值。

```
#注意：需先用命令>install.packages("lmtest")安装包，并用R的程序包菜单加载包后才能用
> library(lmtest)
> dwtest(lm.reg)
        Durbin-Watson test
data:  lm.reg
DW = 0.4799, p-value = 1.497e-05
alternative hypothesis: true autocorrelation is greater than 0
```

从R语言的输出结果可以看出，DW统计量的值为0.4799，所以模型存在自相关，下面采用差分法解决自相关问题。

输入如下命令。

```
> y1<-sq$dy;x1<-sq$dx
> y2<-y1[-(1:1)]
> x2<-x1[-(1:1)]
> lm.reg1<-lm(y2~1+x2)
> dwtest(lm.reg1)
        Durbin-Watson test
data:  lm.reg1
DW = 2.1945, p-value = 0.5331
alternative hypothesis: true autocorrelation is greater than 0
```

从R语言的输出结果可以看出，DW统计量的值为2.1945，模型自相关问题已解除，说明采取差分法能够有效解决自相关问题。

9.9 R语言处理异方差问题

9.9.1 异方差问题

对于研究的实际问题，获得n个样本($X_{i1},\cdots,X_{ip},Y_i$)，$i=1,2\cdots,n$，则回归分析模型如下。

$$Y_i=\beta_0+\beta_1X_{i1}+\cdots+\beta_pX_{ip}+\varepsilon_i,\ i=1,\cdots,n$$

在上述回归模型的基本假设中，随机误差项$\varepsilon_1,\cdots,\varepsilon_n$项应具有相同的方差，当$D(\varepsilon_i)\neq D(\varepsilon_j)$，$i\neq j$时，称回归模型存在异方差问题。

9.9.2 异方差问题诊断

检验模型是否存在异方差问题，除了使用残差图外，斯皮尔曼（Spearman）等级相关系

数是常用的检验方法。Spearman 等级相关系数的检验步骤如下。

（1）使用最小二乘法对回归模型进行拟合，求出残差 ε_i，$i=1,\cdots,n$。

（2）针对每个 X_i，将 X_i 的 n 个观察值和 ε_i 的绝对值按照递增或递减顺序求出相对应的秩。

（3）针对每个 X_i，计算 Spearman 等级相关系数的 r_i^s，$i=1,\cdots,p$。

（4）检验 Spearman 等级相关系数 r_i^s 的显著性，$i=1,2,\cdots,p$。

若在 $r_i^s(i=1,\cdots,p)$ 中存在一个 r_i^s 显著相关，则回归方程存在异方差。

9.9.3 异方差问题的解决

对于多元线性回归模型：

$$Y_i=\beta_0+\beta_1X_{i1}+\cdots+\beta_pX_{ip}+\varepsilon_i,\ \ i=1,\cdots,n$$

最小二乘法是寻找参数 $\beta_0,\cdots,\beta_p$ 的估计值 $\hat{\beta}_0,\cdots,\hat{\beta}_p$，使离差平方和达到最小值，并找出 $\hat{\beta}_0,\cdots,\hat{\beta}_p$，满足 $Q(\hat{\beta}_0,\cdots,\hat{\beta}_p)=\sum_{i=1}^{n}(y_i-\hat{\beta}_0-\hat{\beta}_1x_{i1}-\cdots-\hat{\beta}_px_{ip})^2=\min$。

当模型存在异方差问题时，上述平方和中每一项的地位是不同的，随机误差 ε_i 方差较大的项在平方和中的作用较大。为了调整各平方和的作用，使其离差平方和的贡献基本相同，常采用加权的方法，即对每个样本的观察值构造一个权 w_k，$k=1,\cdots,n$，即找出 $\hat{\beta}_{w0},\cdots,\hat{\beta}_{wp}$，满足 $Q(\hat{\beta}_{w0},\cdots,\hat{\beta}_{wp})=\sum_{i=1}^{n}w_i(y_i-\hat{\beta}_0-\hat{\beta}_1x_{i1}-\cdots-\hat{\beta}_px_{ip})^2=\min$。

令 $\hat{\beta}_w=(\hat{\beta}_{w0},\cdots,\hat{\beta}_{wp})'$，$W=\mathrm{diag}(w_1,\cdots,w_n)$，则 $\hat{\beta}_w=(\hat{\beta}_{w0},\cdots,\hat{\beta}_{wp})'$ 的加权最小二乘估计公式如下。

$$\hat{\beta}_w=(x'Wx)^{-1}x'Wy$$

如何确定加权系数呢？检验异方差时，计算 Spearman 等级相关系数的 $r_i^s(i=1,\cdots,p)$，选取最大 $r_i^s(i=1,\cdots,p)$ 对应的变量 X_i 所对应的观察值序列 $x_{i1},\cdots,x_{in}$ 构造权数，即令 $w_k=1/x_{ik}^m$，其中 m 为待定参数。

9.9.4 R 语言的异方差处理

例 9-6：随机抽取 15 家企业，分析其人力和财力投入对企业产值的影响，具体数据如表 9-11 所示。

表 9-11　企业产值、人力和财力投入数据

产值（y1）/万元	人力（z1）/人	财力投入（z2）/万元
244	170	287
123	136	73
51	41	61
1035	6807	169
418	3570	133
93	48	54

续表

产值（y1）/万元	人力（z1）/人	财力投入（z2）/万元
540	3618	232
212	510	94
52	272	70
128	1272	54
1249	5610	272
205	816	65
75	190	42
365	830	73
1291	503	287

在目录 F:\2glkx\data2 下建立 al9-6.xls 数据文件后，使用的命令如下。

```
> library(RODBC)      #使用此命令时必须先安装 RODBC，见“3.2.2 Excel数据的读取”
> z<-odbcConnectExcel("F:/2glkx/data2/al9-6.xls")
> sq<-sqlFetch(z,"Sheet1")
> close(z)
> sq
     y1   z1  z2
1   244  170 287
……
15 1291  503 287
```

接着，输入如下命令。

```
> y<-sq$y1;x1<-sq$z1;x2<-sq$z2
> lm.reg<-lm(y~1+x1+x2)
> y.res<-residuals(lm.reg)
> cc<-abs(y.res)
> d<-data.frame(x1,x2,cc)
> cor(d)
           x1        x2         cc
x1 1.00000000 0.4399801 0.02981016
x2 0.43998014 1.0000000 0.82297373
cc 0.02981016 0.8229737 1.00000000
```

根据上面 R 语言的输出结果，财力投入 z2 和残差绝对值 cc 相关系数显著，因此该回归模型存在异方差问题。

根据相关系数，我们选取 z2 构造权重矩阵，假定 $m = 2.5$（可以从 $m = 1$ 开始，每次将 m 增加 0.5，依次计算加权回归，选择 R^2 最大的 m 作为权重的指数）。

输入如下命令。

```
> wk<-1/x2^2.5
> lm.reg<-lm(y~1+x1+x2,weight=wk)
> summary(lm.reg)
Call:
lm(formula = y ~ 1 + x1 + x2, weights = wk)
Weighted Residuals:
     Min       1Q   Median       3Q      Max
-0.42144 -0.31103 -0.01519  0.17582  0.81897
```

```
Coefficients:
             Estimate Std. Error t value Pr(>|t|)
(Intercept) -59.03487   53.82151  -1.097   0.2942
x1            0.08145    0.03010   2.706   0.0191 *
x2            2.48872    0.93144   2.672   0.0203 *
---
Signif. codes:  0 '***' 0.001 '**' 0.01 '*' 0.05 '.' 0.1 ' ' 1
Residual standard error: 0.3814 on 12 degrees of freedom
Multiple R-squared:  0.7485,    Adjusted R-squared:  0.7065
F-statistic: 17.85 on 2 and 12 DF,  p-value: 0.0002533
```

根据上面 R 语言的输出结果，变量 x1、x2 的系数显著。

9.10 R 语言的 Logistic 回归

线性回归模型是定量分析中最常用的统计分析方法，但线性回归分析要求响应变量是连续型变量。在实际研究中，尤其适合在社会、经济数据的统计分析中，要研究非连续型的响应变量，即分类响应变量。

9.10.1 Logistic 回归

在研究二元分类响应变量与诸多自变量间的相互关系时，常选用 Logistic 回归模型。

将二元分类响应变量 Y 的一个结果记为“成功”，另一个结果记为“失败”，分别用 0 或 1 表示。对响应变量 Y 有影响的 p 个自变量（解释变量）记为 $x_1,\cdots,x_p$。在 m 个自变量的作用下出现“成功”的条件概率记为 $p(Y=1|x_1,\cdots,x_p)$，那么 Logistic 回归模型表示为：

$$p=\frac{\exp(\beta_0+\beta_1x_1+\cdots+\beta_px_p)}{1+\exp(\beta_0+\beta_1x_1+\cdots+\beta_px_p)}$$

β_0 称为常数项，$\beta_1,\cdots,\beta_p$ 称为 Logistic 回归模型的回归系数。

从上式可以看出，Logistic 回归模型是一个非线性的回归模型，自变量 x_j（$j=1,\cdots,p$）可以是连续变量，也可以是分类变量或哑变量。对自变量 x_j 任意取值 $\beta_0+\beta_1x_1+\cdots+\beta_px_p$ 总落在 $(-\infty,+\infty)$ 中，上式 p 值总在 0 到 1 之间变化，这就是 Logistic 回归模型的合理性所在。

对上式做 logit 变换，Logistic 回归模型可以写成下列线性形式。

$$\text{logit}(p)=\ln\left(\frac{p}{1-p}\right)=\beta_0+\beta_1x_1+\cdots+\beta_px_p$$

这样就可以使用线性回归模型对参数 $\beta_j(j=1,\cdots,p)$ 进行估计。

9.10.2 广义线性回归模型

Logistic 回归模型属于广义线性回归模型的一种，它是通常正态线性回归模型的推广，并且它要求响应变量只能通过线性形式依赖于解释变量。上述推广体现在两个方面。

（1）通过一个连续函数 $\varphi(E(Y))=\beta_0+\beta_1x_1+\cdots+\beta_px_p$。

（2）通过一个误差函数，说明广义线性回归模型的最后一部分随机项。

表 9-12 给出了广义线性回归模型中常见的连续函数和误差函数。可见，若连接函数为恒等变换，误差函数为正态分布，则得到通常的正态线性回归模型。

表 9-12　　常见的连接函数和误差函数

变换	连接函数	回归模型	典型误差函数
恒等变换	$\varphi(x)=x$	$E(y)=X'\beta$	正态分布
logit 变换	$\varphi(x)=\text{logit}(x)$	$\text{logit}(E(y))=X'\beta$	二项分布
对数变换	$\varphi(x)=\ln(x)$	$\ln(E(y))=X'\beta$	泊松分布
逆（倒数）变换	$\varphi(x)=1/x$	$1/E(y)=X'\beta$	伽玛分布

9.10.3　与广义线性回归模型有关的 R 函数：glm()

R 语言提供了拟合和计算广义线性模型的函数 glm()，其调用格式如下。

```
log<-glm(formula,family=family.generator,data=data.frame)
```

说明：formula 为拟合公式，其意义与线性回归模型相同；family 为分布族，其值包括 gaossian（正态分布）、binomial（二项分布）、poission（泊松分布）和 gama（伽玛分布），分布族还可以通过选项 link 来指定使用的连接函数；data 为数据框。

1．基于正态分布的广义线性回归模型

R 语言提供了拟合和计算基于正态分布的广义线性回归模型的函数 glm()，其调用格式如下。

```
log<-glm(formula,family=gaossian(link=identity),data=data.frame)
```

说明：link=identity 可以不写，因为正态分布族的连接函数默认值是恒等，再者整个 family=gaossian 也可以不写，因为分布族的默认值是正态分布。正态分布族的广义线性回归模型等同于一般的线性回归模型，因此：

```
> fm<-glm(formula,family=gaossian,data=data.frame)
```

等同于：

```
> fm<-lm(formula,data=data.frame)
```

2．基于二项分布的广义线性回归模型

基于二项分布族的广义线性回归模型就是本节的 logistic 回归模型，R 语言提供了拟合和计算基于二项分布的广义线性回归模型的函数 glm()，其调用格式如下。

```
log<-glm(formula,family=binomial(link=logit),data=data.frame)
```

说明：glm()就是 R 语言中拟合和计算基于二项分布的广义线性回归模型的函数。公式 formula 有两种输入方法：一种是输入成功与失败的次数；另一种是像线性回归模型通常数据的输入方法。link=logit 可以不写，因为 logit 是二项分布族连接函数，是默认状态。

3．基于泊松分布的广义线性回归模型

命令如下。

```
log<-glm(formula,family=poisson(link=log),data=data.frame)
```

4．基于伽玛分布的广义线性回归模型

命令如下。

```
log<-glm(formula,family=gama(link=inverse),data=data.frame)
```

9.10.4 基于二项分布的广义线性回归模型应用实例

例 9-7：45 名驾驶员的调查结果中 4 个变量的含义如下。试考察前 3 个变量 *x*1、*x*2、*x*3 与发生事故的关系。

*x*1：表示视力状况，它是一个分类变量，1 表示好，0 表示差。

*x*2：表示年龄，数值型。

*x*3：表示参加驾车教育的情况，它也是一个分类变量，1 表示参加过驾车教育，0 表示没有。

y：表示去年是否出过事故，它是一个分类型输出变量，1 表示出过事故，0 表示没有。

1. 从 Excel 读入数据

在目录 F:\2glkx\data2 下建立 al9-9.xls 数据文件后，使用的命令如下。

```
> library(RODBC)      #使用此命令时必须先安装 RODBC，见“3.2.2 Excel数据的读取”
> z<-odbcConnectExcel("F:/2glkx/data2/al9-9.xls")
> sq<-sqlFetch(z,"Sheet1")
> close(z)
       z1 z2 z3 w
  1     1 17  1 1
  2     1 44  0 0
  ……
  44    1 16  1 0
  45    1 61  1 0
```

2. logistic 回归

输入如下命令。

```
> x1<-sq$z1;x2<-sq$z2;x3<-sq$z3;y<-sq$w
> accident<-data.frame(x1,x2,x3,y)
> log.glm<-glm(y~x1+x2+x3,family=binomial(link=logit),data=accident)
> summary(log.glm)
```

得到回归结果如下。

```
Call:
glm(formula = y ~ x1 + x2 + x3, family = binomial(link = logit),
    data = accident)
Deviance Residuals:
    Min       1Q   Median       3Q      Max
-1.5636  -0.9131  -0.7892   0.9637   1.6000
Coefficients:
             Estimate Std. Error z value Pr(>|z|)
(Intercept)  0.597610   0.894831   0.668   0.5042
x1          -1.496084   0.704861  -2.123   0.0338 *
x2          -0.001595   0.016758  -0.095   0.9242
x3           0.315865   0.701093   0.451   0.6523
---
Signif. codes:  0 '***' 0.001 '**' 0.01 '*' 0.05 '.' 0.1 ' ' 1
(Dispersion parameter for binomial family taken to be 1)
    Null deviance: 62.183  on 44  degrees of freedom
```

```
Residual deviance: 57.026  on 41  degrees of freedom
AIC: 65.026
Number of Fisher Scoring iterations: 4
```

由此得到初步的 logistic 回归模型：

$$p=\frac{\exp(0.5976-1.496x_1-0.0016x_2+0.3159x_3)}{1+\exp(0.5976-1.496x_1-0.0016x_2+0.3159x_3)}$$

即 $\text{logit}(p)=\ln\left(\frac{p}{1-p}\right)=0.5976-1.496x_1-0.0016x_2+0.3159x_3$

3. 模型的诊断与更新

在上述模型中，由于 β_2、β_3 没有通过检验，可类似于线性回归模型，用 step()做变量筛选，命令如下。

```
> log.step<-step(log.glm)
```

得到如下结果。

```
Start:  AIC=65.03
y ~ x1 + x2 + x3
       Df Deviance    AIC
- x2    1   57.035 63.035
- x3    1   57.232 63.232
<none>      57.026 65.026
- x1    1   61.936 67.936
Step:  AIC=63.03
y ~ x1 + x3
       Df Deviance    AIC
- x3    1   57.241 61.241
<none>      57.035 63.035
- x1    1   61.991 65.991
Step:  AIC=61.24
y ~ x1
       Df Deviance    AIC
<none>      57.241 61.241
- x1    1   62.183 64.183
```

再输入如下命令。

```
> summary(log.step)
```

又得到如下结果。

```
Call:
glm(formula = y ~ x1, family = binomial(link = logit), data = accident)
Deviance Residuals:
    Min        1Q    Median        3Q       Max
-1.4490  -0.8782  -0.8782   0.9282   1.5096
Coefficients:
            Estimate Std. Error z value Pr(>|z|)
(Intercept)   0.6190     0.4688   1.320   0.1867
x1           -1.3728     0.6353  -2.161   0.0307 *
---
Signif. codes:  0 '***' 0.001 '**' 0.01 '*' 0.05 '.' 0.1 ' ' 1
```

```
(Dispersion parameter for binomial family taken to be 1)
    Null deviance: 62.183  on 44  degrees of freedom
Residual deviance: 57.241  on 43  degrees of freedom
AIC: 61.241
Number of Fisher Scoring iterations: 4
```

可以看出，新的回归方程为：

$$p = \frac{\exp(0.6190 - 1.3728x_1)}{1 + \exp(0.6190 - 1.3728x_1)}$$

4．预测分析

命令如下。

```
> log.pre<-predict(log.step,data.frame(x1=1))
> p1<-exp(log.pre)/(1+exp(log.pre));p1
   1
0.32
> log.pre<-predict(log.step,data.frame(x1=0))
> p2<-exp(log.pre)/(1+exp(log.pre));p2
   1
0.65
```

从上述运行结果可见 p1 = 0.32，p2 = 0.65。这说明视力有问题的司机发生交通事故的概率是视力正常的司机的两倍以上。

9.11 R 语言 Huber 方法和 bisquare 方法的回归

9.11.1 线性回归中的几个术语

先介绍几个线性回归中的术语。

（1）残差（residual）。残差是指基于回归方程的预测值与观测值的差。

（2）离群点（outlier）。线性回归中的离群点是指对应残差较大的观测值。也就是说，当某个观测值与基于回归方程的预测值相差较大时，该观测值即可视为离群点。离群点的出现一般是由样本自身较为特殊或者数据录入错误导致的，当然也可能是其他问题。

（3）杠杆率（leverage）。杠杆率衡量的是独立变量对自身均值的偏移程度。当某个观测值所对应的预测值为极端值时，该观测值称为高杠杆率点。高杠杆率的观测值对回归方程的参数有重大影响。

（4）影响力点（influence）。若某观测值的剔除与否对回归方程的系数估计有显著影响，则该观测值是具有影响力的，称为影响力点。影响力是由高杠杆率和离群情况决定的。

（5）Cook 距离（Cook's distance）。Cook 距离是指综合了杠杆率信息和残差信息的统计量。

使用最小二乘回归时，有时候会遇到离群点和高杠杆率点。此时，若认定离群点或者高杠杆率点的出现并非因为数据录入错误或者该观测值来自另外一个总体的话，使用最小二乘回归会变得很棘手，因为数据分析者因没有充分的理由剔除离群点和高杠杆率点。此时稳健回归是个极佳的替代方案。稳健回归在剔除离群点或者高杠杆率点和保留离群点或高杠杆率点像最小二乘法那样在平等使用各点之间找到了一个衷中。其在估计回归参数时，根据观测值的稳健情况对观测值进行赋权。简言之，稳健回归是加权最小二乘回归，或称稳健最小二乘回归。

MASS 包中的 rlm 命令提供了不同形式的稳健回归拟合方式。接下来，以基于 Huber 方法和 bisquare 方法下的 M 估计为例来进行演示。这是两种最为基本的 M 估计方法。在 M 估计中，要做的事情是在满足约束 $\sum_{i=1}^{n} w_i(y_i - x'b)x_i' = 0$ 时，求出使 $\sum_{i=1}^{n} w_i^2 e_i^2$ 最小的参数。由于权重的估计依赖于残差，而残差的估计又反过来依赖于权重。因此，需用迭代重复加权最小二乘（Iteratively Reweighted Least Squares，IRLS）来估计参数。举例来说，第 j 次迭代得到的系数矩阵为 $B_j = [X'w_{j-1}X]^{-1} X'w_{j-1}Y$，这里的下脚标表示求解过程中的迭代次数，而不是通常的行标或者列标，持续这一过程，直到结果收敛为止。在 Huber 方法下，残差较小的观测值被赋予的权重为 1，残差较大的观测值的权重随着残差的增大而递减。而在 bisquare 方法下，所有的非 0 残差所对应观测值的权重都是递减的。

9.11.2 数据描述

下面用到的数据是阿伦·艾格瑞斯蒂（Alan Agresti）和巴巴拉·芬蕾（Barbara Finlay）所著的 *Statistical Methods for Social Sciences(Third Edition)* 中的 crime 数据集。该数据集的变量分别如下。

```
state id (sid),
state name (state),
violent crimes per 100,000 people (crime),
murders per 1,000,000 (murder),
the percent of the population living in metropolitan areas (pctmetro),
the percent of the population that is white (pctwhite),
percent of population with a high school education or above (pcths),
percent of population living under poverty line (poverty),
percent of population that are single parents (single).
```

该数据集共有 51 个观测值。接下来用数据集中的 poverty 和 single 变量来预测 crime。

```
> library(foreign)
> cdata <- read.dta("http://www.ats.ucla.edu/stat/data/crime.dta")
> summary(cdata)
      sid          state               crime            murder
 Min.   : 1.0   Length:51          Min.   :  82.0   Min.   : 1.600
 1st Qu.:13.5   Class :character   1st Qu.: 326.5   1st Qu.: 3.900
 Median :26.0   Mode  :character   Median : 515.0   Median : 6.800
 Mean   :26.0                      Mean   : 612.8   Mean   : 8.727
 3rd Qu.:38.5                      3rd Qu.: 773.0   3rd Qu.:10.350
 Max.   :51.0                      Max.   :2922.0   Max.   :78.500
    pctmetro          pctwhite         pcths          poverty
 Min.   : 24.00   Min.   :31.80   Min.   :64.30   Min.   : 8.00
 1st Qu.: 49.55   1st Qu.:79.35   1st Qu.:73.50   1st Qu.:10.70
 Median : 69.80   Median :87.60   Median :76.70   Median :13.10
 Mean   : 67.39   Mean   :84.12   Mean   :76.22   Mean   :14.26
 3rd Qu.: 83.95   3rd Qu.:92.60   3rd Qu.:80.10   3rd Qu.:17.40
 Max.   :100.00   Max.   :98.50   Max.   :86.60   Max.   :26.40
     single
 Min.   : 8.40
 1st Qu.:10.05
 Median :10.90
 Mean   :11.33
```

```
3rd Qu.:12.05
Max.   :22.10
```

9.11.3 稳健回归的 R 语言实现

先对数据进行最小二乘回归，重点观察回归结果中的残差、拟合值、Cook 距离和杠杆率。

```
> ols<-lm(crime~poverty + single, data = cdata)
> summary(ols)
Call:
lm(formula = crime ~ poverty + single, data = cdata)
Residuals:
    Min      1Q  Median      3Q     Max
-811.14 -114.27  -22.44  121.86  689.82
Coefficients:
             Estimate Std. Error t value Pr(>|t|)
(Intercept) -1368.189    187.205  -7.308 2.48e-09 ***
poverty         6.787      8.989   0.755    0.454
single        166.373     19.423   8.566 3.12e-11 ***
---
Signif. codes:  0 '***' 0.001 '**' 0.01 '*' 0.05 '.' 0.1 ' ' 1
Residual standard error: 243.6 on 48 degrees of freedom
Multiple R-squared:  0.7072,    Adjusted R-squared:  0.695
F-statistic: 57.96 on 2 and 48 DF,  p-value: 1.578e-13
> opar <- par(mfrow = c(2,2),oma = c(0, 0, 1.1, 0))
> plot(ols, las = 1)
```

得到图 9-1 所示的结果。

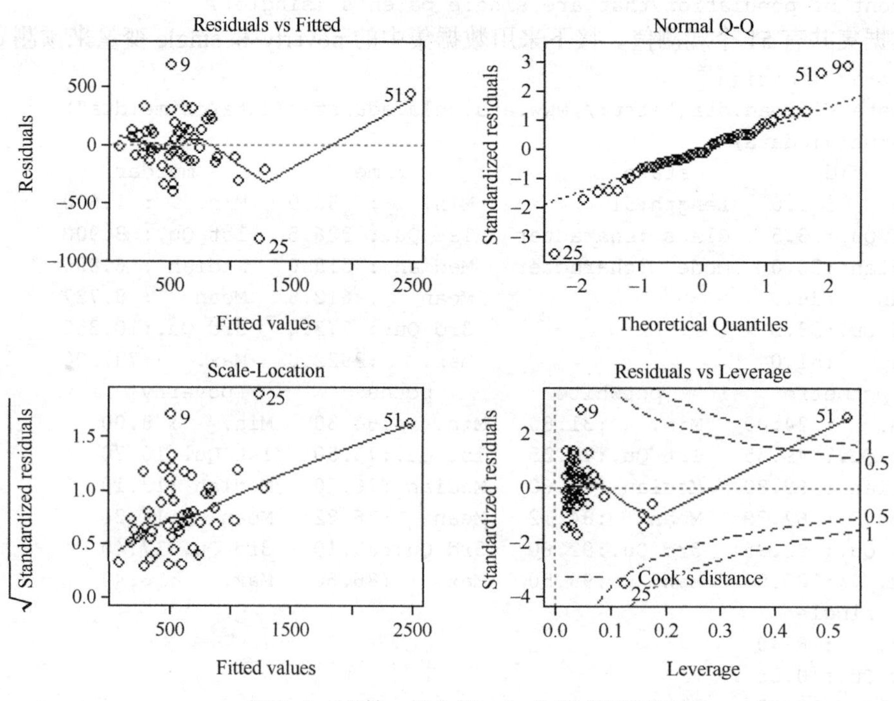

图 9-1 残差、拟合值、Cook 距离及杠杆率

从图 9-1 中可以看出，第 9、第 25 及第 51 个观测值可能是离群点。看看这些观测值所属的是哪些州。

```
> cdata[c(9, 25, 51), 1:2]
   sid state
9    9    fl
25  25    ms
51  51    dc
```

可以猜测，华盛顿（DC）、佛罗里达（Florida）及密西西比（Mississippi）这 3 个州所对应的观测值可能具有较大的残差或者杠杆率。

下面观察一下 Cook 距离较大的观测值有哪些。在判断 Cook 距离大小的时候，通常采用的经验分界点是在 Cook 距离序列的 4/*n* 处，其中 *n* 是观测值的个数。代码如下。

```
> library(MASS)
> d1 <- cooks.distance(ols)
> r <- stdres(ols)
> a <- cbind(cdata, d1, r) a[d1 > 4/51, ]
错误: 意外的符号 in "a <- cbind(cdata, d1, r) a"
> a<-cbind(cdata,d1,r)
> a[d1>4/51,]
   sid state crime murder pctmetro pctwhite pcths poverty single        d1
1    1    ak   761    9.0     41.8     75.2  86.6     9.1   14.3 0.1254750
9    9    fl  1206    8.9     93.0     83.5  74.4    17.8   10.6 0.1425891
25  25    ms   434   13.5     30.7     63.3  64.3    24.7   14.7 0.6138721
51  51    dc  2922   78.5    100.0     31.8  73.1    26.4   22.1 2.6362519
           r
1  -1.397418
9   2.902663
25 -3.562990
51  2.616447
```

本来应当先删除 DC 所对应的观测值，因为 DC 对应的并不是州。然而，由于 DC 所对应的 Cook 距离较大，保留 DC 有助于我们进行观察。

下面生成一个 absr1 变量，其对应的为残差序列的绝对值，取出残差绝对值较大的观测值。

```
> rabs<-abs(r)
> a <- cbind(cdata, d1, r, rabs)
> asorted <-a[order(-rabs), ]
> asorted[1:10, ]
   sid state crime murder pctmetro pctwhite pcths poverty single         d1
25  25    ms   434   13.5     30.7     63.3  64.3    24.7   14.7 0.61387212
9    9    fl  1206    8.9     93.0     83.5  74.4    17.8   10.6 0.14258909
51  51    dc  2922   78.5    100.0     31.8  73.1    26.4   22.1 2.63625193
46  46    vt   114    3.6     27.0     98.4  80.8    10.0   11.0 0.04271548
26  26    mt   178    3.0     24.0     92.6  81.0    14.9   10.8 0.01675501
21  21    me   126    1.6     35.7     98.5  78.8    10.7   10.6 0.02233128
1    1    ak   761    9.0     41.8     75.2  86.6     9.1   14.3 0.12547500
31  31    nj   627    5.3    100.0     80.8  76.7    10.9    9.6 0.02229184
14  14    il   960   11.4     84.0     81.0  76.2    13.6   11.5 0.01265689
20  20    md   998   12.7     92.8     68.9  78.4     9.7   12.0 0.03569623
```

```
           r     rabs
25 -3.562990 3.562990
9   2.902663 2.902663
51  2.616447 2.616447
46 -1.742409 1.742409
26 -1.460885 1.460885
21 -1.426741 1.426741
1  -1.397418 1.397418
31  1.354149 1.354149
14  1.338192 1.338192
20  1.287087 1.287087
```

现在转向稳健回归。再提示一下，稳健回归是通过 IRLS 来完成的。其对应的 R 函数是 MASS 包中的 rlm。IRLS 对应的有多个权重函数，首先演示一下 Huber 方法。演示过程中，重点关注 IRLS 过程得出的权重结果。

```
> rr.huber <- rlm(crime ~ poverty + single, data = cdata)
> summary(rr.huber)
Call: rlm(formula = crime ~ poverty + single, data = cdata)
Residuals:
    Min      1Q  Median      3Q     Max
-846.09 -125.80  -16.49  119.15  679.94
Coefficients:
            Value      Std. Error t value
(Intercept) -1423.0373  167.5899   -8.4912
poverty         8.8677    8.0467    1.1020
single        168.9858   17.3878    9.7186
Residual standard error: 181.8 on 48 degrees of freedom

> hweights <- data.frame(state = cdata$state,resid = rr.huber$resid,weight =
rr.huber$w)
> hweights2 <- hweights[order(rr.huber$w), ]
> hweights2[1:15, ]
   state      resid    weight
25    ms -846.08536 0.2889618
9     fl  679.94327 0.3595480
46    vt -410.48310 0.5955740
51    dc  376.34468 0.6494131
26    mt -356.13760 0.6864625
21    me -337.09622 0.7252263
31    nj  331.11603 0.7383578
14    il  319.10036 0.7661169
1     ak -313.15532 0.7807432
20    md  307.19142 0.7958154
19    ma  291.20817 0.8395172
18    la -266.95752 0.9159411
2     al  105.40319 1.0000000
3     ar   30.53589 1.0000000
4     az  -43.25299 1.0000000
```

从上述代码中容易看出来，观测值的残差绝对值越大，其被赋予的权重越小。结果表明：Mississippi 所对应的观测值被赋予的权重是最小的，其次是 Florida 所对应的观测值，而所有未被展示的观测值的权重皆为 1。由于最小二乘回归中所有观测值的权重都为 1，因此，稳健回归中权重为 1 的观测值越多，则稳健回归于最小二乘回归的分析结果越相近。

接下来，用 bisquare 方法来进行稳健回归。

```
> rr.bisquare <- rlm(crime ~ poverty + single, data=cdata, psi = psi.bisquare)
> summary(rr.bisquare)
Call: rlm(formula = crime ~ poverty + single, data = cdata, psi = psi.bisquare)
Residuals:
    Min      1Q  Median      3Q     Max
-905.59 -140.97  -14.98  114.65  668.38
Coefficients:
            Value      Std. Error t value
(Intercept) -1535.3338  164.5062   -9.3330
poverty        11.6903    7.8987    1.4800
single        175.9303   17.0678   10.3077
Residual standard error: 202.3 on 48 degrees of freedom

> biweights <- data.frame(state = cdata$state, resid = rr.bisquare$resid,
weight = rr.bisquare$w)
> biweights2 <- biweights[order(rr.bisquare$w), ]
> biweights2[1:15, ]
   state     resid      weight
25    ms -905.5931 0.007652565
9     fl  668.3844 0.252870542
46    vt -402.8031 0.671495418
26    mt -360.8997 0.731136908
31    nj  345.9780 0.751347695
18    la -332.6527 0.768938330
21    me -328.6143 0.774103322
1     ak -325.8519 0.777662383
14    il  313.1466 0.793658594
20    md  308.7737 0.799065530
19    ma  297.6068 0.812596833
51    dc  260.6489 0.854441716
50    wy -234.1952 0.881660897
5     ca  201.4407 0.911713981
10    ga -186.5799 0.924033113
```

与 Huber 方法相比，bisquare 方法下的 Mississippi 观测值被赋予了极小的权重，并且两种方法估计出的回归参数也相差甚大。通常，当稳健回归跟最小二乘回归的分析结果相差较大时，数据分析者采用稳健回归较为明智。稳健回归和最小二乘回归的分析结果的较大差异通常暗示着离群点对模型参数产生了较大影响。所有的方法都有长处和软肋，稳健回归也不例外。在稳健回归中，Huber 方法的软肋在于无法很好地处理极端离群点，而 bisquare 方法的软肋在于回归结果不易收敛，以至于经常有多个最优解。

除此以外，两种方法得出的参数结果极为不同，尤其是 single 变量的系数和截距项（intercept）。不过，一般而言无须关注截距项，除非事先已经对预测变量进行了中心化，此时截距项才显得有些用处。此外，变量 poverty 的系数在两种方法下都不显著，而变量 single 则刚好相反，都较为显著。

练习题

1．随机生成两列服从正态分布的数据，计算两列数据的相关系数，比较皮尔逊（Pearson）相关系数和 Spearman 系数的不同，并对相关系数进行单样本 t 检验。

2．公司的发展往往伴随规模、财务、股权结构等的变化。这些特征也会影响公司的经营状况，从而影响公司盈利水平。al9-8.xls 数据文件中是我国创业板上市公司的一些公司特征，包括规模（size）、财务杠杆（lev）、机构投资者持股状况（instshare）、股权集中度（con）、股权制衡（zindex）和公司盈利水平（roe）。依据上述条件试回答以下问题：

（1）试用 R 语言列出所有变量的相关系数矩阵，并检验其显著性水平；

（2）试建立多元线性回归方程，找出可以显著影响公司盈利水平的变量，并对变量进行解释说明；

（3）在（2）基础上，检验所选变量是否存在多重共线性，是否存在异方差问题；

（4）当某公司当年的 size 为 20.85、lev 为 0.117、instshare 为 0.146、con 为 0.354、zindex 为 0.935 时，试预测该公司的盈利水平。

第10章 R语言时间序列分析

时间序列是将观测值按照时间发生的先后顺序进行排列的数据集，分析时间序列的目的是根据已有数据来预测未来。金融领域常用的时间序列有资产价格、收益率等，宏观经济增速、采购经理人指数（Purchasing Managers'Index，PMI）、消费者物价指数（Consumer Price Index，CPI）的增长也是常见的时间序列。时间序列分析是一种动态数据处理的统计分析方法，掌握一定的时间序列规律有助于我们解决现实问题，认清一些金融、经济现象，从而更好地观察真实世界。

在时间序列分析建模前，需要对其进行预处理，保证建模对象是稳定的时间序列。稳定的时间序列通常包含两部分：有规律的部分和不确定性部分（通常被称为噪声）。由于噪声是无法确定和预测的，所以时间序列分析的目的主要在于提高有规律部分的预测功效。在对时间序列进行建模分析时，首先要过滤掉噪声部分，得到有规律的部分，再通过合理的建模，探究规律，预测未来值。

时间序列的预处理主要需要考虑3类：自相关性、平稳性、白噪声检验。本章将采用金融市场的价格数据，用R语言进行时间序列分析的示范。

10.1 常用的时间序列数据程序包

R语言提供了众多的程序包进行时间序列分析。R作为开源软件有着强大的社区资源，CRAN上有一个Task View的界面，上面整理了相应专题下常用的程序包，以时间序列分析为例，“Time Series Task View”把在时间序列分析中遇到的所有问题适用的函数和包都展示出来。通常来说，时间序列分析最为基础的包有zoo、xts、timeSeries这3个，它们提供了不同的时间序列格式，是很多程序包的基础。表10-1总结了常用的时间序列程序包。

表10-1 常用的时间序列程序包

常用的包	主要用途
zoo	时间序列处理的基础包
xts	时间序列数据格式处理
timerSeries	时间序列数据格式处理
TSA[①]	时间序列数据分析

① R中目前无法通过镜像在线安装TSA包，需要下载相应数据包手动安装。

续表

常用的包	主要用途
forecast	单变量时间序列预测、指数平滑、ARIMA 模型、状态空间等
urca	单位根检验、协整检验、格兰杰因果关系
vars	VAR 模型、回归诊断、模型结果可视化
tseries	ARMA 模型拟合
fUnitRoots	单位根、平稳性检验
FinTS	提供 ARCH 效应检验
fBasic	描述性统计
fGarch	构建 GARCH 模型
fArma	ARMA 模型拟合
midasr	混合频率时间序列数据分析
tsfa	时间序列因子分析
tsDyn	非线性时间序列模型，如 STVAR、ESTAR、LSTAR 等
MSBVAR	贝叶斯 VAR、马尔可夫转换
fracdiff	ARFIMA、半参数估计
longmemo	长记忆模型

相应地，R 语言中也提供了强大的绘图工具，自主性和灵活性都极高。表 10-2 总结了常用的时间序列绘图函数，可通过安装 ggplot 和 ggplot2 程序包后使用。

表 10-2　　常用的时间序列绘图函数

函数	主要用途
hist()	绘制直方图、统计分析图，展示数据的频数
density()	绘制密度图，估计核密度
boxplot()	绘制箱须图，描述数据的极值、中位数等，了解数据的分布状况
qqnorm()	绘制正态 QQ 图，直观的正态性检验
qqplot()	绘制两列数据的正态 QQ 图
acf()	绘制自相关图，判断样本的自相关情况

10.2　时间序列数据的获取及预处理

在 R 语言的学习和应用过程中，数据是重要的学习资料。R 语言具有良好的开源性和外部兼容性，众多数据库为 R 语言提供了数据接口。一般情况下，R 语言数据分析的数据获取途径有如下几种。

（1）导入其他格式数据，如 XLS 格式、ASCII/Notepad 格式、CSV 格式、DTA 格式等，不同格式的数据对应的导入方式是不同的。

（2）R 语言也具有丰富的内置数据集，可以安装 datasets 包，并直接使用内置数据，尤其是在 R 语言学习过程中，通过内置数据集进行练习是个不错的选择。

（3）可以通过一些函数模拟 Sampling 得到具有特定分布特征的数据集，通常以 d×××、p×××、q×××、r×××形式存在，如 beta 分布的数据可用 dbeta()函数模拟得到。

（4）网络开源数据，有一些网站提供了 R 语言接口，以金融数据为例，程序包 quantmod、Quandl 就提供了一些网络数据的抓取方法。其中，quantmod 的内置函数 getSymbol()可用于特定网络链接的数据抓取，如雅虎、Google、FRED 等，可以抓取指数和个股的价格、收益率、分红、财务报表数据、汇率、利率数据等；Quandl 有丰富的金融数据，包括股票、债券、利率、汇率、宏观经济数据等。

同样地，我国的万得、同花顺等财经数据提供商也提供了 R 接口，可以通过指令直接下载和更新数据。以万得为例，在获取万得系统的登录权限后，可以通过 R 接口使用数据，读者可以自己试试。我们以 quantmod 程序包为例，抓取上证综指数据进行展示，数据源于雅虎财经。

抓取上证综指（雅虎中的 API 为 SSEC）数据，可以得到包括开盘价（open）、最高价（high）、最低价（low）、收盘价（close）、调整后的收盘价（adj close）、成交量（volume）6 个数据序列。样本区间为 2010 年 7 月 1 日至 2020 年 7 月 31 日，10 年的数据可以较好地描述中国股市的指数走势。quantmod 内的函数 getSymbols()从网页抓取的数据，产生的时间序列直接是 xts 型，因此不需要经过预处理直接可用于 xts、timeSeries 等包。

```
> library(quantmod)        #加载程序包 quantmod
> library(TTR)             #加载程序包 TTR
> setSymbolLookup(SSEC=list(name="000001.SS",src="yahoo"))  #上证综指 SSEC
> getSymbols("SSEC",from="2010-07-01",to="2020-07-31")      #起止时间可以设定
> head(SSEC,3)    #展示前 3 列
           000001.SS.Open 000001.SS.High 000001.SS.Low 000001.SS.Close
00001.SS.Volume  000001.SS.Adjusted
2010-07-01   2393.948   2410.769    2371.778   2373.792    50000     2373.792
2010-07-02   2371.323   2386.400    2319.739   2382.901    68400     2382.901
2010-07-05   2358.757   2378.088    2335.571   2363.948    48000     2363.948
> write.csv(SSEC,file=" SSECindex.csv")  #将 SSEC 数据保存至 SSECindex.csv
```

如果不设定起止时间参数，默认为 2007 年 1 月 1 日至操作时的系统时间。我们关心的是上证综指的收盘指数，因此只需要 Close 那一列数据。

```
> mydata=SSEC[,4]          #取第 4 列数据，000001.SS Close
> head(mydata)
          000001.SS.Close
2010-07-01        2373.792
2010-07-02        2382.901
2010-07-05        2363.948
2010-07-06        2409.424
2010-07-07        2421.117
2010-07-08        2415.150
> colnames(mydata) = "close"  #将数据列命名为 close
> head(mydata,3)
             close
2010-07-01  2373.792
2010-07-02  2382.901
2010-07-05  2363.948
> ls()    #展示目前工作空间中的数据
```

```
[1] "mydata" "SSEC"
> write.csv(SSEC,"E:/R/Rbook/SSEC.csv")  # 保存 SSEC 数据到当前的目录，并命名为 SSEC
```

至此，我们用 R 提供的程序包 quantmod 从雅虎网站抓取了上证综指的数据。同样地，也可以抓取中国股票市场的其他指数和个股数据。在抓取数据前，需要得到个股或指数在雅虎上的代码，一般来说，中国股市的个股数据为其代码加上后缀.SS 或.SZ（.SS 表示来自上海证券交易所，.SZ 表示来自深圳证券交易所）。比如茅台股票代码为 600519，将上述代码的“000001.SS”换成“600519.SS”就可以下载茅台个股的价格数据，而换成“000001.SZ”将下载平安银行的价格数据。

下面将通过一个具体例子来展示时间序列处理的步骤和方法。

上述得到了股指的价格数据，价格一般不是平稳的时间序列数据。经过一阶差分后得到的收益率数据，才是我们日常分析、预测所需要的平稳时间序列数据。常用的时间序列模型都要求随机变量是二阶矩平稳的，价格数据经过差分转换、对数转换为收益率后，就可以变成平稳的序列。同样地，quantmod 也提供收益率的计算方法。quantmod 的内置包 tidyreturn 可以计算各种频率的收益率，包括日、周、月、季度、年收益率。具体如下。

dailyReturn：日收益率。

weeklyReturn：周收益率。

monthlyReturn：月收益率。

quarterlyReturn：季度收益率。

annualReturn：年收益率。

执行以下语句，便可得到上证综指的月收益率，2010 年 7 月—2020 年 7 月的收益率。

```
> returnMonth=monthlyReturn(mydata)  #计算月收益率
> head(returnMonth,3);tail(returnMonth,3)  #展示前 3 行和后 3 行数据
           monthly.returns
2010-07-30    0.1110926900
2010-08-31    0.0004910577
2010-09-30    0.0063892205
           monthly.returns
2020-05-29    -0.002703054
2020-06-30     0.046390853
2020-07-30     0.101233147
> write.csv(returnMonth,file="monthlyreturns.csv")   # 保存计算出的月收益率
```

需要注意的是，用 quantmod 抓取的是 xts 型数据。若直接用 write.csv 保存，在 CSV 文件中打开后日期数据会消失，取代的是序号 1、2、3……，要想在 CSV 文件中保留日期数据，需要在保存前进行数据转换。

```
> returnMonthnew=as.data.frame(returnMonth)       #将月收益率换成数据框数据
> write.csv(returnMonthnew,file="monthlyreturn.csv") #将数据框数据存为月收益率文件
```

也可以直接用以下语句。

```
> write.csv(as.data.frame(returnMonth),file="monthlyreturn.csv")
```

在工作目录里，就得到一个 monthlyreturn.csv 的文档。

10.3 时间序列数据的基本统计分析

在获取基本数据后，我们需要对上证综指进行基本的统计分析，以了解上证综指在近 10

年的走势和基本的收益率、波动情况。多数金融研究针对的是资产收益率而不是资产价格。主要是由于：第一，对大多数投资者来说，资产收益率体现了投资机会，并且与规模无关，是更好的观测指标；第二，收益率比价格有更好的统计性质，更适用于建模、预测。因此，我们需要将上证综指收盘价格处理为收益率。计算收益率有多种方式，比较常用的是简单收益率，计算方式如下。

$$R_t = \frac{P_t}{P_{t-1}} - 1 = \frac{P_t - P_{t-1}}{P_{t-1}}$$

这是单期简单收益率，t 可以为天、周、月、季度、年等周期。除此以外，在计算资产收益率时，也常用对数收益率（log returns），用 r_t 表示，计算方式如下。

$$r_t = \ln(1+R_t) = \ln\left(\frac{P_t}{P_{t-1}}\right) \tag{10-1}$$

$\ln(x)$表示自然对数，即以 e 为底的对数。对数收益率比简单的收益率更为常用，因为对数收益率有良好的数学性质。

首先，当 x 很小（小于 10%）时，$\ln(x)$和 x 很接近，而资产价格收益率通常较小。

其次，使用对数收益率，可以简化多阶段收益率，多期总的对数收益率就是每一期的对数收益率的加总。

最后，在绘图时，对数收益率更加符合收益率的真实表现，如果单纯看股票价格，会产生价格变动过大的直观偏差。

在统计分析时，矩提供了变量的分布信息，有助于我们更好地了解随机变量的特征。

一阶矩为均值或期望，度量了 X 分布的中心位置情况，记为 μ_x。

二阶矩为方差，度量了 X 的变化程度，记为 σ_x^2。方差的正平方根 σ_x 为标准差。

三阶矩为偏度，度量了 X 关于均值的对称性，记为 $S(x)$。在统计学上，一般对三阶矩进行标准化，即衡量 X 分布与正态分布的差异。

四阶矩为峰度，度量了 X 的尾部厚度，记为 $K(x)$。$K(x)-3$ 叫作超额峰度，因为正态分布的峰度等于 3，如果随机变量有正的超额峰度，则此分布具有厚尾性，说明该分布在尾部比正态分布更具有"质量"，也意味着这样分布的随机变量具有更多的极端值。

正态分布由它的前两阶矩决定，其他分布则需要结合三阶矩、四阶矩进行判断。

```
> library(timeSeries)
> temp=read.csv("closingprice.csv")    #closingprice.csv 为上证综指的收盘价
> head(temp,3)
           X     close
1 2010-07-01  2373.792
2 2010-07-02  2382.901
3 2010-07-05  2363.948
```

xts 型数据有特殊的存储特征，为了方便后续分析，我们需要将 data.frame 数据转化为 xts 型数据。

```
> price=as.timeSeries(as.matrix(temp[,2]),as.Date(temp[,1]))
#将 data.frame 数据转化为 xts 型数据，as.Date 指定第一列为时间变量
> colnames(price)="Clsep"     #将数据列命名为 Clsep
> head(price,3)
GMT
```

```
              Clsep
2010-07-01  2373.792
2010-07-02  2382.901
2010-07-05  2363.948
```

整理完数据后，需要对数据进行一些基本的统计分析，例如描述性统计分析、正态性检验等。fBasics 程序包提供了大量的统计函数，下面将结合 fBasics 程序包介绍一些基本的统计分析方法。

```
> install.packages("fBasics")     #安装 fBasics 程序包
> library(fBasics)                #将 fBasics 程序包加载至工作空间
> returns=diff(log(price))*100    #用价格计算收益率，并放大 100 倍
> returns=returns[-1,]            #删除第一行，由于用差分计算收益率，第一行变为 NA 值
> colnames(returns)="Ret"
> head(returns,3)
GMT
                  Ret
2010-07-02  0.3829929
2010-07-05 -0.7985500
2010-07-06  1.9054643
> basicStats(returns)          #fBasics 程序包的内置函数，可查看数据集 returns 基本的统计量
                    Ret
nobs        2449.000000
NAs            2.000000
Minimum       -8.873172
Maximum        5.603560
1. Quartile   -0.564150
3. Quartile    0.639874
Mean           0.013464
Median         0.058288
Sum           32.945307
SE Mean        0.027656
LCL Mean      -0.040769
UCL Mean       0.067696
Variance       1.871652
Stdev          1.368083
Skewness      -0.945896
Kurtosis       6.353469
```

显示结果中的 LCL Mean 和 UCL Mean 是在 95%的置信水平下计算的变量均值的下界和上界，如果需要其他置信水平，如 90%，可以改为 basicStats(returns,0.90)。同样地，R 的内置函数 summary()也可以提供丰富的统计分析，如下所示。

```
> summary(returns)
          Ret
 Min.    :-8.87317
 1st Qu.:-0.56415
 Median : 0.05829
 Mean   : 0.01346
 3rd Qu.: 0.63987
 Max.   : 5.60356
 NA's   :2
> sqrt(var(returns))     #计算 returns 的标准差
```

```
     Ret
Ret   NA
```

返回NA是因为数据集returns里也存在NA值。可以利用na.omit()函数删掉数据集里的NA值。

```
> newreturns=na.omit(returns)     #newreturns为去掉了NA值的收益率序列
> summary(newreturns)
         Ret
 Min.   :-8.87317
 1st Qu.:-0.56415
 Median : 0.05829
 Mean   : 0.01346
 3rd Qu.: 0.63987
 Max.   : 5.60356
> var(newreturns)           #方差
         Ret
Ret 1.871652
> sqrt(var(newreturns))     #标准差
         Ret
Ret   1.368083
> skewness(newreturns)      #偏度
[1] -0.9458959
attr(,"method")
[1] "moment"
> kurtosis(newreturns)      #峰度
[1] 6.353469
attr(,"method")
[1] "excess"
> write.csv(newreturns,file="SSECreturns.csv") #将returns文件保存至SSECreturns.csv文档
```

删去NA值后，利用上述函数可以得到returns的相关统计量，如方差、标准差、偏度、峰度等。最后的attr()返回值“excess”表明returns是尖峰厚尾分布的。

fBasics包也提供了数据分布的正态性检验，最为通用的是normalTest()函数、method参数设定检验方法，有4个参数值（da、ks、jb、sw），默认值是ks，表示柯尔莫戈洛夫-斯米尔诺夫（Kolmogorov-Smirnov）单样本检验；sw表示夏皮罗-威尔克（Shapiro-Wilk）检验；jb表示加奎-贝拉（Jarque-Bera）检验；da表示达戈斯蒂诺（D'Agostino）检验。这些检验的原假设都是X符合正态分布。

Jarque-Bera正态性检验代码如下：

```
> normalTest(returns,method=c("jb"),na.rm=T)
Title:
 Jarque - Bera Normalality Test
Test Results:
  STATISTIC:
    X-squared: 4490.9687
  P VALUE:
    Asymptotic p Value: < 2.2e-16
```

Jarque-Bera正态性检验结果显示，p值小于2.2e-16，远远小于0，可以拒绝原假设，表明returns数据集X可以拒绝“符合正态分布”的原假设。也可以试试其他参数下的正态性检验，看看结果是否一致。

从历史经验来看，股票收益率很少符合正态分布，往往都具有尖峰厚尾的特征，且多为

偏 *t* 分布。从上证综指收益率的正态分布检验、峰度值（6.353469）也可以看出。

10.4 时间序列数据的绘图

R具有强大的绘图功能，可用于绘图的包和函数也很丰富，如ggplot2，也有不少书籍专门介绍R的绘图功能。本章的目的不在于展示R强大的视觉化效果，本章仅结合时间序列数据介绍一些常用的绘图函数。plot()是R语言中最基础、最常用的绘图函数之一。plot()可以根据图形类型和展示要求，通过参数设置图形的大小、样式、颜色等特征。

在绘图前，需要先加载数据并进行预处理，并且加载相应的包。时间序列的绘图主要使用程序包xts和xtsExtra。与其他数据不同，时间序列数据具有时间刻度，在绘图时，可以将时间刻度也呈现出来，有助于展示资产价格、收益率随时间的动态变化。我们首先使用10.2节中通过quantmod抓取的上证综指数据（已存入SSECindex.csv文档）。

```
> library(xts)
> temp=read.csv("SSECindex.csv",header=T)  #读取数据
> head(temp,3)
       Date    Open     High      Low      Close    Volume
1 2010/7/1  2393.948  2410.769  2371.778  2373.792  50000
2 2010/7/2  2371.323  2386.400  2319.739  2382.901  68400
3 2010/7/5  2358.757  2378.088  2335.571  2363.948  48000
> y=temp[,5]  #取出第5列数据收盘价
> plot(y,type="l",col="blue",ylab="close",xlab="number",main="上证综指收盘价")
#得到图10-1
> grid()     #为图加上网格线，不需要可省略
> dat=as.xts(temp[,-1],as.Date(temp[,1]))  #将数据转化为xts格式，dat与y的数据一样
> plot(dat[,4],type="l",col="green",yax.loc="left",main="上证综指收盘价")
#得到图10-2
> Sys.setlocale(category="LC_ALL",locale="English_United States.1252")
#将字体环境变为英文，R重启后可恢复系统的语系和环境
> plot(dat[,4],type="l",col="red",yax.loc="left",main="上证综指收盘价",format.labels=
'%y-%m-%d')        #得到图10-3，format.labels将x轴的时间刻度标签变为“年-月-日”的格式
```

需要注意的是，转化为xts数据格式后的dat只有5列，第一列是“Open”，“Date”已经被存储为时间格式，而在temp中第一列为Date。因此，在后续绘图时，dat[,4]是“Close”。图10-1、图10-2、图10-3都是上证综指的收盘价，区别在于 *x* 轴的刻度。图10-1中，*y* 只是一个向量，所以 *x* 轴无时间刻度，*x* 轴代表个数。在图10-2中，通过xts转换后，*x* 轴刻度变成了日期；在图10-3中，将 *x* 轴刻度变为英文环境下的yy-mm-dd，这样可以避免中、英混排造成的“混乱”。

plot()内置了丰富的参数，可以通过修改参数为图添加不同的元素，修改成想要的格式。具体可通过help(plot)得到帮助。

时间序列数据可以直接绘制直方图、核密度图、QQ图等，为方便查看，可以借助par()函数将多个图放在绘图面板中一同展示。par()是比较常见的绘图函数，内有多个参数选项，比如mfrow（设定多图下绘图面板的排列）、mar（设定内边界的排列）、mgp（设定轴标题、轴标签、轴线的边界线），更多细节内容可通过help(par)查阅。运行下列程序后，可得到图10-4所示的常用时间序列图。

```
> par(mfrow=c(2,2),mar=c(4,4,2,2)+0.1,mgp=c(2.5,1,0))
```

```
> plot(density(y),col="blue",main="核密度图")
> qqnorm(y,pch=19,col="brown",main="Q-Q 图")   #pch 为线条类型
> hist(y,pch=19,col="lightpink",main="直方图")
> boxplot(y,col="green",main="箱形图")
> par(opar)
```

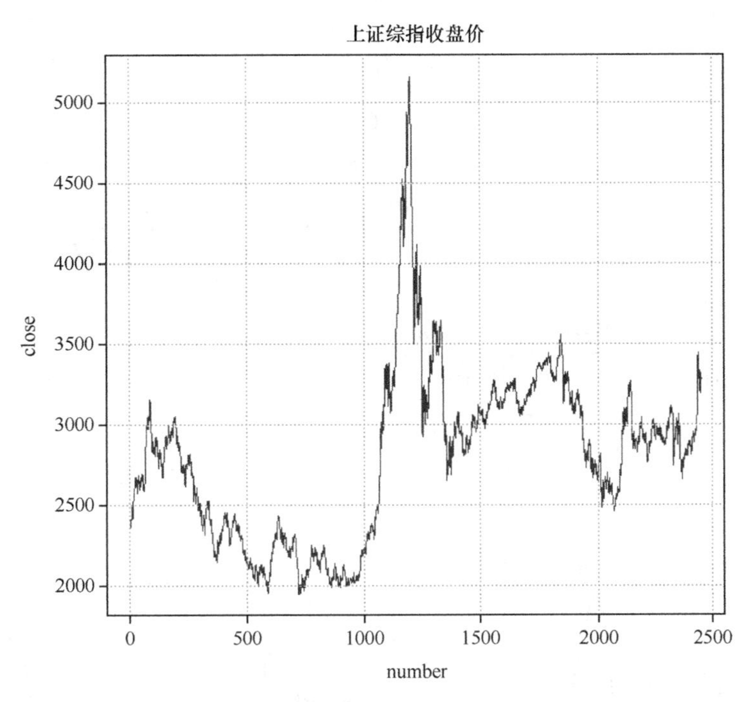

图 10-1　无时间刻度的上证综指时序图

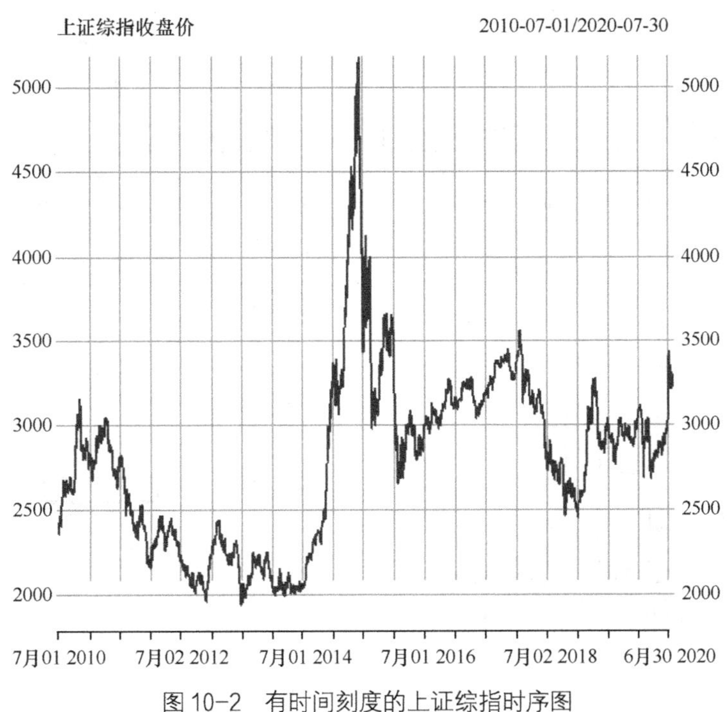

图 10-2　有时间刻度的上证综指时序图

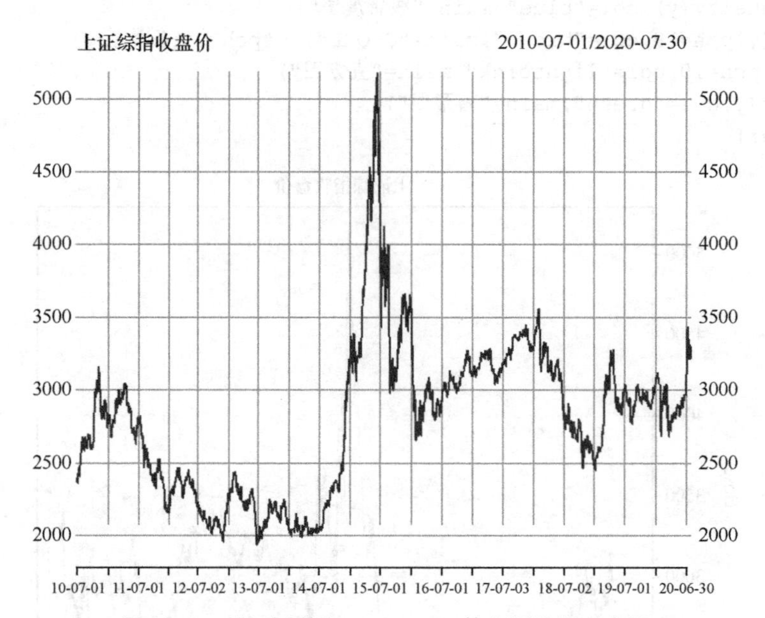

图 10-3　时间刻度为 yy-mm-dd 的上证综指时序图

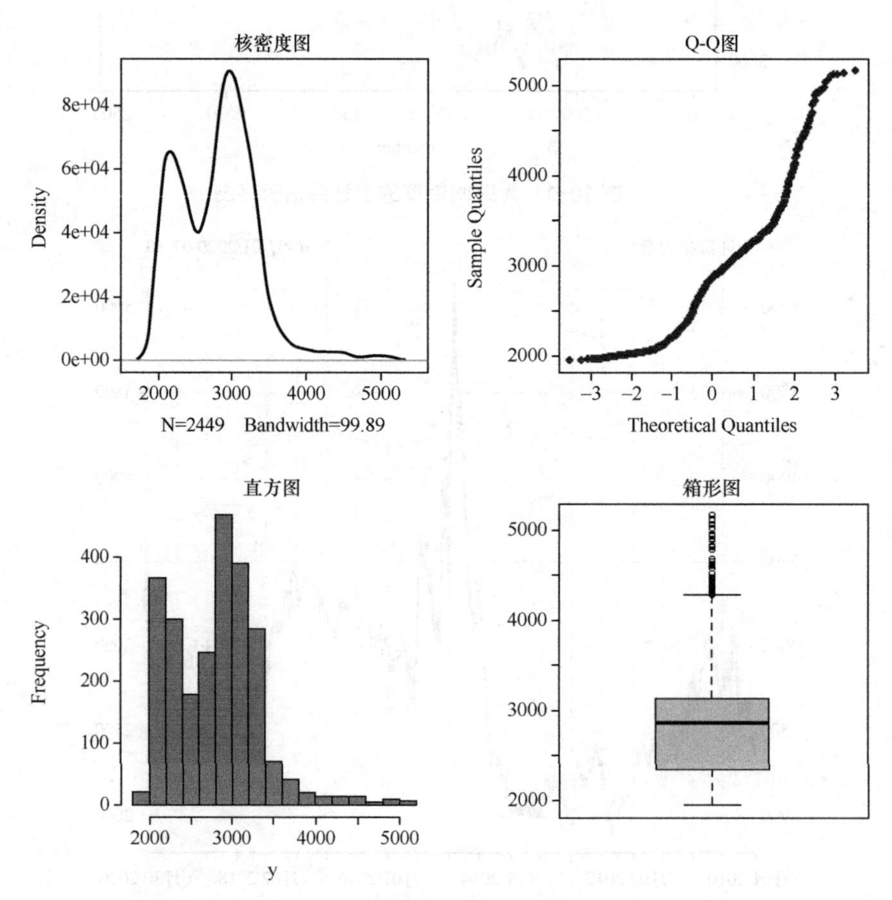

图 10-4　常用时间序列图

10.5　时间序列数据的基本特征：自相关、平稳性、白噪声

把资产收益率（本书中用对数收益率 r_t）视为随时间变化的一列随机变量，继而得到一个时间序列$\{r_t\}$。本节讨论线性时间序列的一些基础性概念，如自相关性、偏自相关性、白噪声和平稳性，以及 R 语言中的简单实现。

研究变量与其过去值的相关系数对于理解时间序列具有重要意义。这些相关系数被称为序列相关（serial correlation）系数、自相关（autocorrelation）系数，它们是研究平稳时间序列的基本工具。

1. 自相关性

相关性是指两个随机变量之间的相依性，可以用相关系数表示。同样，我们也可以用自相关系数来考虑 r_t 与它的过去值 r_{t-1} 之间的相依性。时间序列的自相关性是进行建模、分析的前提，如果时间序列无自相关，意味着未来值与现在值、过去值没有联系，根据过去信息来预测未来就没有合理性。时间序列的自相关一般用自相关系数函数、偏自相关系数函数来检验。

自相关系数（Autocorrelation Coefficient，ACF）本质上是相关系数，值为协方差与方差的比值，k 阶自相关系数可以写为：

$$ACF_k = \frac{\mathrm{Cov}(X_t, X_{t-k})}{\mathrm{Var}(X_t)} \tag{10-2}$$

偏自相关系数（Partial Autocorrelation Coefficient，PACF）是条件自相关系数，可以通过自回归模型来获得，即

$$PACF_k = \mathrm{Corr}(X_t, X_{t-k} \mid X_{t-1}, X_{t-2}, \cdots, X_{t-k+1}) \tag{10-3}$$

自相关系数、偏自相关系数越大，说明过去对现在的也就影响越大。R 语言中的操作如下所示。

```
> returns=read.csv("SSECreturns.csv",header=T)
> acf(returns,main="ACF of SSEC returns")        #自相关系数图，如图 10-5 所示
> pacf(returns,main="PACF of SSEC returns")      #偏自相关系数图，如图 10-6 所示
```

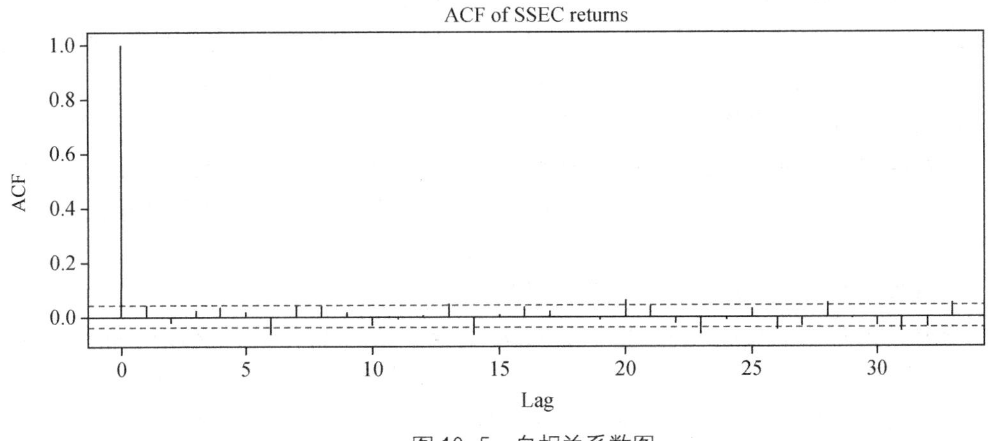

图 10-5　自相关系数图

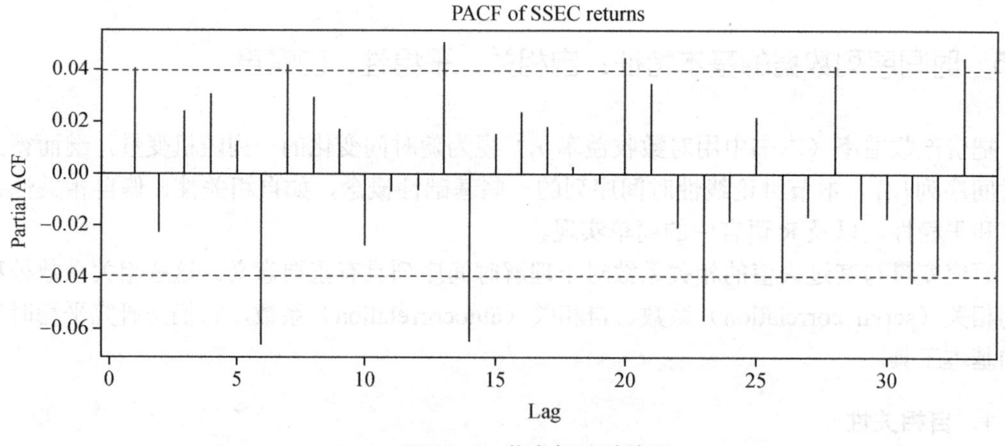

图 10-6 偏自相关系数图

数据集 returns 为处理好的上证综指的收益率数据（同 10.3 节）。用 R 计算自相关系数和偏自相关系数时，默认的滞后期为 30（lag 值为 30），可通过参数 lag 选择想要的滞后期数。

```
> corr=acf(returns,lag=10);corr
Autocorrelations of series 'returns', by lag
     0      1      2      3      4      5      6      7      8      9     10
 1.000  0.041 -0.021  0.022  0.033  0.014 -0.065  0.037  0.037  0.016 -0.029
```

得到了滞后期为 10 时的自相关系数，0 阶滞后表示对自己的自相关系数，值为 1。在其他滞后期，若自相关系数都在 95%虚线内的置信区间里，表明在滞后期 0 时的自相关系数都很小。

2．平稳性

平稳性是时间序列分析的基础。平稳性就是要求样本时间序列中的特征在未来一段时期内能沿着现有形态持续下去。只有基于平稳时间序列的预测才是有效的。金融时间序列难以预测的一个原因是变量经常发生突变，不是平稳的时间序列。

平稳性又有严平稳（strictly stationary）和弱平稳（weak stationary）之分。严平稳要求时间序列随着时间推移，统计性质保持不变，其联合概率密度函数需要满足一定的条件。这是一个很强的条件，日常建模中难以用经验方法验证。弱平稳则放宽了条件，只要求低阶矩平稳，即一阶矩（均值）和二阶矩（方差）不随时间和位置变化。只要有足够多的历史观测值，就可以通过多个子样本来验证序列的弱平稳性。通常假定时间序列满足弱平稳条件，也可以用来预测未来值。

判断时间序列是否平稳，通常有以下 3 种方法。

（1）观察时间序列图，弱平稳时间序列的均值、方差为常数，因此时间序列会围绕某一均值波动，并且波幅大致相同。如果存在明显的增减或周期性波动，则可能存在某种趋势，不是平稳序列。

（2）观察时间序列的自相关图、偏自相关图。平稳序列的自相关系数、偏自相关系数一般会快速降低至 0 附近或者在某一阶后变为 0，而非平稳时间序列的自相关系数则下降缓慢。

（3）单位根检验。根据（1）、（2）中的图形判断具有一定的主观性，通过单位根检验可以客观考察时间序列的平稳性。常见的单位根检验有 DF 检验、ADF 检验、PP 检验。

R 语言提供了多种方法进行平稳性检验，时序图、自相关系数图、偏自相关系数图已经在前面有所展示。下面介绍R语言的单位根检验。

```
> library(tseries)
> adf.test(returns)    #ADF 检验
            Augmented Dickey-Fuller Test
data:  returns
Dickey-Fuller = -13.28, Lag order = 13, p-value = 0.01
alternative hypothesis: stationary
> pp.test(returns)  # PP 检验
            Phillips-Perron Unit Root Test
data:  returns
Dickey-Fuller Z(alpha) = -2373.2, Truncation lag parameter = 8, p-value = 0.01
alternative hypothesis: stationary
```

R语言中有多个程序包提供了单位根检验，如urca、fUnitRoots、tseries。本书中用的是tseries程序包中的adf.test()和pp.test()，ADF检验的备择假设（alternative hypothesis）为序列平稳，那么原假设为不平稳（存在单位根）。返回的p值为0.01，拒绝原假设，接受备择假设，表明returns序列不存在单位根，是平稳的。同样地，PP检验也得到了同样的结论，returns是平稳的。

需要注意的是，我们的数据集是收益率，是价格的一阶单整。收益率一般是平稳的，而价格往往不平稳。在实际应用中，往往对价格差分得到收益率数据，变成平稳序列。

除此以外，也有不少学者提出了其他的单位根检验方式，如ERS单位根检验、KPSS单位根检验、ZA单位根检验（优点是可以检验具有结构变动点的单位根检验），这3个单位根检验均可在程序包urca中进行，可见于函数ur.ers（ERS单位根）、ur.kpss（KPSS单位根）、ur.za（ZA单位根），具体用法可用help()查阅。

3. 白噪声

如果序列是随机游走（randomly walk）的，意味着它的新变化是无迹可寻、没有规律的，因此也无法捕捉到对预测未来有用的信息。纯随机游走的时间序列没有分析的价值，也不可能用于预测。检验时间序列是否为纯随机序列也是建模分析前的重要过程。一般用LB方法Ljung-Box检验进行统计检验。

如果时间序列$\{r_t\}$是具有有限均值、有限方差的独立同分布的随机变量序列，那么该序列就是一个白噪声序列。更进一步，如果$\{r_t\}$是均值为0、方差为σ^2的正态分布，则$\{r_t\}$为高斯白噪声，其自相关函数为0。因此，可以利用白噪声的这个特性来检验一个时间序列是否为白噪声序列。可以通过以下步骤来进行白噪声检验。

（1）画出时序图，观察时间序列的均值、方差情况。

（2）验证时间序列的相关性，即画出自相关系数图。观察偏自相关系数图中的自相关系数的分布情况。

（3）统计检验，常用的有Ljung-Box检验、Box-Pierce检验（又称Q检验）、BG检验。R语言均可实现这些检验。

```
> Box.test(returns,type="Ljung-Box")
            Box-Ljung test
data:  returns
X-squared = 4.0359, df = 1, p-value = 0.04454
```

Ljung-Box检验的原假设是样本总体的自相关系数为0（样本是白噪声序列）。returns检验返回的p值为0.044，在5%的置信水平内可以拒绝原假设，returns不是白噪声。收益率原始数据一般不是白噪声，需要通过一定的模型和方式过滤掉有规律的部分，得到的扰动项（innovation）就为白噪声了。还可以通过 AR、MA、ARMA 等模型将有规律的部分过滤掉，回归后的残差项也一般是白噪声序列。所以在具体的金融时间序列建模或分析过程中，需要注意是对原始序列的白噪声检验，还是回归后的残差序列的检验。对回归后残差项的检验，可以用来判断模型拟合是否充分，是否将有用信息提取出来。一般来说，只有回归残差项为白噪声的模型，才是可用的。

```
> Box.test(returns,type="Box-Pierce")
            Box-Pierce test
data:  returns
X-squared = 4.0309, df = 1, p-value = 0.04467
```

同样地，Box-Pierce 检验的统计值也表明在 5%的置信区间里，returns 不是白噪声序列。如果原始时间序列是白噪声序列，说明它是随机游走的，没有研究价值。如果检验股票收益率序列是白噪声序列，这是我们不愿意看到的。在这个例子中，上证综指收益率序列不是白噪声序列，可以继续建模，以捕捉收益率序列里的有用信息。

10.6 线性时间序列模型：AR、MA、ARMA

在对时间序列数据进行建模前，需要检验时间序列的基本特征，如自相关、平稳性、白噪声等，确定时间序列是存在自相关的、平稳的非白噪声序列，这样的时间序列数据才有研究价值，才有建模分析的必要。

经过上述检验预处理，我们发现 2010 年 7 月 1 日—2020 年 7 月 30 日的上证综指收益率序列，存在自相关和偏自相关，并且是平稳的非白噪声序列。接下来，我们将运用经典的时间序列模型对此进行建模分析。

平稳时间序列的线性模型主要包括 3 类：自回归（autoregressive，AR）模型、滑动平均（moving average，MA）模型、混合的自回归滑动平均（autoregressive moving average，ARMA）模型，它们有各自的适用范围和条件。

（1）在 AR(p)模型中，x_t 的变化主要与其历史数据有关，与其他因素相关性很低。AR 是用时间序列的历史数据的线性组合来表达当前预测值。

（2）在 MA(q)模型中，x_t 的变化主要来自历史数据中的干扰项，所以说 MA 是用过去各个时期的随机干扰或预测误差的线性组合来表达当前预测值。

（3）在 ARMA(p,q)模型中，x_t 的变化与历史数据、随机干扰都相关，是比较常用的时间序列模型。在实际应用中，ARMA 的建模工作主要是确定 p、q 数值。

事实上，平稳时间序列的建模分析过程中包括以下 4 步。

第一步：模型识别。根据自相关系数、偏自相关系数来判断适合哪类模型。

第二步：模型估计。估计模型中的参数，常见的估计方法有最小二乘估计、极大似然估计、非线性估计、矩估计等。

第三步：模型检验。包括模型的显著性检验及参数的显著性检验，如果模型检验不通过，需要根据 AIC、BIC 准则对模型进行优化。

第四步：模型预测。这是分析时间序列数据的主要目的，一般通过样本内、外预测来判断预测效果，从而选出最佳拟合模型，并得到未来预测值。

在处理时间序列建模时，我们可以通过观察时间序列的特征来确定 ARMA 中的 *p* 和 *q* 的值，但 R 语言也提供了自动识别选出最适合阶次的包和函数。程序包 forecast ARIMA 具有这个功能。下面介绍 forecast 应用。

```
> library(forecast)
> estARIMA=auto.arima(returns,ic="aic")  # AIC 准则下自动匹配出最佳的 ARIMA
> names(estARIMA)   #查看 auto.arima()的返回值，返回值包括系数、残差、AIC 等对象
 [1] "coef" "sigma2" "var.coef" "mask" "loglik" "aic" "arma" "residuals" "call"
[10] "series" "code" "n.cond" "nobs"  "model" "bic" "aicc"  "x"   "fitted"
> summary(estARIMA)
Series: returns
ARIMA(1,0,1) with zero mean
Coefficients:
          ar1     ma1
      -0.8814  0.9147
s.e.   0.0489  0.0416
sigma^2 estimated as 1.863:  log likelihood=-4232.63
AIC=8471.26   AICc=8471.27   BIC=8488.67

Training set error measures:
              ME          RMSE      MAE       MPE       MAPE      MASE       ACF1
Trainingset 0.01319802  1.364487  0.9165043  95.84265  123.2227  0.6847733  0.0114254
```

从结果可以看出，最适合 returns 的模型是 ARMA(1,1)。整合滑动平均自回归（autoregressive integrated moving average，ARIMA）模型中的 I 是 integrated 的缩写，用差分形式处理非平稳时间序列。此处 I=0，说明 returns 是平稳时间序列。

从 names()可以看出，auto.arima()返回了 18 个对象，如果想单独保存或使用某个返回值，可用 estARIMA$××获得，如需要取出残差项进行 ARCH 效应检验，estARIMA$coef 得到了模型估计的系数，estARIMA$residuals 得到的就是模型估计后的残差。如果需要的话，可以用 write.csv 存储起来，也可以用 save.image()存储整个工作空间。

10.7 GARCH 模型的建立与应用

ARMA 是基于平稳序列的一阶矩（均值）进行建模的。在金融研究中，也有不少文献针对平稳序列的二阶矩（方差）进行建模分析。资产收益率的波动也是金融从业者和研究者关注的重要变量之一。金融资产的波动率不可直接观测，但它们具有一些普遍的特征，如波动率聚集（volatility cluster）。对资产收益的波动率的建模能够改进参数估计的有效性和区间测度的精确性。

广义自回归条件异方差（generalized autogressive conditional heteroscedasticity，GARCH）模型是经典的波动率模型。该模型认为，在一定时期内，回归残差的平方具有聚集现象，残差的平方隐含着序列相关。金融时间序列往往表现出尖峰、厚尾、异质性波动的特征，考虑到时间序列的分布特征，GARCH 族现在相当丰富，包括求和 GARCH、门槛 GARCH、指数 GARCH、幂 GARCH、非对称 GARCH 等。R 语言也有相应的程序包来拟合 GARCH 模型。tseries 包可以处理简单的 GARCH 模型（只提供正态分布下的 GARCH 模型），表 10-3 整理了 R 语言中可以处理 GARCH 的程序包。

表 10-3　　GARCH 模型估计的程序包

程序包	主要用途
tseries	提供可估计正态分布下的 GARCH(1,1)
fGarch	提供多种分布下的标准 GARCH 模型估计
rugarch	提供单变量下的 GARCH 族模型估计
rmgarch	提供多变量 GARCH 族模型估计
betategarch	提供 Beta-t-GARCH 模型估计
bayesGARCH	提供 *t* 分布下贝叶斯 GARCH 估计
gogarch	提供正交 GARCH 模型估计
gets	提供 log-volatility 下的 GARCH 模型估计
lgarch	提供 log-GARCH 模型估计

tseries、fGarch、rugarch 程序包在估计 GARCH 上的区别在于：tseries 只能估计正态分布下的标准 GARCH，分布模型、均值方程、方差方程都无法自行设定；fGarch 可以估计不同分布模型下的标准 GARCH，分布模型可选，不可设置均值方程，可设置方差方程，但无法估计求和 GARCH、门槛 GARCH 等；rugarch 最为灵活，分布模型、均值方程、方差方程均可选，且可以估计不同的 GARCH 模型，还可以在均值方程、方差方程中加入外生变量，rugarch 在估计单变量 GARCH 方面最为实用。表 10-4 简要概括了这 3 个包的区别。

表 10-4　　单变量 GARCH 估计程序包的功能区别

程序包	残差的概率分布	均值方程	方差方程	GARCH 族	外生变量
tseries	正态分布	ARMA(0,0)	GARCH(1,1)	不可选	不可加
fGarch	可选	不可设定	可设定	不可选	不可加
rugarch	可选	可设定	可设定	可选	可加

在处理单变量 GARCH 上，rugarch 功能强大。我们先用 fGarch 程序包估计一个可选分布的标准 GARCH，然后用 rugarch 估计一个其他类型的 GARCH，并比较异同。在拟合 returns 的 GARCH 模型中，均值方程为 ARMA(1,1)（根据 10.6 节可知），拟合后对回归残差进行 ARCH 效应检验。

1. ARCH 效应检验

```
> library(MTS)
> fit.arma=arima(returns,order=c(1,0,1))
> names(fit.arma)      # 查看 arima()返回的结果
 [1] "coef"       "sigma2"     "var.coef"  "mask"       "loglik"     "aic"
 [7] "arma"       "residuals" "call"       "series"     "code"       "n.cond"
[13] "nobs"       "model"
> archTest(fit.arma$resid)
Q(m) of squared series(LM test):
Test statistic:  763.8011  p-value:  0
Rank-based Test:
Test statistic:  399.7098  p-value:  0
```

archTest()默认滞后期为 10，在确定了合适的均值方程后，我们不确定方差方程的模型，并且也需要检验残差是否具有 ARCH 效应。在拟合均值方程后，将回归对象保存起来，借用语法调用模型的残差，如 fit.arma$resid，取出 ARIMA 拟合后的残差项。再用 archTest()检验残差序列是否具有 ARCH 效应，根据返回的 p 值，显著拒绝了“无 ARCH 效应”的原假设，说明仅对收益率序列建立线性方程是不足以提取全部有用信息，有建立方差方程的必要。在进行 ARCH 效应检验时，对均值方程的拟合不一定要求最优，能匹配常见的 AR(1)、ARMA(1,1)即可，因为 ARCH 效应不会因线性匹配（均值方程）而消失。

我们也可以试一下对原始 returns 数据进行 ARCH 效应检验。

```
> archTest(returns)
Q(m) of squared series(LM test):
Test statistic:  748.5268  p-value:  0
Rank-based Test:
Test statistic:  389.248   p-value:  0
```

无论是对拟合后的线性方程的残差，还是对原始数据进行 ARCH 效应检验，所得结果都一样，表明上证综指收益率时间序列具有显著的波动聚集现象（ARCH 效应）。在 GARCH 建模时，虽然我们关心方差方程，对均值方程的要求不如在 ARMA 建模时那么高。不过合理的做法是，运用前文介绍的在 forecast 中自动适配出最优阶数，得到最优拟合的 ARMA 模型。

2. fGarch 包下的 GARCH 模型拟合

我们首先用 fGarch 包拟合标准的 GARCH(1,1)模型，但选择特定的概率分布。

```
> library(fGarch)
> y=returns
> t=nrow(y)
> distribution=c("std")  #设定残差的概率分布为 student t 分布
> myfit=garchFit(formula=~arma(1,1)+garch(1,1),data=y,cond.dist=distribution)
           #均值方程为 ARMA(1,1)，方差方程为 GARCH(1,1)，数据为 y(returns)
Series Initialization:
 ARMA Model:                 arma
 Formula Mean:               ~ arma(1, 1)
 GARCH Model:                garch
 Formula Variance:           ~ garch(1, 1)
 ARMA Order:                 1 1
 Max ARMA Order:             1
 GARCH Order:                1 1
 Max GARCH Order:            1
 Maximum Order:              1
 Conditional Dist:           std
 h.start:                    2
 llh.start:                  1
 Length of Series:           2447
 Recursion Init:             mci
 Series Scale:               1.368083
…【注：未展示完】
> summary(myfit)
Title:
 GARCH Modelling
Call:
 garchFit(formula = ~arma(1, 1) + garch(1, 1), data = y, cond.dist = distribution)
Mean and Variance Equation:
```

```
data ~ arma(1, 1) + garch(1, 1)
<environment: 0x0000000053e09768>
 [data = y]
Conditional Distribution:
 std

Coefficient(s):
        mu         ar1         ma1       omega      alpha1       beta1       shape
 0.080589   -0.904476    0.921465    0.010310    0.057377    0.941288    4.242807
Std. Errors:
 based on Hessian
Error Analysis:
        Estimate   Std. Error    t value    Pr(>|t|)
mu      0.080589    0.035057      2.299     0.0215 *
ar1    -0.904476    0.075659    -11.955     < 2e-16 ***
ma1     0.921465    0.067830     13.585     < 2e-16 ***
omega   0.010310    0.004045      2.549     0.0108 *
alpha1  0.057377    0.009290      6.176     6.56e-10 ***
beta1   0.941288    0.008472    111.110     < 2e-16 ***
shape   4.242807    0.389590     10.890     < 2e-16 ***
---
Signif. codes:  0 '***' 0.001 '**' 0.01 '*' 0.05 '.' 0.1 ' ' 1

Log Likelihood:
 -3742.263    normalized:  -1.529327
```

从估计结果来看，returns GARCH 模型估计结果为：

$$r_t = 0.081 - 0.904 r_{t-1} + 0.921 \varepsilon_{t-1} + \varepsilon_t$$

$$\sigma_t^2 = 0.010 + 0.057 \varepsilon_{t-1}^2 + 0.941 \sigma_{t-1}^2$$

注：上面结果取到小数点后三位。

在方差方程中，$\alpha + \beta = 0.998$，说明 returns 表现出较强的波动聚集现象。各个参数估计的 p 值都显著小于 5%，说明参数估计良好。模型估计后还需要对模型进行诊断，以检验拟合的模型是否良好，残差中的有用信息是否都被提取出来。这一部分将留在 rugarch 示范部分，因为 rugarch 提供了众多的检验工具。

```
> mysigam=volatility(myfit)    #提取出条件标准差存入 mysigma
> myresid=residuals(myfit,standardize=F)  #提取出残差存入 myresid
> plot(myfit)
Make a plot selection (or 0 to exit):

 1:   Time Series                                       2:   Conditional SD
 3:   Series with 2 Conditional SD Superimposed         4:   ACF of Observations
 5:   ACF of Squared Observations                       6:   Cross Correlation
 7:   Residuals                                         8:   Conditional SDs
 9:   Standardized Residuals                           10:   ACF of Standardized Residuals
11:   ACF of Squared Standardized Residuals            12:   Cross Correlation between r^2 and r
13:   QQ-Plot of Standardized Residuals
Selection:
```

在 Selection: 后输入数字就可以显示相应的图。比如输入 2 后，可输出图 10-7；输入 0

则退出图形绘制。在清楚图形的具体位置后也可以用以下语句直接输出相应的图形。

```
> plot(myfit, which=2)    #输出得到图 10-7 所示的 fGarch 估计下的条件标准差图
```

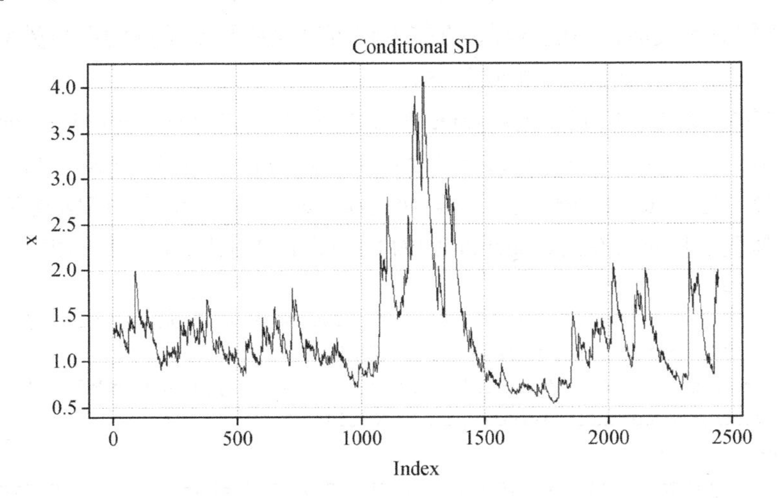

图 10-7 fGarch 估计下的条件标准差图

也可以通过以下语句一次性得到多张图。

```
> par(mfrow=c(2,2))       #得到 2×2 的画布
> plot(myfit,which=c(1,2,8,9))  #得到第 1、第 2、第 8、第 9 张图
> par(mfrow=c(1,1))       #将画布恢复为 1×1
```

返回得到图 10-8 所示的 fGarch 估计下的多图。如果想一次性得到 myfit 中的所有 13 张图，只需要设定“which="all"”。

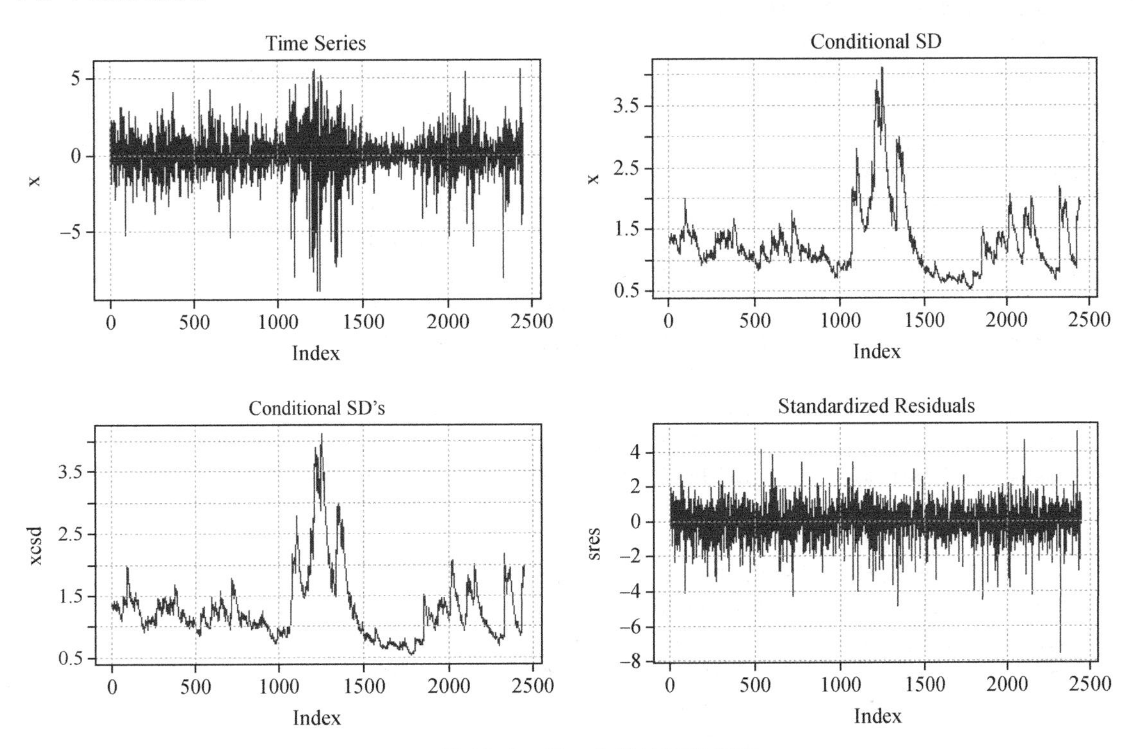

图 10-8 fGarch 估计下的多图

3．rugarch 包下的 GARCH 模型拟合

rugarch 模型更为灵活，均值方程、方差方程可以根据需要设置为不同类型。接下来，我们以 rugarch 包来示范拟合上证综指收益率。

rugarch 的参数设定自主性比较高，meanSpec 得到设定的均值方程形式，varSpec 得到设定的方差方程形式，distSpec 得到残差的概率分布，还有 snorm、ged、sged、std、sstd、nig 可供选择。本节选择的是“snorm”偏正态分布。通过 ugarchspec()将设定好的均值方程、方差方程、概率分布形式赋值给相应的参数。ugarchfit()为 GARCH 的估计函数，数据为 y(returns)。

```
> library(rugarch)
> meanSpec = list(armaOrder = c(1,1), include.mean = TRUE, archm = TRUE, archpow = 
1, arfima = FALSE, external.regressors = NULL)
> varSpec = list(model = "sGARCH", garchOrder = c(1,1),submodel = NULL, variance.
targeting = FALSE, external.regressors = NULL)
> distSpec = c("snorm")
> mySpec = ugarchspec(mean.model = meanSpec, variance.model = varSpec, distrib-
ution.model = distSpec)
> estGARCH = ugarchfit(spec = mySpec, data = y)
> estGARCH
*---------------------------------*
*          GARCH Model Fit        *
*---------------------------------*
Conditional Variance Dynamics
-----------------------------------
GARCH Model :  sGARCH(1,1)
Mean Model :  ARFIMA(1,0,1)
Distribution :  snorm

Optimal Parameters
------------------------------------
        Estimate  Std. Error   t value   Pr(>|t|)
mu      0.025576    0.059932   0.42675   0.669562
ar1    -0.793641    0.114629  -6.92359   0.000000
ma1     0.822577    0.106966   7.69008   0.000000
archm  -0.025774    0.057934  -0.44489   0.656402
omega   0.011943    0.003954   3.02017   0.002526
alpha1  0.068814    0.009085   7.57421   0.000000
beta1   0.927949    0.008909 104.15544   0.000000
skew    0.901381    0.019647  45.87897   0.000000

Robust Standard Errors:
        Estimate  Std. Error   t value   Pr(>|t|)
mu      0.025576    0.056065   0.45618   0.648258
ar1    -0.793641    0.099160  -8.00361   0.000000
ma1     0.822577    0.091164   9.02308   0.000000
archm  -0.025774    0.054095  -0.47646   0.633749
omega   0.011943    0.007690   1.55307   0.120407
alpha1  0.068814    0.019091   3.60444   0.000313
```

```
beta1    0.927949       0.018831  49.27789    0.000000
skew     0.901381       0.032597  27.65219    0.000000
LogLikelihood : -3858.199
```

与 fGarch 不同，在 rugarch 估计下会返回“Robust Standard Errors”（稳健标准误差）下的系数估计值。与“Optimal Parameters”下的估计系数差别不大，稳健标准误差估计是修正后的标准偏差，因此 p 值会略有不同。通常情况下，选用稳健标准误差估计下的系数进行讨论。根据估计，得到具体的模型估计方程为：

$$r_t = 0.026 - 0.794 r_{t-1} + 0.823\varepsilon_{t-1} + \varepsilon_t$$

$$\sigma_t^2 = 0.012 + 0.069\varepsilon_{t-1}^2 + 0.928\sigma_{t-1}^2$$

注：r_t、σ_t^2 中的数值取到上面结果的小数点后三位。

我们设定了 archm 估计，但系数不显著，因此得到的是偏正态分布下的 ARMA(1,1)-GARCH(1,1)模型。如果 archm 参数估计显著，均值方程将要写成不同的形式。Skew 是表示概率分布的参数。与 fGarch 估计下的结果相比，系数略有不同。

续 estGARCH 后面的估计结果，以下是 rugarch 提供的各种检验和模型诊断。

```
Information Criteria   【注：信息准则】
------------------------------------


Akaike       3.1600
Bayes        3.1789
Shibata      3.1599
Hannan-Quinn 3.1668

Weighted Ljung-Box Test on Standardized Residuals   【注：标准化残差的序列相关检验】
------------------------------------
                          statistic   p-value
Lag[1]                    0.8982      0.343276
Lag[2*(p+q)+(p+q)-1][5]   5.2051      0.001618
Lag[4*(p+q)+(p+q)-1][9]   7.4735      0.088788
d.o.f=2
H0 : No serial correlation

Weighted Ljung-Box Test on Standardized Squared Residuals
【注：标准化方差的序列相关检验】
------------------------------------
                          Statistic   p-value
Lag[1]                    0.9817      0.3218
Lag[2*(p+q)+(p+q)-1][5]   2.6517      0.4743
Lag[4*(p+q)+(p+q)-1][9]   4.0407      0.5820
d.o.f=2

Weighted ARCH LM Tests    【注：残差的 ARCH 效应检验】
------------------------------------
             Statistic Shape  Scale   P-Value
ARCH Lag[3]  1.724     0.500  2.000   0.1892
ARCH Lag[5]  2.672     1.440  1.667   0.3409
ARCH Lag[7]  3.378     2.315  1.543   0.4452
```

```
Nyblom stability test 【注：模型参数的稳定性检验】
------------------------------------
Joint Statistic:  1.4842
Individual Statistics:
mu     0.06019
ar1    0.17659
ma1    0.19119
archm  0.05397
omega  0.23906
alpha1 0.06687
beta1  0.10491
skew   0.23301

Asymptotic Critical Values (10% 5% 1%)
Joint Statistic:         1.89 2.11 2.59
Individual Statistic:    0.35 0.47 0.75

Sign Bias Test 【注：符号偏误检验】
------------------------------------
                   t-value   prob     sig
Sign Bias           0.4908   0.6236
Negative Sign Bias  1.0108   0.3122
Positive Sign Bias  0.7281   0.4666
Joint Effect        1.7554   0.6247

Adjusted Pearson Goodness-of-Fit Test: 【注：调整后的皮尔逊拟合度检验】
------------------------------------
    Group   statistic  p-value(g-1)
1    20     135.3      1.446e-19
2    30     158.3      9.387e-20
3    40     175.9      2.674e-19
4    50     196.2      1.663e-19

Elapsed time : 1.002506
```

标准化残差的序列相关检验、标准化方差的序列相关检验，都表明残差中不存在序列相关性，说明残差中不存在有用的信息，为白噪声序列。

在残差的 ARCH 效应检验中，p 值都远高于 1%，无法拒绝“无 ARCH 效应”的假设，说明 GARCH 模型后的残差中不存在显著的 ARCH 效应。

模型参数的稳定性检验（nyblom stability test）的原假设是“参数是稳定的”，在 5%的显著性临界值下，无论是联合检验还是单个检验，都无法拒绝原假设，说明参数是稳定的。

符号偏误检验（sign bias test）用于判断对冲击是否有正负残差的差异，结果表明不存在符号偏误。如果正负收益率对冲击有不同的反应，则应该采用非对称 GARCH。

调整后的皮尔逊拟合优度检验目的在于比较标准化残差的数据呈现出的分布和理论上的分布的差异性。如果 p 值很小，说明要拒绝“无差异性”的原假设。本估计中的分布是 snorm，p 值都远远小于 0，说明该模型匹配的 snorm 不是很好，需要选择其他的概率分布。

同样地，rugarch 也提供了多种多样的 plot 绘图。

```
> plot(estGARCH)
```

```
Make a plot selection (or 0 to exit):

 1: Series with 2 Conditional SD Superimposed  2: Series with 1% VaR Limits
 3: Conditional SD (vs |returns|)              4: ACF of Observations
 5: ACF of Squared Observations                6: ACF of Absolute Observations
 7: Cross Correlation                          8: Empirical Density of Standardized
                                                  Residuals
 9: QQ-Plot of Standardized Residuals         10: ACF of Standardized Residuals
11: ACF of Squared Standardized Residuals     12: News-Impact Curve
Selection: 1
```

选择1后得到图10-9，中间是原始returns数据、上下标线为两个单位条件标准差的时序图。

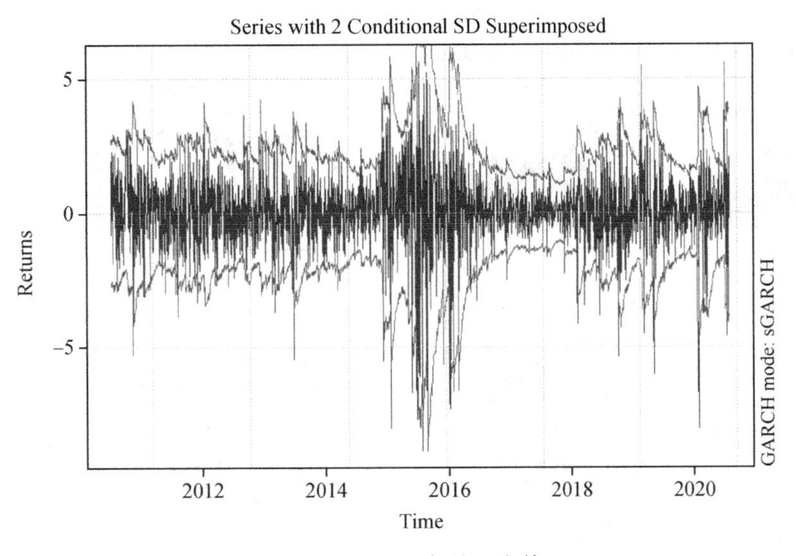

图10-9 rugarch包绘图中的1

也可以输入以下语句得到所有12个图，如图10-10所示。

```
> plot(estGARCH,which="all")
```

同样地，也可以取出estGARCH中收益率的标准差、回归后的残差、系数等，可用于构建检验统计量，也可用于后续的统计分析等。

```
> SIG=sigma(estGARCH)           #取出收益率的标准差存入SIG
> head(SIG)
                [,1]
2010-07-02 1.365274
2010-07-05 1.323715
2010-07-06 1.296961
2010-07-07 1.354000
2010-07-08 1.313326
2010-07-09 1.270771
> RESID=residuals(estGARCH)   #取出回归后的残差存入RESID
> head(RESID)
                 [,1]
2010-07-02  0.3926057
2010-07-05 -0.8013685
2010-07-06  1.9455201
```

```
2010-07-07  0.4115934
2010-07-08 -0.1854366
2010-07-09  2.2534833
```

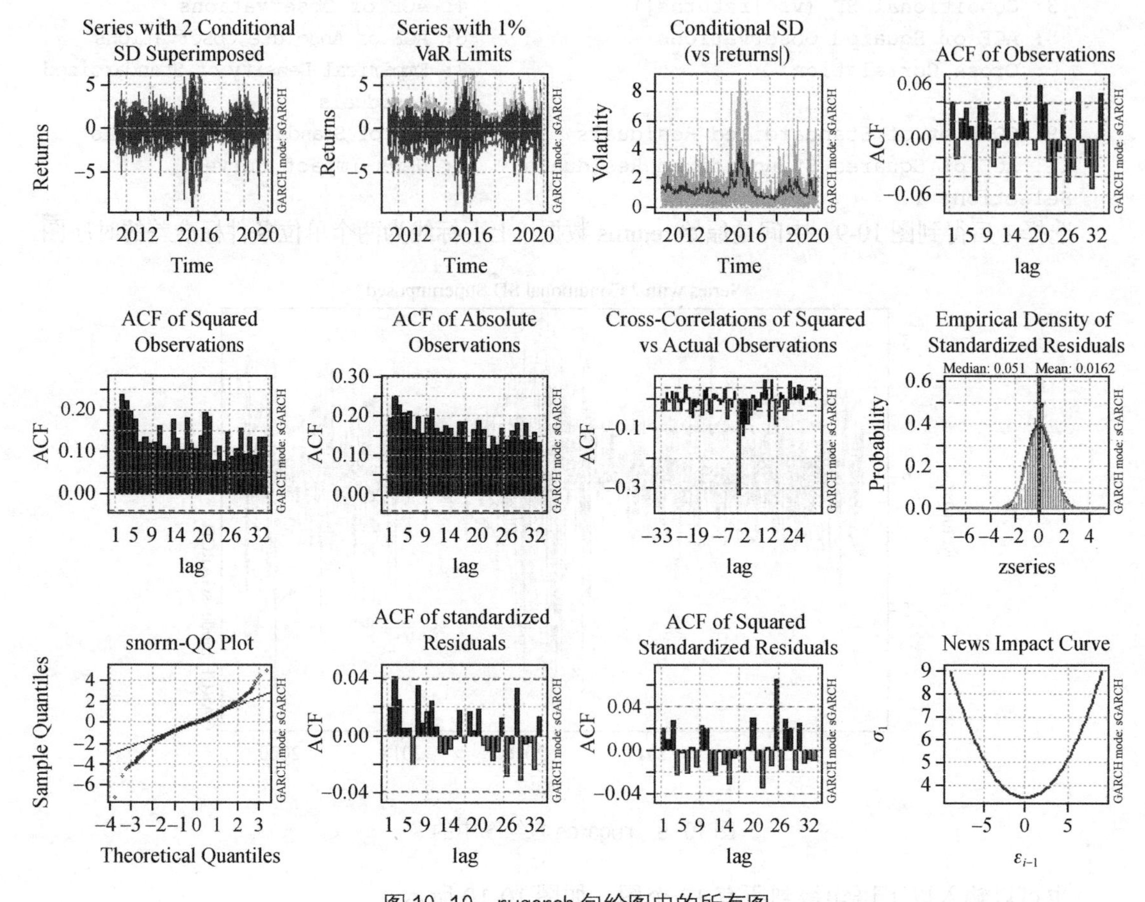

图10-10 rugarch包绘图中的所有图

除此以外，专门用于分析单变量时间序列的程序包 iClick 提供了很好的视觉化分析。内有 iClick.GARCH 功能，根据 8 种概率分布，一次性呈现均值方程、方差方程，有利于对比分析，并找到最适合的模型，利于初学者，也非常实用。

```
> library(iClick)
> meanEQ=list(AR=1,MA=1,Exo=NULL,autoFitArma=F,arfimaDiff=F,archM=F)
> garchEQ=list(type="sGARCH",P=1,Q=1,exo=NULL)
> iClick.GARCH(y,meanEQ,garchEQ,n.ahead=10)   #数据为y
```

输入上述语句后，会返回一个按钮版页面，如图 10-11 所示，每个概率分布下都有 GARCH 的估计结果。单击相应的按钮会呈现相应的估计结果和图形。

按图 10-11 中的“52.Goodness-of-fit”，R 控制面板会输出不同分布下的模型拟合优度检验值。

```
=====================
 Goodness-of-fit: Statistics
       norm    snorm      std     sstd      ged     sged      nig      jsu
20 141.7944 140.1271 42.2767 39.1545 26.8128 28.0225 34.4140 37.4217
30 162.9755 164.4712 51.8026 45.8443 35.2763 43.3923 46.3592 46.1631
```

```
40 173.2370 190.7605 66.8210 70.9076 51.7822 59.1054 61.1324 66.9518
50 193.9277 203.2043 90.5766 85.0188 72.9224 74.2709 77.0907 80.1966
 Goodness-of-fit: P-value
   norm  snorm        std       sstd        ged       sged        nig        jsu
20    0      0 0.00162610 0.00421836 0.10908883 0.08299701 0.01641530 0.00702439
30    0      0 0.00573412 0.02431476 0.19561133 0.04186514 0.02160565 0.02260375
40    0      0 0.00364155 0.00133770 0.08263094 0.02041420 0.01328053 0.00352983
50    0      0 0.00027962 0.00108151 0.01491156 0.01140329 0.00637427 0.00325667
 ====================
```

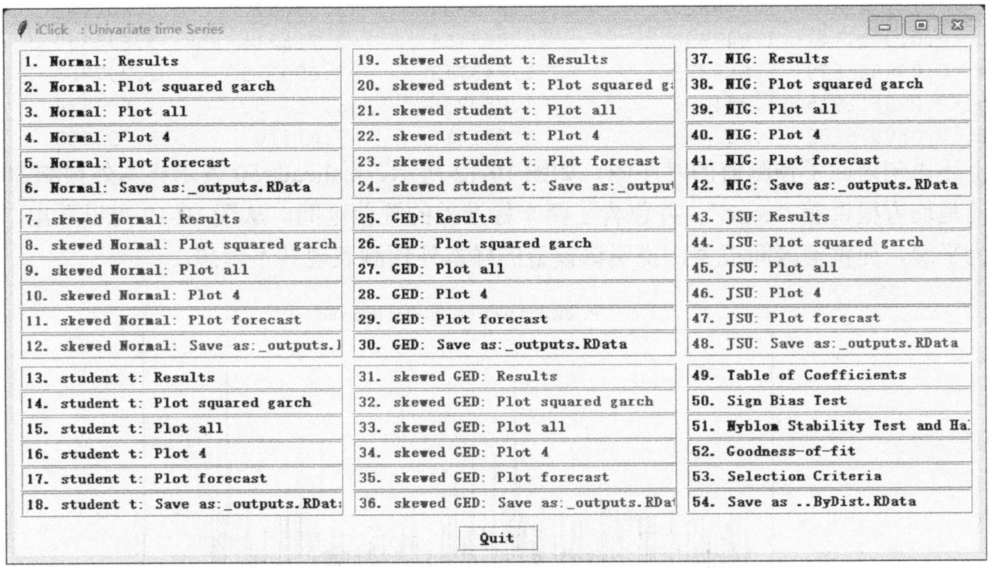

iClick : Univariate time Series

1. Normal: Results
2. Normal: Plot squared garch
3. Normal: Plot all
4. Normal: Plot 4
5. Normal: Plot forecast
6. Normal: Save as:_outputs.RData
7. skewed Normal: Results
8. skewed Normal: Plot squared garch
9. skewed Normal: Plot all
10. skewed Normal: Plot 4
11. skewed Normal: Plot forecast
12. skewed Normal: Save as:_outputs.]
13. student t: Results
14. student t: Plot squared garch
15. student t: Plot all
16. student t: Plot 4
17. student t: Plot forecast
18. student t: Save as:_outputs.RDat:
19. skewed student t: Results
20. skewed student t: Plot squared g:
21. skewed student t: Plot all
22. skewed student t: Plot 4
23. skewed student t: Plot forecast
24. skewed student t: Save as:_outpu
25. GED: Results
26. GED: Plot squared garch
27. GED: Plot all
28. GED: Plot 4
29. GED: Plot forecast
30. GED: Save as:_outputs.RData
31. skewed GED: Results
32. skewed GED: Plot squared garch
33. skewed GED: Plot all
34. skewed GED: Plot 4
35. skewed GED: Plot forecast
36. skewed GED: Save as:_outputs.RDa
37. NIG: Results
38. NIG: Plot squared garch
39. NIG: Plot all
40. NIG: Plot 4
41. NIG: Plot forecast
42. NIG: Save as:_outputs.RData
43. JSU: Results
44. JSU: Plot squared garch
45. JSU: Plot all
46. JSU: Plot 4
47. JSU: Plot forecast
48. JSU: Save as:_outputs.RData
49. Table of Coefficients
50. Sign Bias Test
51. Nyblom Stability Test and Ha
52. Goodness-of-fit
53. Selection Criteria
54. Save as ..ByDist.RData

Quit

图 10-11 iClick.GARCH 输出界面

图 10-11 中的“49.Table of Coefficients”是整理好的系数估计结果，方便比较和分析不同模型的估计结果。图 10-11 中的“54.Save as..ByDist.Rdata”可以一键直接保存所有估计结果。

iClick 提供了不同概率分布下的 GARCH 估计结果。在 GARCH 模型估计中，选择合适的概率分布有利于提高模型拟合度，提高预测能力。表 10-5 总结了 R 语言中 GARCH 模型常用的 8 种概率分布，可以根据时间序列概率分布特征选择合适的概率分布。

表 10-5 R 语言中 GARCH 模型常用的 8 种概率分布

R 语言中缩写	英文	中文
norm	Normal Distribution	正态分布
snorm	Skewed Normal Distribution	偏正态分布
std	Student Distribution	学生分布
sstd	Skewed Student Distribution	偏学生分布
ged	Generalized Error Distribution	广义误差分布
sged	Skewed Generalized Error Distribution	偏广义误差分布
nig	Normal Inverse Gaussian Distribution	正态逆高斯分布
QMLE	Quais-Maximum Likelihood Estimation	准最大似然估计

10.8 GARCH 模型的预测

fGarch 提供了预测函数 predict()，myfit 为 10.7 节中的 fGarch 估计结果。

```
> myforecast=predict(myfit,n.ahead=50,mse="cond",plot=T,crit_val=2)
> head(myforecast)
  meanForecast meanError standardDeviation lowerInterval upperInterval
1 -0.033780882  1.844030          1.844030     -3.721841      3.654279
2  0.111142852  1.845860          1.845594     -3.580577      3.802863
3 -0.019937147  1.847638          1.847155     -3.715214      3.675339
4  0.098621529  1.849373          1.848712     -3.600125      3.797368
5 -0.008611915  1.851073          1.850266     -3.710758      3.693534
6  0.088378132  1.852743          1.851816     -3.617107      3.793863
```

上述语句返回了预测值的时序图，如图 10-12 所示。n.ahead=50 表示样本外预测 50 期。采用的是均方根误差“cond”，并包含了两个标准差的置信区间。从图 10-12 可以看出，预测值较为平缓，而置信区间很大，说明该模型的样本外预测表现并不理想。

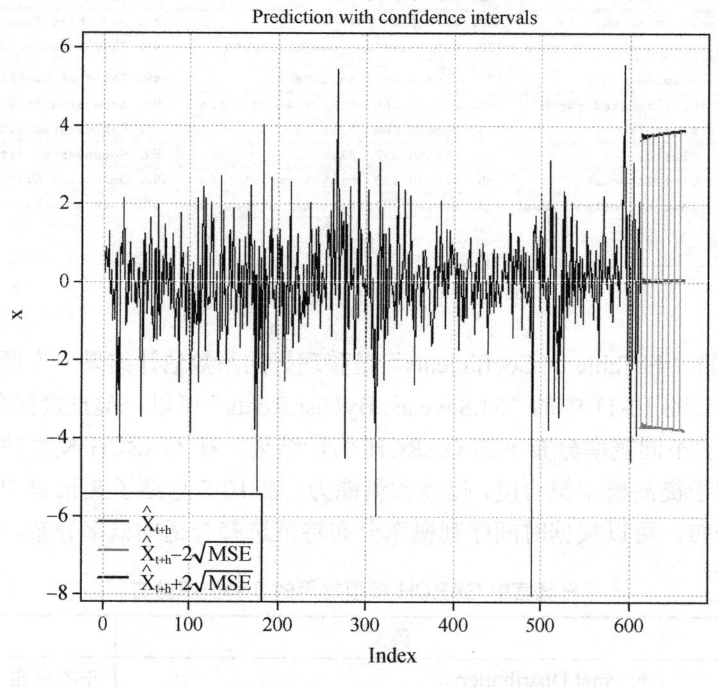

图 10-12 fGarch 预测值图

同样地，rugarch 包提供了预测函数 ugarchforecast()，可进行样本内、样本外的预测，还可以设定不同的预测期数。感兴趣的读者可以试一试，检验一下拟合的 GARCH 模型的预测效果。

本章介绍的例子是单变量时间序列建模分析。在金融实际运用中，多变量金融时间序列分析更为常用。R 语言也有丰富的程序包用于多元时间序列分析，如多元 GARCH 中的 DCC-GARCH、GARCH-BEKK 及 coupla-GARCH，为寻找多元变量之间的相关系数、溢出效应研究提供了实用的分析工具。

练习题

1．利用程序包 quantmod 抓取网络数据，试抓取中小板、创业板、沪深 300 等指数的价格和成交量数据，并用 plot()画出价格走势图。

2．目录 F:\2glkx\data2 下的 al10-1.csv 是利用 quantmod 抓取的个股贵州茅台的数据。试回答以下问题。

（1）计算出贵州茅台的对数收益率，并分别给出日收益率、月收益率的基本统计量。

（2）贵州茅台的日收益率数据是否为平稳序列？

（3）观察日收益率的自相关系数图、偏自相关系数图，试判断收益率的拖尾、截尾情况，根据 AIC 准则，确定 ARMA(p,q)中的阶次，并给出拟合后的模型参数。

（4）根据（3），检验是否存在 ARCH 效应，如果存在，试建立合适的 GARCH 模型，并给出模型拟合情况，画出残差、标准差的时序图。

（5）试一试 iClick 程序包，比较不同分布下的 GARCH 模型拟合情况。

第 11 章 R 语言主成分分析与因子分析

11.1 主成分分析基本理论

11.1.1 主成分分析

主成分分析是将多个指标转化为少数几个互相无关的综合指标的一种多元统计分析方法。设有 n 个被评价对象，每个被评价对象由 p 个指标 $x_1,x_2,\cdots,x_p$ 来描述，则得到原始数据矩阵为：

$$\boldsymbol{X}=\begin{bmatrix} x_{11} & x_{12}\cdots x_{1p} \\ x_{21} & x_{22}\cdots x_{2p} \\ \vdots & \vdots \quad \vdots \\ x_{n1} & x_{n2}\cdots x_{np} \end{bmatrix}=(x_1,x_2,\cdots,x_p) \tag{11-1}$$

其中， $x_i=(x_{1i},x_{2i},\cdots,x_{ni})'$，$i=1,2,\cdots,p$ 。

如何用新的指标来代替原来的 p 个指标呢？在统计学中，常常是用原始指标 $x_1,x_2,\cdots,x_p$ 的线性组合构成的综合指标来代替原始指标，即新的综合指标 y_i 为：

$$y_i=a_{i1}x_1+a_{i2}x_2+\cdots+a_{ip}x_p,\quad i=1,2,\cdots,p \tag{11-2}$$

并且满足

$$a_{i1}^2+a_{i2}^2+\cdots+a_{ip}^2=1,\quad i=1,2,\cdots,p \tag{11-3}$$

式（11-2）中的系数 a_{ij} 由下列条件决定。

（1）$\mathrm{Cov}(y_i,y_j)=0$（$i\neq j$，$i,j=1,2,\cdots,p$），即 y_i 与 y_j 互不相关。

（2）$\mathrm{Var}(y_1)\geqslant\mathrm{Var}(y_2)\geqslant\cdots\geqslant\mathrm{Var}(y_p)\geqslant0$，即 y_1 的方差最大，其余 $y_2,\cdots,y_p$ 的方差依次减少。但新旧指标的总方差不变，即有

$$\sum_{i=1}^{p}\mathrm{Var}(x_i)=\sum_{i=1}^{p}\mathrm{Var}(y_i)$$

如上决定的综合指标 $y_1,y_2,\cdots,y_p$ 分别称为原始指标的第 $1,2,\cdots,p$ 个主成分。当 $\sum_{j=k+1}^{p}\mathrm{Var}(y_j)$ 很小时，用 $y_1,y_2,\cdots,y_p$（$k<p$）就可以基本上反映出原始 p 个指标所包含的信息量。由于 y_1,

$y_2,\cdots,y_k$彼此不相关，而且$k<p$。这样，既减少了评价指标个数（由原来的p个减少为k个），又充分保留了原始指标的信息量（新的k个指标$y_1,y_2,\cdots,y_k$）与原始p个指标$x_1,x_2,\cdots,x_p$的总信息量只相差一个很小的量$\sum_{j=k+1}^{p}\mathrm{Var}(y_j)$，而且新指标间彼此不相关，避免了信息的交叉和重叠。

那么，如何求解原始指标的p个主成分呢？设$X=(x_1,x_2,\cdots,x_p)$，有协方差矩阵$\boldsymbol{S}$，$\lambda_1\geqslant\lambda_2\geqslant\cdots\geqslant\lambda_p\geqslant 0$是从大到小的$\boldsymbol{S}$的$p$个特征根，$a_1,a_2,\cdots,a_p$是特征根对应的标准化正交特征向量，其中$a_{ii}=(a_{i1},a_{i2},\cdots,a_{ip})$，$i=1,2,\cdots,p$。

数理统计已经证明，原始指标的第i个主成分y_i为：

$$y_i=a_{i1}x_1+a_{i2}x_2+\cdots+a_{ip}x_p,\quad i=1,2,\cdots,p$$

且有

$$\mathrm{Cov}(y_i,y_j)=\begin{cases}\lambda_i, & i=j\\ 0, & i\neq j\end{cases}\tag{11-4}$$

也就是说，要求原始指标的p个主成分，必先求出原始指标的协方差矩阵$\boldsymbol{S}$的特征根及相应的标准化的正交特征向量。

11.1.2 对主成分分析法进行综合评价特点的讨论

1. 能消除评价指标间相关关系的影响，从而可减少指标选择的工作量

在综合评价中，各评价指标彼此之间往往存在着一定的相关关系，这表明它们反映被评价对象的信息有所重复。如果对它们不做变换而直接合成，那么合成结果必定包含重复的信息，这样可能会歪曲被评价对象之间的相对地位。主成分综合分析法对原来相关的原始评价指标做数学变换，转化成彼此独立的主成分，然后对选择的主成分采用线性加权求和计算综合评价值，这就消除了相关所造成的信息重复对综合评价的影响，从而有助于正确认识被评价对象的相对位置。这是主成分综合评价方法的最大特点。正是由于这一特点，指标选择的工作相对容易些。用主成分分析方法进行综合评价时，指标的选择原则是要尽可能全面，而不必顾虑评价指标之间相关关系的影响。

2. 用主成分分析进行综合评价所得的权数是伴随数学变换自动生成的，具有客观性

主成分分析计算综合评价值时，各指标的系数a_{ij}和协方差贡献率α_k都是从协方差矩阵获得的。在数理统计中，指标的方差表示指标数据的离散（或差异）程度。这就是说，主成分分析是根据指标数值在被评价对象之间的差异程度来确定指标权数的。指标数值差异越大，说明该指标在该项评价上区分各被评价对象的信息越丰富，因而应给该指标以较大的权数；反之，如果某指标数值在各被评价对象之间几乎没有差异，那么该指标就无助区分各被评价对象的相对地位，因而权数应很小。从主成分分析的步骤也可以看出，主成分分析中的权数是伴随数学变换生成的，这比人为确定权数的工作量要小些，而且不带有人的主观随意性，比较客观、科学，从而提高了综合评价结果的可靠性。但是这种权数不具有稳定性，也就是说，同一指标在不同的被评价对象集合中有不同的权数。而且在实际中，各被评价对象之间数值差异较大的指标，也并不一定具有更重要的经济意义。

3. 综合评价结果不稳定

由于同一被评价对象在不同样本集合中的均值和离散程度一般是不同的，协方差矩阵就会不一样，因此计算的主成分和方差贡献率也不同，进而综合评价值就会发生变化。这也就是说，减少或增加被评价对象都有可能改变原来被评价对象的排列位次。由于这一特点，主成分分析在进行横向和纵向比较时，需要把被比较的对象放在一起计算。不同被评价对象集合中计算的综合评价值是不可比的。因此，这种方法不便于评价资料的系列累计，它更适宜于一次性的综合评价。

由数理统计中的大数定律可知，随着被评价对象的增多，它们的平均水平和离散程度将会趋于稳定，从而协方差矩阵也会趋于稳定，因此，综合评价结果的不唯一性将逐渐减弱。这表明，主成分分析适宜于大样本容量的综合评价。一般要求样本容量大于指标个数的两倍。

11.1.3 主成分综合评价方法的改进——原始数据的无量纲化方法的改进

主成分综合评价方法的出发点是评价指标的协方差矩阵。由于协方差容量受指标的量纲和数量级的影响，因此，要用 z-score 公式对原始数据进行标准化处理。标准化使协方差矩阵变成了相关系数矩阵，但在消除量纲和数量级影响的同时，却丢失了各指标变异程度上的差异信息。因为原始数据中包含的信息由两部分组成：一部分是各指标变异程度上的差异信息，这由各指标的方差大小来反映；另一部分是指标间的相互影响程度上的相关信息，这由相关系数矩阵体现出来。标准化使各指标的方差变成 1，这就体现不出各指标变异程度上的差异。因此，从标准化后的数据中提取的主成分，实际上只包含了各指标间的相互影响这部分信息，而不能反映出各指标变异程度上的差异信息，即这种主成分不能准确反映原始数据所包含的全部信息。

另外，当指标之间相关性不大时，每一个主成分所提取的原始指标的信息常常是很少的，这时，为了满足累计方差贡献率不低于某一阈值（比如 85%），就有可能选取较多的主成分，此时的主成分分析的降维作用不明显，这是传统主成分分析的一个不足之处。

因此，为了能够反映原始数据的全部信息，本节我们提出用均值化方法来消除指标的量纲和数量级的影响，从均值化后的数据中提取的主成分能充分体现出原始数据所包含的全部信息。

设有 n 个被评价对象，每个对象用 p 个评价指标来描述，那么原始数据为$(x_{ij})nx_p$。各指标的均值为：

$$\overline{x}_j = \frac{1}{n}\sum_{i=1}^{n} x_{ij},\ j = 1, 2, \cdots, p$$

所谓均值化，就是用各指标的均值 $\overline{x}_j$ 去除它们相应的原始数据，即：

$$z_{ij} = \frac{x_{ij}}{\overline{x}_j}$$

均值化后，数据的协方差矩阵 $\boldsymbol{V} = (v_{ij})$的元素为：

$$v_{ij}=\frac{1}{n-1}\sum_{l=1}^{n}(z_{li}-\overline{z}_i)(z_{lj}-\overline{z}_j)$$

由 $z_{ij}=\frac{x_{ij}}{\overline{x}_j}$ 式可知，均值化后各指标的均值为 1，由此可得：

$$v_{ij}=\frac{1}{n-1}\sum_{l=1}^{n}(z_{li}-1)(z_{lj}-1)=\frac{1}{n-1}\sum_{l=1}^{n}\frac{(x_{li}-\overline{x}_i)(x_{li}-\overline{x}_j)}{\overline{x}_i\overline{x}_j}=\frac{s_{ij}}{\overline{x}_i\overline{x}_j}$$

式中，$s_{ij}=\frac{1}{n-1}\sum_{l=1}^{n}(x_{li}-\overline{x}_i)(x_{li}-\overline{x}_j)$ 为原始数据的协方差。

当 i=j 时，$s_{ii}=\frac{1}{n}\sum_{l=1}^{n}(x_{li}-\overline{x}_i)^2$。

因此，$v_{ij}=\frac{s_{ii}}{\overline{x}_i^2}=\left(\frac{\sqrt{s_{ii}}}{\overline{x}_i}\right)^2$。

即均值化后数据的协方差矩阵的对角元素是各指标的变异系数 $\sqrt{s_{ii}}/\overline{x}_i$ 的平方，它反映了各指标变异程度上的差异。

未均值化前，原始指标的相互影响程度由相关系数 r_{ij} 来反映，其计算公式是：

$$r_{ij}=\frac{s_{ij}}{\sqrt{s_{ii}}\sqrt{s_{jj}}}$$

而均值化后的相关系数 r_{ij} 应按如下公式计算：

$$r'_{ij}=\frac{v_{ij}}{\sqrt{v_{ii}}\sqrt{v_{jj}}}$$

将 $v_{ij}=\frac{s_{ij}}{\overline{x}_i\overline{x}_j}$ 式代入上式可知：

$$r'_{ij}=\frac{s_{ij}}{\overline{x}_i\overline{x}_j}/\frac{\sqrt{s_{ii}}}{\overline{x}_i}\frac{\sqrt{s_{jj}}}{\overline{x}_j}=\frac{s_{ij}}{\sqrt{s_{ii}}\sqrt{s_{jj}}}=r_{ij}$$

这也就是说，均值化处理并不改变指标间的相关系数，相关系数矩阵的全部信息将在相应的协方差矩阵中得到反映。

由以上分析可知，经过均值化处理后的协方差矩阵不仅消除了指标量纲和数量级的影响，而且能全面反映原始数据所包含的两部分信息。因此，在用主成分分析方法进行综合评价时，最好应用均值化进行无量纲化处理。

11.1.4 用主成分分析法对被评价对象进行综合评价的实施步骤

设有 n 个被评价对象，每个被评价对象由 p 个指标 $x_1,x_2,\cdots,x_p$ 来描述。则得到原始数据矩阵：

$$\boldsymbol{X}=\begin{bmatrix} x_{11} & x_{12}\cdots x_{1p} \\ x_{21} & x_{22}\cdots x_{2p} \\ \vdots & \vdots \quad \vdots \\ x_{n1} & x_{n2}\cdots x_{np} \end{bmatrix}=(x_1,x_2,\cdots,x_p)$$

其中 $x_i=(x_{1i},x_{2i},\cdots,x_{ni})'$，$i=1,2,\cdots,p$ 。

用主成分分析进行综合评价的基本思路是：首先求出原始 p 个评价指标的 p 个主成分，然后选取少数几个主成分来代替原始指标，再将所选取的主成分用适当形式综合，就可以得到一个综合评价指标，依据它就可以对上市公司进行排序比较。具体步骤如下。

1．对原始数据进行标准化处理

由于主成分是从协方差矩阵 $\boldsymbol{S}$ 出发求得的，而协方差矩阵要受评价指标量纲和数量级的影响，不同的量纲和数量级将得到不同的协方差矩阵，从而主成分也会因评价指标量纲和数量级的改变而不同。为了克服这一缺陷，更客观地说明主成分的内涵，就必须将原始指标数据标准化。一般采用如下的标准化公式。

$$x_{ij}^*=\frac{x_{ij}-\overline{x}_j}{s_j}$$

式中 $\overline{x}_j=\frac{1}{n}\sum_{i=1}^{n}x_{ij}$ ；$s_j=\frac{1}{n}\sum_{i=1}^{n}(x_{ij}-\overline{x}_j)^2$。

由于标准化指标的协方差矩阵等于其相关系数矩阵，而相关系数矩阵不受指标量纲或数量级的影响，因此，标准化后的主成分是不受量纲和数量级影响的。

2．计算标准化的 p 个指标的协方差矩阵

此时即为相关系数矩阵 $\boldsymbol{R}=(r_{ij})$。r_{ij} 的计算公式为：

$$r_{ij}=\frac{s_{ij}}{\sqrt{s_{ii}}\sqrt{s_{jj}}}$$

其中：

$$s_{ij}=\frac{1}{n-1}\sum_{l=1}^{n}(x_{li}-\overline{x}_i)(x_{lj}-\overline{x}_j)$$

由上式可看出，$r_{ij}=1$，且 $r_{ij}=r_{ji}$。

3．计算相关系数矩阵 $\boldsymbol{R}$ 的特征根、特征向量

通常用雅可比（Jacobi）方法求 $\boldsymbol{R}$ 阵的 p 个特征根 $\lambda_1\geqslant\lambda_2\geqslant\cdots\geqslant\lambda_p\geqslant0$ 及其相应的特征向量 $a_1,a_2,\cdots,a_p$，其中 $a_i=(a_{i1},a_{i2},\cdots,a_{ip})$，$i=1,2,\cdots,p$。

由主成分方法可知，λ_i 是第 i 个主成分 y_i 的方差，它反映了第 i 个主成分 y_i 在描述被评价对象上所起作用的大小。

4．计算各主成分的方差贡献率 α_k 及累计方差贡献率 $\alpha(k)$

第 k 个主成分 y_k 的方差贡献率 $\alpha_k=\lambda_i/\sum_{i=1}^{p}\lambda_i$ ，前 k 个主成分 $y_1,y_2,\cdots,y_k$ 的累计方差贡献率为 $\alpha(k)=\sum_{j=1}^{k}\lambda_j/\sum_{i=1}^{p}\lambda_i$ 。y_k 的方差贡献率 $\alpha(k)$ 表示 $\mathrm{Var}(y_k)=\lambda_k$ 在原始指标的总方差 $\sum_{i=1}^{p}\mathrm{Var}(x_i)=$

$\sum_{i=1}^{p}\mathrm{Var}(y_i)=\sum_{i=1}^{p}\lambda_i$ 中所占的比重，即第 k 个主成分提取的原始 p 个指标的信息量。因此，前 k 个主成分 $y_1,y_2,\cdots,y_k$ 的累计方差贡献率 $\alpha(k)$越大，说明前 k 个主成分包含的原始信息越多。

5．选择主成分的个数

确定主成分的个数，一般是使前 k 个主成分的累计方差贡献率 $\alpha(k)$ 达到一定的要求，通常要求 $\alpha(k)\geqslant 85\%$ 。

6．由主成分计算综合评分值，以此对被评价对象进行排序和比较

先按累计方差贡献率不低于某阈值（比如 85%）的原则确定前 k 个主成分，然后以选择的每个主成分各自的方差贡献率为权数将它们线性加权求和求得综合评价值指标 F。设按累计方差贡献率 $\alpha(k)\geqslant 85\%$ 选择的 k 个主成分 y_i:

$$y_i=a_{i1}x_1+a_{i2}x_2+\cdots+a_{ip}x_p,\quad i=1,2,\cdots,k$$

它们的方差贡献率为 $\lambda_i/\sum_{i=1}^{p}\lambda_i\,(i=1,2,\cdots,k)$，以此为权数，将 k 个主成分 $y_1,y_2,\cdots,y_k$线性加权求和即得综合评价值 $F=\dfrac{\lambda_1 y_1+\lambda_2 y_2+\cdots+\lambda_k y_k}{\sum_{i=1}^{p}\lambda_1}$，以 F 值的大小来评判被评价对象的优劣。

11.2　R 语言主成分分析

在实际工作中，往往会出现所搜集的变量间存在较强相关关系的情况。如果直接利用数据进行分析，不但模型变得很复杂，而且会带来多重共线性等问题。主成分分析提供了解决这一问题的方法，其基本思想是将众多的初始变量整合成少数几个互相无关的主成分变量，而这些新的变量尽可能地包含了初始变量的全部信息，然后利用这些新的变量来替代以前的变量进行分析。

例 11-1：随机抽取某学校某年级 30 名学生的身高（X_1）、体重（X_2）、胸围（X_3）、坐高（X_4）数据如表 11-1 所示。试用主成分分析对这些指标提取主成分，并写出提取的主成分与这些指标之间的表达式。

表 11-1　　某年级 30 名学生的身高、体重、胸围、坐高数据（部分）

X_1/cm	X_2/kg	X_3/cm	X_4/cm
148	41	72	78
139	34	71	76
160	49	77	86
159	45	80	86
142	31	66	76
……	……	……	……
139	32	68	73
148	38	70	78

在目录 F:\2glkx\data2 下建立 al11-1.xls 数据文件后，使用的命令如下。

```
> library(RODBC)      #使用此命令时必须先安装 RODBC，见“3.2.2 Excel 数据的读取”
> z<-odbcConnectExcel("F:/2glkx/data2/al11-1.xls")
> sq<-sqlFetch(z,"Sheet1")
> d<-data.frame(V1=sq$X1,V2=sq$X2,V3=sq$X3,V4=sq$X4)
> pr<-princomp(d,cor=TRUE)
> summary(pr,loadings=TRUE)
Importance of components:
                          Comp.1     Comp.2     Comp.3     Comp.4
Standard deviation     1.8817805 0.55980636 0.28179594 0.25711844
Proportion of Variance 0.8852745 0.07834579 0.01985224 0.01652747
Cumulative Proportion  0.8852745 0.96362029 0.98347253 1.00000000

Loadings:
   Comp.1 Comp.2 Comp.3 Comp.4
V1  0.497  0.543 -0.450  0.506
V2  0.515 -0.210 -0.462 -0.691
V3  0.481 -0.725  0.175  0.461
V4  0.507  0.368  0.744 -0.232
principal components (eigenvectors)
```

对上面的结果说明如下。

（1）Standard deviation 表示主成分的标准差，即主成分的方差平方根，也即相应特征值的开方。

（2）Proportion of Variance 表示方差的贡献率。

（3）Cumulative Proportion 表示方差的累计贡献率。

（4）用 summary()函数中 loadings=TRUE 选项用于列出主成分对应原始变量的系数，因此得到前两个主成分是：

$$Z_1 = 0.497X_1^* + 0.515\times X_2^* + 0.481\times X_3^* + 0.507\times X_4^*$$
$$Z_2 = 0.543X_1^* - 0.210\times X_2^* - 0.725\times X_3^* + 0.368\times X_4^*$$

由上可知，第一主成分和第二主成分都是标准化后的变量 $X_i^*(i=1,2,3,4)$ 的线性组合，且组合系数就是特征向量的分量。

利用特征向量各分量的值可以对各个主成分进行解释。第一大特征值对应的第一个特征向量的各个分量值均在 0.5 附近，且都是正值，它反映学生身材的魁梧程度：身材高大的学生，其 4 个部位的尺寸都比较大；而身材矮小的学生，其 4 个部位的尺寸都比较小，因此称为大小因子。第二大特征值对应的特征向量中第一个分量（身高 X_1 的系数）和第四个分量（坐高 X_4 的系数）都为正数，而第二个分量（体重 X_2 的系数）和第三个分量（胸围 X_3 的系数）都为负数，且第三个分量的系数的绝对值很大，因此称为体形因子或胖瘦因子。

注：上面 R 语言运行结果第二列数值与 SAS 和 Stata 的运行结果相反，下面是 Stata 的运行结果。

```
    ---------------------------------------------------------------------------
        Variable |    Comp1      Comp2      Comp3      Comp4 | Unexplained
    -------------+--------------------------------------------+-------------
              x1 |   0.4970    -0.5432    -0.4496     0.5057 |           0
              x2 |   0.5146     0.2102    -0.4623    -0.6908 |           0
```

```
        x3 |   0.4809    0.7246    0.1752    0.4615 |          0
        x4 |   0.5069   -0.3683    0.7439   -0.2323 |          0
    --------------------------------------------------------------
```

比较用R语言和Stata软件运行结果（黑体部分），可见，用不同软件在做主成分分析时主成分特征向量正负号相反，但绝对值相同。对此我们给出以如下解释：主成分分析本质上是一种降维技术，要将多个变量通过旋转在少数维度（最好是两个）上表示出来，并据此分类。但是旋转的方法不同，投射出来的结果也是不一样的，因此你会看到特征向量数值绝对值相同，但符号相反。就好比一种旋转方法将点投影到了 x 轴上方，而另一种方法恰好投影到了 x 轴下方。在使用时你只要能确定变量和主成分之间的关系就可以了，解释时用最方便解释的结果。

11.3 因子分析基本理论

因子分析是用少数几个因子去研究多个原始指标之间关系的一种多元统计分析方法，分为R型和Q型两种不同的类型。R型因子分析研究指标（变量）之间的相互关系，通过对多变量相关系数矩阵内部结构的研究，找出控制所有变量的几个主因子（主成分）；Q型因子研究样品之间控制所有样品的几个主要因素。由于这两种因子分析方法的相关关系，因此通过样品相似系数矩阵与通过变量相关系数矩阵内部结构的研究，找出分析的全部运算过程都是一样的，只是出发点不同而已。R型分析从相关系数矩阵出发，Q型分析从相似系数矩阵出发，对于同一批观测数据，可根据所要求的目的决定采用哪一类型的分析。只是R型分析须考虑变量量纲及数量级，而Q型分析则不必考虑这一问题，在多变量的量纲及数量级差别很大时，Q型分析更为方便。对同一批观测数据，可以根据其所要求的目的而决定采用哪一类型的分析。

11.3.1 因子分析的基本原理

随着近代数学和计算技术的发展，因子分析得到了多方面的应用。它的内容包括因子模型的一般概念及其基本性质、因子模型求解、因子旋转、因子得分等。

1. 因子模型

设有 p 个指标 $x_1, x_2, \cdots, x_p$，且每个指标都已标准化，即每个指标的样本均值为零，方差为1。因子分析最简单的数学模型为如下形式的线性模型。

$$\begin{cases} x_1 = a_{11}F_1 + a_{12}F_2 + \cdots + a_{1m}F_m + \varepsilon_1 \\ x_2 = a_{21}F_1 + a_{22}F_2 + \cdots + a_{2m}F_m + \varepsilon_2 \\ \vdots \\ x_p = a_{p1}F_1 + a_{p2}F_2 + \cdots + a_{pm}F_m + \varepsilon_p \end{cases} \tag{11-5}$$

其中，x_i（$i=1,2,\cdots,p$）是已标准化的可观测的评价指标；F_j（$j=1,2,\cdots,m$）出现于每个指标的表达式中，称为公共因子，它们是不可观测的，其含义要根据具体问题来解释；ε_i（$i=1,2,\cdots,p$）是各个对应指标 x_i 所特有的因子，因此称 ε_i 为特殊因子，它们与公共因子 F_j 彼此独立；a_{ij}（$i=1,2,\cdots,p$；$j=1,2,\cdots,m$）是第 i 个指标在第 j 个公共因子上的系数，称为因子载荷。

在上式中，如果公共因子 $F_1, F_2, \cdots, F_m$ 彼此之间是独立的，则称为正交因子模型；相反，如果公共因子彼此之间有一定相关性，则称为斜交因子模型。由于斜交因子模型比较复杂，这里只考虑正交因子模型，而且假定各公共因子的均值为0，方差为1。

用矩阵形式描述式（11-5），则为：

$$\boldsymbol{X} = \boldsymbol{A} \times \boldsymbol{F} + \varepsilon \tag{11-6}$$

其中：

$$\boldsymbol{X} = (x_1, x_2, \cdots, x_p),$$

$$\boldsymbol{F} = (F_1, F_2, \cdots, F_m),$$

$$\varepsilon = (\varepsilon_1, \varepsilon_2, \cdots, \varepsilon_p),$$

$$\boldsymbol{A} = \begin{bmatrix} a_{11} & a_{12} \cdots a_{1m} \\ a_{21} & a_{22} \cdots a_{2m} \\ \vdots & \vdots \quad \vdots \\ a_{p1} & a_{p2} \cdots a_{pm} \end{bmatrix}$$

因子分析的基本问题之一，就是如何估计因子载荷矩阵 $\boldsymbol{A}$。

2．因子载荷矩阵 $\boldsymbol{A}$ 的统计意义

（1）a_{ij} 是第 i 个指标 x_i 在第 j 个公共因子 F_j 上的相关系数。它表示 x_i 与 F_j 线性联系的紧密程度。$\boldsymbol{A}$ 中第 i 行元素 $a_{i1}, a_{i2}, \cdots, a_{im}$ 说明了第 i 个指标 x_i 依赖于各个公共因子的程度；而第 j 列元素 $a_{1j}, a_{2j}, \cdots, a_{pj}$ 则说明第 j 个公共因子 F_j 与各个指标的联系程度。因此，常常根据该列绝对值较大的因子载荷所对应的指标来解释这个公共因子的意义。

（2）$\boldsymbol{A}$ 中第 i 行元素的平方和为指标 x_i 的共同度：

$$h_i^2 = \sum_{j=1}^{m} a_{ij}^2$$

注意到各特殊因子与所有公共因子之间是独立的，而且各指标和公共因子均已标准化，则有 $\mathrm{Var}(x_i) = \sum_{j=1}^{m} a_{ij}^2 \mathrm{Var}(F_j) + \mathrm{Var}(\varepsilon_i)$ 。

即 $1 = h_i^2 + \mathrm{Var}(\varepsilon_i)$ 。

上式说明指标 x_i 的方差由两部分组成。第一部分为共同度 h_i^2，它描述全部 m 个公共因子 $F_1, F_2, \cdots, F_m$ 对指标 x_i 的总方差的贡献。h_i^2 越大，说明 x_i 的原始信息被全部 m 个公共因子概括表示的程度越高，如 h_i^2=0.9854，则说明 x_i 提供的98.54%的信息量被 m 个公共因子所说明。也就是说，用这 m 个公共因子描述指标 x_i 就越有效，保留的原始信息就越多。另一部分是单个指标所特有的方差。

（3）$\boldsymbol{A}$ 中第 j 列元素平方和 $g_j = \sum_{i=1}^{p} a_{ij}^2$ 表示第 j 个公共因子 F_j 对原始指标所提供的方差贡献之总和，它是衡量各公共因子相对重要性的一个尺度。

由于各原始指标都已标准化，即 $\mathrm{Var}(x_i) = 1$（$i = 1,2,\cdots,p$），因此，原始指标提供的总方差为 $\sum_{i=1}^{p} \mathrm{Var}(x_i) = p$ 。

第 j 个公共因子的方差贡献率为：

$$\alpha_j = \frac{g_j}{p} = \frac{1}{p}\sum_{i=1}^{p} a_{ij}^2$$

方差贡献率 α_j 越大，表示第 j 个公共因子 F_j 就越重要。

3．因子载荷矩阵 *A* 的估计

当给定 p 个指标 $x_1, x_2, \cdots, x_p$ 的 n 组观测值：

$$\boldsymbol{X} = \begin{bmatrix} x_{11} & x_{12} \cdots x_{1p} \\ x_{21} & x_{22} \cdots x_{2p} \\ \vdots & \vdots \quad\ \vdots \\ x_{n1} & x_{n2} \cdots x_{np} \end{bmatrix}$$

如何从 $\boldsymbol{X}$ 出发，确定较少 m 个公共因子，估计出因子载荷 a_{ij}，从而建立因子模型，这是因子分析首要解决的问题。

估计因子载荷的方法比较多，计算都比较复杂，较常用的有3种：主成分方法、主因子方法及最大似然函数法。这里我们结论性地介绍主成分估计方法。

设原始数据的相关系数矩阵 $\boldsymbol{R}$ 的 p 个依序特征根为：

$$\lambda_1 \geqslant \lambda_2 \geqslant \cdots \geqslant \lambda_p \geqslant 0$$

由相应的特征向量所组成的矩阵 $\boldsymbol{U}$ 为：

$$\boldsymbol{U} = \begin{bmatrix} u_{11} & u_{12} \cdots u_{1p} \\ u_{21} & u_{22} \cdots u_{2p} \\ \vdots & \vdots \quad\ \vdots \\ u_{p1} & u_{p2} \cdots u_{pp} \end{bmatrix}$$

$\boldsymbol{U}$ 是正交矩阵，满足

$$\boldsymbol{U}'\boldsymbol{U} = \boldsymbol{U}\boldsymbol{U}' = \boldsymbol{I}_p \tag{11-7}$$

式（11-7）中，$\boldsymbol{I}_p$ 为 p 阶单位矩阵。

由主成分分析的原理可知：

$$\boldsymbol{Y} = \boldsymbol{U}'\boldsymbol{X} \tag{11-8}$$

其中 $\boldsymbol{Y} = (y_1, y_2, \cdots, y_p)'$ 为 p 个主成分。

然而，通常只选取前 m 个主成分进行分析，这 m 个主成分将 $\boldsymbol{U}$ 矩阵分块为：

$$\begin{aligned} \boldsymbol{U} &= (u_1, u_2, \cdots, u_m, u_{m+1}, \cdots, u_p) \\ &= [\boldsymbol{U}_{(1)}, \boldsymbol{U}_{(2)}] \end{aligned}$$

其中：

$$\boldsymbol{U}_{(1)} = (u_1, u_2, \cdots, u_m) = \begin{bmatrix} u_{11} & u_{12} \cdots u_{1m} \\ u_{21} & u_{22} \cdots u_{2m} \\ \vdots & \vdots \quad\ \vdots \\ u_{p1} & u_{p2} \cdots u_{pm} \end{bmatrix}$$

$$U_{(2)}=(u_{m+1},u_{m+2},\cdots,u_p)=\begin{bmatrix} u_{1,m+1} & u_{1,m+2}\cdots u_{1p} \\ u_{2,m+1} & u_{2,m+2}\cdots u_{2p} \\ \vdots & \vdots \quad \vdots \\ u_{p,m+1} & u_{p,m+2}\cdots u_{pp} \end{bmatrix}$$

相应地：

$$Y'=(y_1,y_2,\cdots,y_m,y_{m+1},\cdots,y_p)=[Y_{(1)},Y_{(2)}]$$

其中：

$$Y_{(1)}=(y_1,y_2,\cdots,y_m),\ Y_{(2)}=(y_{m+1},\cdots,y_p)$$

由式（11-7）和式（11-8）可得：

$$X=UY=[U_{(1)},U_{(2)}]\begin{pmatrix} Y_{(1)} \\ Y_{(2)} \end{pmatrix}$$

$$=U_{(1)}Y_{(1)}+U_{(2)}Y_{(2)}$$

记：

$$\varepsilon=U_{(2)}Y_{(2)}=(\varepsilon_1,\varepsilon_2,\cdots,\varepsilon_p)'$$

则有：

$$X=U_{(1)}Y_{(1)}+\varepsilon \tag{11-9}$$

由主成分分析可知，前 m 个主成分 $y_1,y_2,\cdots,y_m$ 的方差分别为 $\lambda_1,\lambda_2,\cdots,\lambda_m$。因此，做如下变换后，$F_i$ 的方差变为 1（$i=1,2,\cdots,m$）。

$$F_i=\frac{y_i}{\sqrt{\lambda_i}}$$

若令：

$$A=(\sqrt{\lambda_1}u_1,\sqrt{\lambda_2}u_2,\cdots,\sqrt{\lambda_m}u_m)$$

再由式（11-9）可得：

$$X=AF+\varepsilon \tag{11-10}$$

与式（11-5）比较可以看出，$F=(F_1,F_2,\cdots,F_m)$ 就为彼此独立的前 m 个公共因子，均值为 0，方差为 1。因子载荷矩阵为：

$$A=(a_{ij})=(u_{ij}\sqrt{\lambda_j})$$

公共因子个数 m 可按如下两种办法确定。

（1）由前 m 个公共因子的累计方差贡献率不低于某一阈值（比如 85%）来确定。

（2）只取特征根大于或等于 1 的公共因子。

4．因子旋转

前面求出的因子载荷矩阵 A 不是唯一的。对于一个给定的因子模型，其因子载荷矩阵可以有限多个，设$\boldsymbol{\Gamma}$为任意一个正交矩阵，由式（11-7）可知：

$$\boldsymbol{X} = (\boldsymbol{A\Gamma})(\boldsymbol{\Gamma}'\boldsymbol{F}) + \varepsilon \tag{11-11}$$

把上式与式（11-6）比较，发现$\boldsymbol{A\Gamma}$也可以是因子载荷矩阵，相应地，公共因子也不是唯一的。$\boldsymbol{\Gamma}'\boldsymbol{F}$的各分量也可以作为公共因子，而$\boldsymbol{\Gamma}$是任意的，因此，因子载荷矩阵与公共因子是不确定的。表面上看，因子载荷矩阵和公共因子的不确定性是不利的，但当获得公共因子和因子载荷矩阵不便于解释实际问题时，可以通过正交变换使公共因子和因子载荷矩阵有鲜明的实际意义。我们称这样的正交变换为因子旋转。

因子旋转最常用的方法是凯泽（Kaiser）在1959年提出的方差最大正交旋转，这种方法以因子载荷矩阵中的因子载荷值的总方差达到最大作为因子载荷矩阵的准则。这里总方差最大，不是指某一公共因子的方差最大，而是指如果第i个指标在第j个公共因子F_j上的因子载荷a_{ij}经过“方差最大”正交旋转后其值增大或减少，意味着这个指标在另一些公共因子上的因子载荷要缩小或增大。因此，方差最大正交旋转是使因子载荷矩阵的元素的绝对值按列尽可能向两极分化，少数元素取最大的值，而其他元素尽量接近零值。当然，同时也包含着按行向两极分化。

设初始因子载荷矩阵为$\boldsymbol{A}=(a_{ij})$，经过方差最大旋转后$\boldsymbol{A}$变成正交因子载荷矩阵$\boldsymbol{B}=(b_{ij})$。各公共因子的因子载荷平方的方差的总和v为：

$$v = \frac{1}{p}\sum_{j=1}^{m}\sum_{i=1}^{p}\left(\frac{b_{ij}^2}{h_i^2}\right)^2 - \frac{1}{p^2}\sum_{j=1}^{m}\left(\sum_{i=1}^{p}\frac{b_{ij}^2}{h_i^2}\right)^2$$

式中，b_{ij}^2是为了消除b_{ij}的符号影响，除以共同度h_i^2是为了消除各个指标对公共因子依赖程度不同的影响。

方差最大正交旋转就是要找出一个正交矩阵$\boldsymbol{\Gamma}$，使得总方差v达到最大，从而由$\boldsymbol{B}=\boldsymbol{A\Gamma}$计算出正交因子载荷矩阵$\boldsymbol{B}$，此时，原来的公共因子就相应地旋转成正交公共因子。

5. 因子得分

前面讨论的是将p个指标$x_1,x_2,\cdots,x_p$表示成m个公共因子的线性组合：

$$x_i = a_{i1}F_1 + a_{i2}F_2 + \cdots + a_{im}F_m,\quad i=1,2,\cdots,p$$

由于公共因子能充分反映指标的内部依赖关系，用公共因子代表原始指标时，更有利于对被评价对象（样本）做出更深刻的认识。因此，往往需要反过来将m个公共因子表示成p个原始指标的线性组合，即用下式来计算各个样本的公共因子得分。

$$F_j = \beta_{j1}x_1 + \beta_{j2}x_2 + \cdots + \beta_{jp}x_p,\quad j=1,2,\cdots,m \tag{11-12}$$

估计因子得分的方法很多，比较常用的是汤姆森（Thomson）在1939年提出的回归估计法，所以称为Thomson因子得分。

由于式（11-12）中方程的个数m小于指标个数p，因此，不能像主成分分析那样，把因子精确地表示为原始指标的线性组合，而只能在最小二乘意义下对因子得分进行估计。Thomson假设m个公共因子可以对p个指标做回归，即建立如下回归方程：

$$\hat{F}_j = \beta_{j1}x_1 + \beta_{j2}x_2 + \cdots + \beta_{jp}x_p,\quad j=1,2,\cdots,m$$

由于指标和公共因子均已标准化，所以有：

$$\beta_{jo} = 0$$

由最小二乘估计得 Thomson 因子得分的估计公式为：

$$\hat{\boldsymbol{F}} = \boldsymbol{A}'\boldsymbol{R}^{-1}\boldsymbol{X} \tag{11-13}$$

式中，$\boldsymbol{A}'$ 为因子载荷矩阵的转置，$\boldsymbol{R}^{-1}$ 为原始指标的相关系数矩阵 $\boldsymbol{R}$ 的逆矩阵。

11.3.2 因子分析与主成分分析的异同点

因子分析与主成分分析在应用于综合评价方面，有很多相似之处。两者都需要合成一个综合评价值以对被评价对象进行排序比较，在解决指标的可综合性问题、消除指标信息重复的影响、确定权数及减少评价工作量方面，两种方法的基本思想是一致的。

1. 相同点

（1）两种方法都是对原始数据按 z-score 方法进行标准化处理的，从而消除了指标量纲和数量级的影响，解决了综合评价的可综合性问题。

（2）在主成分分析中，先将原始 p 个指标转化成少数几个彼此独立的主成分，再对主成分合成；因子分析是先将原始 p 个指标分解为少数几个彼此不相关的公共因子，再对公共因子合成。这样，两种方法都消除了原始指标的相关性对综合评价所造成的信息重复的影响。

（3）两种方法构造综合评价值时所涉及的权数都是从数学变换中伴随生成的，不是人为确定的，具有客观性。用主成分分析方法构造综合评价值时，主成分的权数 $\lambda_i / \sum_{j=1}^{p} \lambda_j$ 和每个主成分中各评价指标的系数 a_{ij} 都是从相关系数矩阵 $\boldsymbol{R}$ 的变换中自动生成的。用因子分析方法合成总因子得分时，各公共因子的权数也是其贡献率 $\lambda_i / \sum_{j=1}^{m} \lambda_j$，而每个公共因子中各指标的权数由矩阵 $\boldsymbol{A}'\boldsymbol{R}^{-1}$ 获得，这也与指标变差信息有关。

（4）两种方法都具有用少数几个综合指标来化简为数较多的原始指标的降维特点，同样是在信息损失不大的前提下，减少了评价工作量。

除此以外，两者都是以评价指标的相关系数矩阵为出发点，因此，它们的适用范围是相同的。而且两种方法的综合指标（在主成分分析中是主成分，在因子分析中为公共因子）与原始指标的关系都是线性的。

2. 不同点

由于因子分析与主成分分析在综合评价中有上述诸多相同（或相似）之处，因此，用因子分析进行综合评价也就具有了主成分分析具备的那些优点和不足（见主成分分析部分）。也正是由于两种方法有这么多相同之处，尤其是在因子分析中用主成分分析方法求解因子载荷时，两者似乎更为一致，以致不少人常常对这两种方法不加区别。其实，因子分析和主成分分析是两种不同的多元统计分析方法，它们之间有联系，也存在着很大的差异，这些差异导致了因子分析在综合评价上具有不同于主成分分析的一些特点。

（1）公共因子比主成分更容易被解释。在因子分析中，即便是初始因子的实际含义不明确，不便于解释，也可通过方差最大正交旋转，使旋转后的公共因子有更鲜明的实际意义。虽然这一点并不影响综合评价值的计算，但由于因子的实际意义比较明确，更有助于对被评价对象的评判和评价指标的分类，因此，对定量数据库做更深入的定性分析是很有好处的。这是因子分析进行综合评价优于主成分分析的地方。

（2）因子分析的评价结果没有主成分准确。在因子分析中，综合评价值是少数几个主因子得分的线性加权平均值，由于主因子与原始指标之间是不可逆的，即不能精确地把因子表示为原始指标的线性组合，而只能用回归方法对各主因子的得分做出估计，因此，综合评价值带有估计的成分。而在主成分分析中，虽然综合评价值也是少数几个主成分的线性加权值，但由于主成分与原始指标之间是可逆的，主成分可精确地表示成原始指标的线性组合，即每个主成分的值是精确的，而不是估计出来的，因此，在同样的原始变差信息的条件下，主成分综合评价值比总因子得分要准确，这是因子分析不及主成分分析地方。

（3）因子分析比主成分分析的计算工作量大。因子分析中所特有的因子载荷矩阵的估计、初始因子的方差最大正交旋转和因子得分的估计这3项工作的计算量都比较大。相比而言，主成分分析就简单些。

除此以外，因子分析要假定原始指标有特定的模型，而且其中的公共因子要满足一定的条件，它重点放在公共因子和特殊因子到原始指标的变换上，注重的是因子分解的具体形式，而不注重各自的变差信息贡献大小。而主成分分析仅仅是一种指标变换，不需要任何关于概率分布和基本统计模型的假定，只以某种代数或几何的最优化技术来简化原始指标的结构，它的重点在原始指标到主成分的变换上，注重主成分的方差贡献大小。

11.3.3 用因子分析方法进行综合评价分析的基本步骤

因子分析是研究相关系数矩阵内部依存关系，将多个变量 $x_1, x_2, \cdots, x_p$（可以观测的随机变量，即显在变量）综合为少数几个因子 $F_1, F_2, \cdots, F_m$（不可观测的潜在变量），以再现指标与因子之间的相关关系的一种统计方法。

因此，一个完全的因子解应包括因子模型和因子结构两个方面。因子结构即通过相关系数来反映指标与因子之间的相关关系。因子模型是以回归方程的形式将指标 $x_1, x_2, \cdots, x_p$ 表示为因子 $F_1, F_2, \cdots, F_m$ 的线性组合。具体步骤如下。

（1）将原始数据 x_{ij} 标准化为 z_{ij}，以消除指标量纲和数量级的影响。

对原始数据进行标准化变换：

$$x'_{ij} = \frac{x'_{ij} - \overline{x}_i}{\sqrt{S_i}},\ i = 1, 2, \cdots, p,\ j = 1, 2, \cdots, n$$

其中，$\overline{x}_i = \frac{1}{n}\sum_{j=1}^{n} x_{ij}$，$S_i = \frac{1}{n-1}\sum_{j=1}^{n}(x_{ij} - \overline{x}_i)^2$ 。

经标准化后，x_{ij} 的均值为0，方差为1。

（2）计算标准化指标的相关系数矩阵 $\boldsymbol{R}$。

（3）用雅可比方法求 $\boldsymbol{R}$ 矩阵的特征根 λ_i（按由大到小的排序）及其相应的特征向量

$\zeta_i=(\zeta_{i1},\zeta_{i2},\cdots,\zeta_{ip})'$。

（4）确定公共因子数：选择特征根大于或等于 1 的个数 m 为公共因子数，或根据累计方差贡献率大于或等于 85%的准则确定 m。步骤如下。

第一步：建立因子模型。

在因子分析中，一般将 $\boldsymbol{A}$、$\boldsymbol{F}$ 分解为两部分：

$$\boldsymbol{A}=[\underset{pm}{\boldsymbol{A}_1}\quad \underset{p(p-m)}{\boldsymbol{A}_2}],\ m<p$$

$$\boldsymbol{F}=[\underset{pm}{\boldsymbol{F}_1}\quad \underset{p(p-m)}{\boldsymbol{F}_2}],\ m<p$$

则因子模型为：

$$x=\boldsymbol{AF}=\boldsymbol{A}_1F_1+\boldsymbol{A}_2F_2=\boldsymbol{A}_1F_1+\varepsilon_i$$

式中，$\boldsymbol{A}_1$ 为因子载荷矩阵，F_1 为主因子，ε_i（$i=1,2,\cdots,p$）为特殊因子。因子模型可具体写成：

$$\begin{cases}x_1=a_{11}f_1+a_{12}f_2+\cdots+a_{1m}f_m+a_1\varepsilon_1\\x_2=a_{21}f_1+a_{22}f_2+\cdots+a_{2m}f_m+a_2\varepsilon_2\\\quad\vdots\\x_p=a_{p1}f_1+a_{p2}f_2+\cdots+a_{pm}f_m+a_p\varepsilon_p\end{cases}$$

式中，$f_1,f_2,\cdots,f_m$ 为主因子，分别反映某一方面信息的不可观测的潜在变量；a_{ij}（$i=1,2,\cdots,p$；$j=1,2,\cdots,m$）为因子载荷系数，是第 i 个指标在第 j 个因子上负荷系数，若某指标在某因子中作用大，则该因子的载荷系数就大，反之亦然；ε_i 为特殊因子，实际建模中可忽略。

第二步：确定因子贡献率及累计贡献率。

第 i 个因子的贡献率为 $d_i=\dfrac{\lambda_i}{\sum_{i=1}^{m}\lambda_i}$，贡献率给出每个因子的变异程度占全部变异程度的百分比。贡献率越大，该因子就相对的越重要，同时以因子的累计贡献率 $\left(\sum_{i=1}^{m}\lambda_i\Big/\sum_{i=1}^{p}\lambda_i\right)\geqslant 0.85$ 作为因子个数 m 的选择依据。

以上 4 步与主成分综合评价方法的前 4 个步骤做法类似。

（5）因子载荷矩阵变换。

由因子模型矩阵得到初始因子载荷矩阵，如果因子负荷系数的大小相差不大，对因子的解释可能有困难，因此，为得出较明确的分析结果，通过旋转坐标轴，使每个因子负荷系数在新的坐标系中能按列向 0 或 1 两极分化，同时也包含按行向两极分化。旋转的方法有正交旋转和斜交旋转两种，选择的旋转方法不同，结果也就不同，使用因子分析正交旋转方法一般能得到明确解释因子含义的分析结果为最终计算结果。

计算初始因子载荷矩阵 $\boldsymbol{A}=(a_{ij})$，其中 $a_{ij}=\sqrt{\lambda_j}\zeta_{ij}$（$i=1,2,\cdots,p$；$j=1,2,\cdots,m$）。这一步实际是求解因子模型：

$$\boldsymbol{X}=\boldsymbol{A}\times\boldsymbol{F}$$

其中，$\boldsymbol{A}=(A_1,A_2,\cdots,A_p)'$，$\boldsymbol{F}=(F_1,F_2,\cdots,F_m)'$。

（6）解释公共因子的实际含义。

当初始因子载荷矩阵 $\boldsymbol{A}$ 难以对公共因子的实际意义做出解释时，先要对 $\boldsymbol{A}$ 实施方差最大正交旋转，然后选择旋转后所得到的正交载荷矩阵做出说明，就是根据指标的因子载荷绝对值的大小、值的正负符号来说明公共因子的意义。

（7）计算相关系数矩阵 $\boldsymbol{R}$ 的逆矩阵。

计算相关系数矩阵 $\boldsymbol{R}$ 的逆矩阵 $\boldsymbol{R}^{-1}$，可根据式（11-13）估计出各被评价对象的因子得分。

（8）求综合评价值。

综合评价值，即总因子得分估计值，即：

$$\hat{F}=\sum d_i\hat{F}_i$$

其中，$d_i=\lambda_i/\sum_{j=1}^{m}\lambda_j$ 是第 i 个公共因子 F_i 的归一化权数。

（9）对每个被评价对象进行排序比较。

根据总因子得分估计值 $\hat{F}$，就可以对每个被评价对象进行排序比较。

11.4　R 语言因子分析

11.4.1　R 语言在科技企业发展评价中的应用

例 11-2：我们选择反映珠江三角洲民营科技企业发展水平的 6 项主要指标，如技工贸总收入（千元）$X1$、企业数（家）$X2$、职工数（人）$X3$、利润总额（千元）$X4$、上缴税金（千元）$X5$、创汇额（千元）$X6$，具体指标数据如表 11-2 所示（资料来源于《广东科技统计年鉴 2001 年卷》）。目前的问题是能不能把这些数据的 6 个变量用一两个综合变量来表示？这一两个综合变量包含多少原来的信息？怎么解释它们呢？

表 11-2　　珠江三角洲民营科技企业发展水平的主要指标

所在地	X1	X2	X3	X4	X5	X6
广州	30326092	1696	67185	540693	1661994	697886
深圳	24972238	482	57666	3897073	2520976	221866
东莞	3480049	232	8300	181641	91499	29132
惠州	771905	21	3209	104371	18270	21065
佛山	2623908	173	12339	85073	107745	36239
珠海	2467856	97	5772	902437	175555	7999
顺德	2449503	37	9632	138008	156446	11669
中山	1509239	138	8637	166645	35089	89654
江门	3685879	108	16955	127059	143249	203891

在目录 F:\2glkx\data2 下建立 al11-2.xls 数据文件后，使用的命令如下。

```
> library(RODBC)    #使用此命令时必须先安装RODBC，见“3.2.2 Excel数据的读取”
> z<-odbcConnectExcel("F:/2glkx/data2/al11-2.xls")
> sq<-sqlFetch(z,"Sheet1")
> sq
  csm       X1   X2    X3      X4      X5     X6
1 广州 30326092 1696 67185  540693 1661994 697886
2 深圳 24972238  482 57666 3897073 2520976 221866
……
9 江门  3685879  108 16955  127059  143249 203891
```

接着，输入如下命令。

```
> d<-data.frame(y1=sq$X1,y2=sq$X2,y3=sq$X3,y4=sq$X4,y5=sq$X5,y6=sq$X6)
> fa<-factanal(d,factors=2)
> fa
   Call:
   factanal(x = d, factors = 2)
   Uniquenesses:
      y1    y2    y3    y4    y5    y6
   0.005 0.029 0.009 0.012 0.005 0.042
   Loadings:
      Factor1 Factor2
   y1 0.810   0.583
   y2 0.976   0.134
   y3 0.808   0.581
   y4 0.000   0.993
   y5 0.555   0.830
   y6 0.969   0.137
                  Factor1 Factor2
   SS loadings      3.512   2.389
   Proportion Var   0.585   0.398
   Cumulative Var   0.585   0.983
   Test of the hypothesis that 2 factors are sufficient.
   The chi square statistic is 10.07 on 4 degrees of freedom.
   The p-value is 0.0393

library(RODBC)
z<-odbcConnectExcel("F:/2glkx/data2/al11-2.xls")
sq<-sqlFetch(z,"Sheet1")
d<-data.frame(y1=sq$X1,y2=sq$X2,y3=sq$X3,y4=sq$X4,y5=sq$X5,y6=sq$X6)

setwd("F:/2glkx/data2")
d = read.table("al11-4.csv",header=F, sep=",")
d1<-data.frame(x1=d$V2,x2=d$V3,x3=d$V4,x4=d$V5,x5=d$V6,x6=d$V7)
fa<-factanal(d1,factors=2)
load=fa$loadings
myFun=function(x){max(abs(x))}
apply(load,1,myFun)
mean(apply(load,1,max))

m=dim(load)[2]      #取列数
n=dim(load)[1]      #取行数
js(load,n,m)
```

```
mean(js(load,n,m))
mean(apply(load,1,max))

js=function(load,n,m){
i=1:n
c=numeric(n)
for (i in 1:n)
c[i]=max(abs(load[i,1:m]))
return(c)
}
myFun=function(x){max(abs(x))}
apply(load,1,myFun)
mean(apply(load,1,max))
```

结果说明：

我们用 X_1、X_2、X_3、X_4、X_5、X_6（代码中为非下标形式）来表示技工贸总收入（千元）、企业数（家）、职工数（人）、利润总额（千元）、上缴税金（千元）、创汇额（千元）等变量。这样因子 F_1 和 F_2 与这些原变量之间的关系是：

$$X_1 = 0.810F_1 + 0.583F_2$$
$$X_2 = 0.976F_1 + 0.134F_2$$
$$X_3 = 0.808F_1 + 0.581F_2$$
$$X_4 = 0.000F_1 + 0.993F_2$$
$$X_5 = 0.555F_1 + 0.830F_2$$
$$X_6 = 0.969F_1 + 0.137F_2$$

或者：

$$F_1 = 0.810X_1 + 0.976X_2 + 0.808X_3 + 0.000X_4 + 0.555X_5 + 0.969X_6$$
$$F_2 = 0.583X_1 + 0.134X_2 + 0.581X_3 + 0.993X_4 + 0.830X_5 + 0.137X_6$$

这里第一个因子主要是与技工贸总收入（千元）、企业数（家）、职工数（人）、创汇额（千元）等变量有很强的正相关，相关系数分别是0.810、0.976、0.808、0.969；而第二个因子主要是与利润总额（千元）、上缴税金（千元）等变量有很强的正相关，相关系数分别是0.993、0.830。因此第一个因子可起名为“规模因子”，第二个因子可起名为“利润因子”。

Proportion Var是方差贡献率，Cumulative Var是累计方差贡献率，检验表明两个因子已经充分。

可见通过R统计软件进行数据处理后，产生了 F_1、F_2 两个因子得分，这两个因子得分可以代替原来数据的98.3%的信息量，应用公式 F=(0.585×F_1+0.398×F_2)/0.983 和两个因子得分的值，我们求得各因子得分的排名和综合得分的评价值如表11-3所示。

表11-3　　民营企业发展因子模型的分析结果

F_1	所在地	名次	F_2	所在地	名次	企业综合值 F	所在地	名次
2.60848	广州	1	2.63112	深圳	1	143.62	广州	1
−0.02008	江门	2	0.05374	珠海	2	103.53	深圳	2
−0.03633	深圳	3	−0.2382	广州	3	−20.08	江门	3

续表

F_1	所在地	名次	F_2	所在地	名次	企业综合值 *F*	所在地	名次
−0.29386	中山	4	−0.29583	顺德	4	−33.78	东莞	4
−0.29983	佛山	5	−0.39177	东莞	5	−33.88	佛山	5
−0.30734	东莞	6	−0.40517	佛山	6	−35.68	珠海	6
−0.47558	顺德	7	−0.42131	惠州	7	−35.80	中山	7
−0.53122	惠州	8	−0.46181	中山	8	−39.81	顺德	8
−0.64424	珠海	9	−0.47077	江门	9	−48.12	惠州	9

从表11-3的计算结果可以看出，排在前5位的城市分别为广州、深圳、江门、东莞、佛山。从表11-3我们还可以得出这样的结论：各城市的企业规模数和企业的利润指标对各城市民营企业综合实力起着很重要的影响。

11.4.2 R语言在各省市及地区社会经济发展水平评价中的应用

1．我国各省市及地区社会经济发展指标体系的设置

随着市场经济的不断深化与发展，我国各省市及地区的社会经济发展的布局也在不同程度上发生变化。那么，目前各省市及地区的社会经济发展的状况如何呢？我们应用多元统计分析的因子分析法，对我国各省市及地区的社会经济发展情况进行分析，按照各省市及地区社会经济发展的综合实力来评价各省市及地区的社会经济发展在我国的地位。为此，我们设置反映社会经济发展情况的8项指标：人均GDP（*X1*）、人均全社会固定资产投资（*X2*）、人均社会消费品零售总额（*X3*）、居民人均消费水平（*X4*）、每十万人医院床位数（*X5*）、每万人在校（高校）学生数（*X6*）、地方财政收支比（*X7*）、人均业务总量（*X8*），这些指标值来自国家统计局《中国统计年鉴2000》。具体指标参见表11-4。

表11-4　1999年各省市及地区社会经济发展统计数据

省、市及地区	*X1*	*X2*	*X3*	*X4*	*X5*	*X6*	*X7*	*X8*
北京	19846	9287	10448	5784	549	187	0.79	1150
天津	15976	6011	6854	5551	417	94	0.72	560
河北	6932	2677	2206	2312	251	27	0.64	170
山西	4727	1491	1832	1833	340	29	0.59	160
内蒙古	5350	1474	1852	2279	279	21	0.43	138
辽宁	10086	2684	4066	4128	465	56	0.61	360
吉林	6341	1881	2761	3232	346	53	0.43	270
黑龙江	7660	1982	2680	3431	316	41	0.50	261
上海	30805	12590	10790	10328	488	126	0.79	1100
江苏	10665	3385	3319	3594	238	46	0.71	290
浙江	12037	4376	4639	3877	246	31	0.71	366

续表

省、市及地区	X1	X2	X3	X4	X5	X6	X7	X8
安徽	4707	1128	1570	2523	197	21	0.60	111
福建	10797	3271	3758	4066	271	31	0.75	310
江西	4661	1074	1537	2056	215	26	0.51	110
山东	8673	2500	2601	3194	240	24	0.74	180
河南	4894	1286	1722	1902	210	20	0.58	141
湖北	6514	2087	2723	2691	241	43	0.58	170
湖南	5105	1353	1882	2594	222	30	0.53	150
广东	11728	4040	5029	4760	223	30	0.79	705
广西	4148	1228	1679	2079	180	19	0.59	105
海南	6383	2556	2070	2729	276	19	0.64	310
重庆	4826	1708	1739	2336	215	31	0.51	140
四川	4452	1432	1617	2191	223	21	0.58	85
贵州	2475	841	846	1542	159	15	0.44	70
云南	4452	1584	1286	2340	231	18	0.46	124
西藏	4262	2092	1445	1708	234	16	0.09	68
陕西	4101	1625	1540	1884	268	50	0.52	113
甘肃	3668	1398	1304	1650	232	25	0.40	102
青海	4662	2297	1475	2150	431	18	0.25	120
宁夏	4473	2359	1523	2014	239	24	0.38	135
新疆	6470	2969	1958	2936	378	30	0.43	150

2. 各省市及地区社会经济发展因子模型的R语言应用分析

在目录F:\2glkx\data2下建立al11-3.xls数据文件后，使用的命令如下。

```
> library(RODBC)      #使用此命令时必须先安装RODBC，见“3.2.2`Excel数据的读取”
> z<-odbcConnectExcel("F:/2glkx/data2/al11-3.xls")
> sq<-sqlFetch(z,"Sheet1")
> sq
  省、市及地区  X1     X2     X3     X4   X5   X6   X7    X8
1      北京 19846  9287 10448   5784 549 187 0.79 1150
2      天津 15976  6011  6854   5551 417  94 0.72  560
3      河北  6932  2677  2206   2312 251  27 0.64  170
……
29     青海  4662  2297  1475   2150 431  18 0.25  120
30     宁夏  4473  2359  1523   2014 239  24 0.38  135
31     新疆  6470  2969  1958   2936 378  30 0.43  150
```

接着，输入如下命令。

```
> d<-data.frame(y1=sq$X1,y2=sq$X2,y3=sq$X3,y4=sq$X4,y5=sq$X5,y6=sq$X6,y7=sq$X7,
y8=sq$X8)
> fa<-factanal(d,factors=2)
```

```
> fa
  Call:
  factanal(x = d, factors = 2)
  Uniquenesses:
     y1    y2    y3    y4    y5    y6    y7    y8
  0.005 0.047 0.005 0.027 0.464 0.100 0.599 0.050
  Loadings:
     Factor1 Factor2
  y1 0.844   0.532
  y2 0.774   0.595
  y3 0.689   0.721
  y4 0.874   0.457
  y5 0.408   0.608
  y6 0.426   0.848
  y7 0.513   0.371
  y8 0.639   0.736
                  Factor1 Factor2
  SS loadings       3.571   3.133
  Proportion Var    0.446   0.392
  Cumulative Var    0.446   0.838
  Test of the hypothesis that 2 factors are sufficient.
  The chi square statistic is 40.14 on 13 degrees of freedom.
  The p-value is 0.000131
```

结果说明：我们用X_1、X_2、X_3、X_4、X_5、X_6、X_7、X_8来表示人均GDP（y_1～y_8就是X_1～X_8）、人均全社会固定资产投资、人均社会消费品零售总额、居民人均消费水平、每十万人医院床位数、每万人在校（高校）学生数、地方财政收支比、人均业务总量等变量。这样因子F_1和F_2与这些原变量之间的关系是：

$$X_1 = 0.844F_1 + 0.532F_2$$
$$X_2 = 0.774F_1 + 0.595F_2$$
$$X_3 = 0.689F_1 + 0.721F_2$$
$$X_4 = 0.874F_1 + 0.457F_2$$
$$X_5 = 0.408F_1 + 0.608F_2$$
$$X_6 = 0.426F_1 + 0.848F_2$$
$$X_7 = 0.513F_1 + 0.371F_2$$
$$X_8 = 0.639F_1 + 0.736F_2$$

或者：

$$F_1 = 0.844X_1 + 0.774X_2 + 0.689X_3 + 0.874X_4 + 0.408X_5 + 0.426X_6 + 0.513X_7 + 0.639X_8$$
$$F_2 = 0.532X_1 + 0.595X_2 + 0.721X_3 + 0.457X_4 + 0.608X_5 + 0.848X_6 + 0.371X_7 + 0.736X_8$$

这里第一个因子主要是与人均GDP、人均全社会固定资产投资、人均社会消费品零售总额、居民人均消费水平、地方财政收支比等变量有很强的正相关，相关系数分别是0.844、0.774、0.689、0.874、0.513；而第二个因子主要是与每十万人医院床位数、每万人在校（高校）学生数、人均业务总量等变量有很强的正相关，相关系数分别是0.608、0.848、0.736。因此第一个因子可起名为“消费因子”，第二个因子可起名为“福利因子”。

Proportion Var是方差贡献率，Cumulative Var是累计方差贡献率，检验表明两个因子已经充分。

可见通过R统计软件进行数据处理后，产生了F_1、F_2两个因子得分，这两个因子得分可以代替原来数据的83.8%的信息量，应用公式$F=(0.446\times F_1+0.392\times F_2)/0.838$和两个因子得分的值，我们求得各因子得分的排名和综合得分的评价值如表11-5所示。

表11-5　　1999年统计数据各省市及地区社会经济发展因子模型分析结果

F_1	省、市及地区	F_2	省、市及地区	F综合值	省、市及地区	名次
3.08533	北京	1.94074	广东	2.56	上海	1
2.89004	上海	1.92304	上海	2.21	北京	2
1.31931	天津	1.23409	浙江	1.11	天津	3
1.05795	青海	1.20400	福建	0.47	辽宁	4
1.00140	辽宁	1.07707	山东	0.43	广东	5
0.61724	吉林	1.05853	江苏	0.27	浙江	6
0.58541	新疆	0.71264	天津	0.18	福建	7
0.43377	西藏	0.66614	北京	0.13	江苏	8
0.24638	黑龙江	0.40975	河北	0.03	吉林	9
−0.09181	内蒙古	0.39148	安徽	0.00	黑龙江	10
−0.12379	宁夏	0.39071	海南	−0.05	新疆	11
−0.14672	山西	0.38093	广西	−0.11	山东	12
−0.20564	陕西	0.20929	河南	−0.14	海南	13
−0.30431	浙江	0.16843	湖北	−0.17	湖北	14
−0.30599	甘肃	0.13261	四川	−0.20	河北	15
−0.35841	湖北	−0.02777	湖南	−0.20	青海	16
−0.42111	江苏	−0.12536	重庆	−0.24	山西	17
−0.42295	福建	−0.16987	江西	−0.31	陕西	18
−0.44802	云南	−0.34090	贵州	−0.34	内蒙古	19
−0.45030	海南	−0.39527	山西	−0.35	湖南	20
−0.45675	广东	−0.41613	黑龙江	−0.37	重庆	21
−0.51435	重庆	−0.42553	云南	−0.40	宁夏	22
−0.53439	湖南	−0.43874	辽宁	−0.44	四川	23
−0.56223	河北	−0.47940	陕西	−0.44	云南	24
−0.62271	江西	−0.75657	内蒙古	−0.45	安徽	25
−0.76826	四川	−0.82415	甘肃	−0.45	河南	26
−0.80867	山东	−0.85304	宁夏	−0.46	江西	27
−0.82524	河南	−0.96827	吉林	−0.50	甘肃	28
−0.90781	贵州	−1.13915	新疆	−0.51	广西	29
−0.93586	安徽	−2.19701	西藏	−0.55	西藏	30
−1.02150	广西	−2.34229	青海	−0.71	贵州	31

根据表 11-5 的结果，我们可以得到 1999 年 3 类省、市及地区的社会经济发达评价结果。

社会经济发达的省、市及地区：

上海、北京、天津、辽宁、广东、浙江、福建、江苏、吉林、黑龙江。

社会经济中等发达的省、市及地区：

新疆、山东、海南、湖北、河北、青海、山西、陕西、内蒙古、湖南、重庆。

社会经济欠发达的省、市及地区：

宁夏、四川、云南、安徽、河南、江西、甘肃、广西、西藏、贵州。

练习题

1. R 语言有丰富的内置数据集，也可以为我们提供练习的素材。可安装 datasets 程序包，用 data()查看数据集情况。数据集 USJudgeRatings 包含了律师对高等法院法官的评分。该数据框里包含 43 个样本（法官）、12 个变量（特质）。这 12 个变量为考察法官的 12 个特质，包括司法诚实性（intg）、风度（dmnt）、勤勉度（dilg）等。考虑到后续使用该样本的复杂性，我们希望从 12 个指标中提取两个主成分以概况 85%以上的变量的特质，试提取这两个主成分，并尝试归纳主成分分析的基本步骤。

2. 通过人口调查，我们收集了某一年 12 个大都市的一些基本数据，该数据包括人口数（X_1）、市民受教育年限（X_2）、家政服务人数（X_3）、服务业人数（X_4）、房价的中位数（X_5）等指标。具体数据见 al11-5.xls。试用因子分析方法归纳出两个因子，分析这两个因子与原始变量之间的关系，并据此对这 12 个大都市进行排序。

第12章 R语言判别分析与聚类分析

12.1 判别分析基本理论

判别分析法的数学模型描述如下：设有 k 个总体 $G_1,\cdots,G_k$，它们的分布函数分别为 $F_1(x),\cdots,F_k(x)$，均为 p 维函数，对给定的一个新样本，我们要判断它来自哪个总体。统计分析中使用的判别分析方法较多，本节讨论判别分析法建模及应用。在介绍判别分析法建模前，首先对距离判别分析法和Fisher判别分析法的基本原理做一个简单介绍。

12.1.1 距离判别分析法

1．样本点到总体的距离

在介绍距离判别分析法前，先介绍一下样本点到总体的欧氏距离和马氏距离。设有 k 个总体 $G_1,\cdots,G_k$，其所含个体数分别为 $n_1,\cdots,n_k$，其均值分别为 $u_1,\cdots,u_k$，协方差矩阵分别为 $\Sigma_1,\cdots,\Sigma_k$，则样本点 x 与总体 $G_i(i=1,\cdots,k)$ 的欧氏距离定义为：

$$d(x,G_i)=\sqrt{(x-u_i)'(x-u_i)}$$

由于欧氏距离无法克服变量之间的相关性和各变量量纲的影响，因此在判别分析中常采用马氏距离。样本点 x 与总体 $G_i(i=1,\cdots,k)$ 的马氏距离定义为：

$$d(x,G_i)=\sqrt{(x-u_i)'\Sigma_i^{-1}(x-u_i)}$$

当协方差矩阵 Σ_i 为单位矩阵时，马氏距离与欧氏距离相同。

根据上述样本点到总体的距离计算公式，我们可以计算样本点到总体的距离，并将样本点归类到其距离最近的总体。

2．多个总体的距离判别分析法

设有 k 个总体 $G_1,\cdots,G_k$，它们的均值分别为 $u_1,\cdots,u_k$，协方差矩阵为 Σ，则样本点 x 与总体 $G_i(i=1,\cdots,k)$ 的马氏距离定义为：

$$d^2(x,G_i)=(x-u_i)'\Sigma_i^{-1}(x-u_i)=x'\Sigma_i^{-1}x-2(l_i'x+C_i)$$

其中，$l_i' = \Sigma^{-1}u_i$，$C_i = -\frac{1}{2}u_i'\Sigma^{-1}u_i$。

相应的线性判别函数为：

$$f_i(x) = l_i'x + C_i,\quad i = 1,\cdots,k$$

相应的判别规则为：

若 $f_i(x) = \max\limits_{1\leqslant j\leqslant k}\{f_j(x)\}$，$i = 1,\cdots,k$，则 x 属于总体 G_i。

当总体均值 $u_1,\cdots,u_k$ 和协方差矩阵 Σ 未知时，可以使用样本值对其进行估计，设第 i 个总体 G_i 的样本值为 $x_{i1},\cdots,x_{in_k}$，$i = 1,2,\cdots,n$，则样本均值估计值为：

$$\hat{u}_i = \overline{x}_i = \frac{1}{n_i}\sum_{j=1}^{n_i} x_{ij}$$

协方差矩阵估计为：

$$\hat{\Sigma} = \frac{1}{n-k}\sum_{i=1}^{n} A_i,\quad n = n_1 + n_2 + \cdots + n_k$$

其中，$A_i = \sum_{j=1}^{n_i}(x_{ij} - \hat{u}_i)(x_{ij} - \hat{u}_i)'$。

通常在实际问题中假设各总体的协方差矩阵相同，可利用线性判别函数进行判别。

3．距离判别分析法的步骤

根据距离分析的原理，当有 k 个总体 $G_1,\cdots,G_k$ 时，利用样本数据进行判别分析的基本步骤如下。

（1）利用公式 $\hat{u}_i = \overline{x}_i = \frac{1}{n_i}\sum_{j=1}^{n_i} x_{ij}$ 估计各个总体的均值，$i = 1,\cdots,k$。

（2）根据样本数据，利用公式 $A_i = \sum_{j=1}^{n_i}(x_{ij} - \hat{u}_i)(x_{ij} - \hat{u}_i)'$ 计算 A_i 的值，$i = 1,\cdots,k$。

（3）根据公式 $\hat{\Sigma} = \frac{1}{n-k}\sum_{i=1}^{n_i} A_i$ 计算总体协方差矩阵的估计值 $\hat{\Sigma}$。

（4）根据公式 $l_i' = \Sigma^{-1}u_i$ 计算 l_i'，$i = 1,\cdots,k$。

（5）根据公式 $C_i = -\frac{1}{2}u_i'\Sigma^{-1}u_i$ 计算 C_i，$i = 1,\cdots,k$。

（6）根据步骤（4）和步骤（5）的结果，计算判别函数 $f_i(x) = l_i'x + C_i$，$i = 1,\cdots,k$。

（7）根据判别准则（若 $f_i(x) = \max\limits_{1\leqslant j\leqslant k}\{f_j(x)\}$，$i = 1,\cdots,k$，则 x 属于总体 G_i），求出给定个体 x 所属类别。

12.1.2 Fisher 判别分析

费希尔（Fisher）判别分析的思想是采取数据降维的方法，即对高维数据进行降维处理，并且每个总体在低维空间上的投影尽可能分开，这样就容易在低维子空间中对新样本进行分类。由于线性判别函数较为简单，故 Fisher 判别分析就是借助方差分析的思想导出线性判别函数，其基本思想是寻找一个方向，在这个方向上各个总体内部尽可能密集，而各个总体之间尽可能分离，然后将观测值沿着这个方向进行投影，根据投影值的大小判断观测值所属类别。

根据 Fisher 判别分析的原理，当有 k 个 p 维总体 $G_1,\cdots,G_k$ 时，利用样本数据进行判别分析的基本步骤如下。

（1）根据样本数据，利用公式 $\hat{u}_i=\bar{x}_i=\frac{1}{n_i}\sum_{j=1}^{n_i}x_{ij}$ 估计各个总体的均值，$i=1,\cdots,k$。

（2）根据样本数据，利用公式 $\hat{u}=\frac{1}{n}\sum_{i=1}^{k}\sum_{j=1}^{n_i}x_{ij}$ 计算各个总体全部样本的均值的估计值。

（3）根据公式 $\boldsymbol{B}=\sum_{i=1}^{k}n_i(\hat{u}_i-\hat{u})(\hat{u}_i-\hat{u})'$ 计算 $\boldsymbol{B}$。

（4）根据公式 $\boldsymbol{E}=\sum_{i=1}^{k}\sum_{j=1}^{n_i}(x_{ij}-\hat{u}_i)(x_{ij}-\hat{u}_i)'$ 计算 $\boldsymbol{E}$。

（5）计算 $\boldsymbol{E}^{-1}\boldsymbol{B}C_i$ 的非零特征值 $\lambda_1\geqslant\lambda_2\geqslant\cdots\geqslant\lambda_{p'}$ 和相应的特征向量 $\gamma_1,\cdots,\gamma_{p'}$。

（6）根据步骤（4）和步骤（5）的结果，计算判别函数 $f_i(x)=\gamma_i'x$，$i=1,\cdots,k$。

（7）根据前面 m 个判别函数的累计贡献率 $\frac{\sum_{i=1}^{m}\lambda_i}{\sum_{j=1}^{p'}\lambda_j}$，选定 m 个典型判别函数。

12.1.3　数据预处理

1．行业之间不可比因素影响的剔除

在进行分析前，不同行业之间，有些因素有可比性，有些因素存在不可比性。因此，需要剔除行业之间的不可比因素对指标值的影响。设 n 个被评价对象的 p 项指标，所得原始数据矩阵为 $(x_{ij})_{n\times p}$，x_{ij} 表示第 j 项指标在第 i 个被评价对象上的观察值。

假定第 j 项指标是受到行业不可比因素的影响的指标，其行业适度值为 k（这里的适度值 k 我们取各被评价对象的第 j 项指标的平均值），那么可以用以下公式剔除行业因素对指标值的影响：$x_{ij}'=x_{ij}-k(i=1,2,\cdots,n，j=1,2,\cdots,p)$。

2．极端值的控制

不同的被评价对象由于所处的环境不同，就有可能造成某些指标出现极端值，这会在对被评价对象进行分析时造成麻烦。由于社会经济现象一般都近似服从正态分布，因此，这里我们认为指标 X 服从正态分布，即 $X\sim N(u,\sigma^2)$。我们一般采用 3σ 界限进行控制，上限定为 $u+3\sigma$，下限定为 $u-3\sigma$，这里 u 为均值，σ 为标准差。

3．标准化处理

采用的指标一般有正向指标、逆向指标、适度指标等，正向指标按式 $y_{ij}=\frac{x_{ij}-x_{\min(j)}}{x_{\max(j)}-x_{\min(j)}}$ 进行变换，逆向指标可采用对原数取倒数等方法转换为正向指标，适度指标按下式：

$$y_{ij}=\begin{cases}1-\dfrac{L_{1j}-x_{ij}}{\max(L_{1j}-x_{\min(j)},x_{\max(j)}-L_{2j})}, & x_{ij}<L_{1j}\\ 1, & L_{1j}\leqslant x_{ij}\leqslant L_{2j}\\ 1-\dfrac{x_{ij}-L_{2j}}{\max(L_{1j}-x_{\min(j)},x_{\max(j)}-L_{2j})}, & x_{ij}<L_{2j}\end{cases}$$

这里 $x_{\max(j)}=\max_i\{x_{ij}\}$，$x_{\min(j)}=\min_i\{x_{ij}\}$，$[L_{1j},L_{2j}]$ 为适度指标的适度区间。通过上述变换后得到的适度指标 y_{ij} 是原始数据 x_{ij} 的无量纲化，它们被压缩在[0,1]区间内，显然，y_{ij} 总是越大越好。

对于正向指标，则进行 Z 分数处理，即按式 $z_{ij}=\dfrac{x_{ij}-\overline{x}_j}{\sigma_j}$ 进行变换。其中 $\overline{x}_j$ 为第 j 个指标的均值，σ_j 为第 j 个指标的标准差。

12.2 R 语言判别分析

首先我们要用命令 library(MASS)加载 MASS，再利用 R 语言的 lda()函数就可完成 Fisher 判别分析，其基本格式如下。

```
lda(formula,data,…,subset,na.action)
```

其中 formula 用法为 groups~x1+x2+⋯，groups 表示总体来源，x1,x2,⋯ 表示财务指标；subset 指明训练样本，具体说明参见 R 帮助。

例 12-1：从证券市场的非 ST 公司和 ST 公司（ST 为特殊处理公司，非 ST 为正常公司）各抽取 5 个公司，从证券市场再抽取 8 个待判公司，这 18 个公司的财务数据分别如表 12-1、表 12-2 所示。试对 8 个待判公司进行判别是非 ST 还是 ST。

表 12-1　　10 个公司财务数据

group	*x1*	*x2*	*x3*	*x4*
A	13.85	2.79	7.8	49.6
A	22.31	4.67	12.31	47.8
A	28.82	4.63	16.18	62.15
A	15.29	3.54	7.5	43.2
A	28.79	4.9	16.12	58.1
B	2.18	1.06	1.22	20.6
B	3.85	0.8	1.22	47.1
B	11.4	0	4.06	0
B	3.66	2.42	3.5	15.1
B	12.1	0	2.14	0

表 12-2　　8 个公司财务数据

x1	*x2*	*x3*	*x4*
8.85	3.38	5.17	26.10
28.60	2.40	1.20	12.70
20.70	6.70	7.60	30.20

续表

x1	x2	x3	x4
7.90	2.40	4.30	33.20
3.19	3.20	1.43	9.90
12.40	5.10	4.43	24.60
16.80	3.40	2.31	31.30
15.00	2.70	5.02	64.00

在目录 F:\2glkx\data2 下建立 al1pb1.xls 数据文件后，使用的命令如下。

```
> library(RODBC)     #使用此命令时必须先安装 RODBC，见“3.2.2 Excel 数据的读取”
> z<-odbcConnectExcel("F:/2glkx/data2/al1pb1.xls")
> sq<-sqlFetch(z,"Sheet1")
> sq
     group    x1   x2    x3    x4
  1      A 13.85 2.79  7.80 49.60
  2      A 22.31 4.67 12.31 47.80
  3      A 28.82 4.63 16.18 62.15
  4      A 15.29 3.54  7.50 43.20
  5      A 28.79 4.90 16.12 58.10
  6      B  2.18 1.06  1.22 20.60
  7      B  3.85 0.80  1.22 47.10
  8      B 11.40 0.00  4.06  0.00
  9      B  3.66 2.42  3.50 15.10
  10     B 12.10 0.00  2.14  0.00
```

接着，输入如下命令。

```
> names(w)<-c("group","x1","x2","x3","x4")
> gp<-sq$group;y1<-sq$x1;y2<-sq$x2;y3<-sq$x3;y4<-sq$x4
> library(MASS)
> z<-lda(gp~y1+y2+y3+y4,data=sq,prior=c(1,1)/2)
  #以下 R 代码为待判公司数据
> z1<-odbcConnectExcel("F:/2glkx/data2/al1pb2.xls")
> newdata<-sqlFetch(z1,"Sheet1")
> dimnames(newdata)<list(NULL,c("x1","x2","x3","x4"))
> y1<-newdata$x1;y2<-newdata$x2;y3<-newdata$x3;y4<-newdata$x4
> d<-data.frame(y1,y2,y3,y4)
  #以下 R 代码为判别公司类型
> predict(z,newdata=d)
```

最后得到如下结果。

```
$class
[1] A A A B B A A A
Levels: A B
$posterior
           A            B
1 0.78295713 2.170429e-01
2 1.00000000 1.060419e-14
3 1.00000000 1.327964e-14
4 0.09186256 9.081374e-01
5 0.26976912 7.302309e-01
6 0.99999998 1.541160e-08
```

```
7 1.00000000 6.465862e-10
8 0.99999781 2.185957e-06
$x
        LD1
1 -0.2737539
2 -6.8658138
3 -6.8178086
4  0.4888592
5  0.2124756
6 -3.8381835
7 -4.5148253
8 -2.7809866
```

从$class 可以看出，4、5 公司为非 ST，其余为 ST。$x 给出了线性判别函数的数值。

12.3 聚类分析基本理论

聚类分析法就是将样本进行分类的统计方法，通过计算样本之间的距离（相似程度），将距离较近的样本归为一类，同时使不同类别样本距离相对较远。在研究聚类分析法的财务预警建模前，首先对距离的测量、系统聚类法、快速聚类法的基本原理进行简单介绍。

12.3.1 距离的测量

距离分为样本点之间的距离和类之间的距离两种，其中样本点之间距离的测量是类之间距离测量的基础，我们先介绍样本点之间距离的测量。

1. 样本点之间距离的测量

在进行聚类分析时，首先要求选择测量样本点之间距离的方法。下面介绍一些常用测量样本点之间距离的方法。

设有 n 个样本 $X_1,\cdots,X_n$，每个样本有 p 个指标 $X_i=(X_{i1},\cdots,X_{ip})$，第 i 个样本的观测值为 $x_i=(x_{i1},\cdots,x_{ip})$，$i=1,\cdots,n$。设 X_i 与 X_j 之间的距离为 d_{ij}，则常见的距离如下。

（1）绝对值明氏距离：

$$d_{ij}(1)=\sum_{k=1}^{p}|x_{ik}-x_{jk}| \tag{12-1}$$

（2）欧氏距离：

$$d_{ij}(2)=\sqrt{\sum_{k=1}^{p}(x_{ik}-x_{jk})^2} \tag{12-2}$$

在实际应用中，由于进行坐标轴正交变换时欧氏距离保持不变，因此，我们常常选择欧氏距离来测算样本之间的相似程度。

应当注意的是，在用以上方法计算样本点之间距离时，由于样本的各指标可能具有不同性质的量纲（长度、重量及体积等），或者虽然取相同性质量纲但数据相差太大（如吨和克）。为了消除不同量级指标对距离的影响，常用的处理方法是对样本数据进行标准化处理，即将每一指标的各样本值减去其均值后，再除以其标准差，这样样本各个指标变换为均值为 0 且标准差为1的数据。

2. 类之间距离的测量

类与类之间相似程度的测算使用类之间距离，下面介绍4种常用类之间距离。

设两类样本点G_i与G_j，N_i与N_j分别为G_i与G_j的样本数。

（1）最短距离（single）是将两类中距离最近的点之间的距离作为两类间距离：

$$D_1(i,j)=\min\{d_{ij} \mid i \in G_i, j \in G_j\} \tag{12-3}$$

（2）最长距离（complete）是将两类中距离最远的点之间的距离作为两类间距离：

$$D_2(i,j)=\max\{d_{ij} \mid i \in G_i, j \in G_j\} \tag{12-4}$$

以上方法有一个共同的缺陷是它们没有考虑到各类所包含的样本个数和各样本的信息，所以在实际应用中也很少被采用。

（3）重心距离（centroid）是将两类重心之间的距离作为两类间距离。

设$\overline{x}_i$与$\overline{x}_j$为G_i与G_j的重心，则：

$$D_3(i,j)=d_{ij}(\overline{x}_i,\overline{x}_j) \tag{12-5}$$

这种方法体现了每类包含的样本个数，但计算比较麻烦，实际应用中也很少被采用。

（4）类平均法（average）是将两类每对样本间的平均距离作为两类间距离：

$$D_4(i,j)=\frac{1}{N_i N_j}\sum_{i \in G_i}\sum_{j \in G_j} d_{ij} \tag{12-6}$$

这种方法应用较广泛，聚类效果较好。

除此以外，还有离差平方和法（ward）、中间距离法（median）等，这些就不一一说明了。

各种方法计算方式不同，有学者推荐采用离差平方和法或最短距离法。

12.3.2 系统聚类法

系统聚类也称层次聚类。根据使用类之间距离测度方法的不同，系统聚类法主要有最短距离法、最长距离法及重心法等。这些方法的基本思想是一样的，不同的只是计算类之间距离时选择的公式不同，从而形成各种方法。

系统聚类法的思路和计算过程如下。

（1）将n个样本各自成一类，共分为n类。

（2）选择样本点之间距离的计算方法，如绝对值明氏距离或者欧氏距离。

（3）选择类与类之间距离的计算方法，如最短距离、最长距离或重心距离。

（4）选择距离最小的两类合并为一个新类，原来n类减少到n−1类。

（5）重复步骤（4），直到合并为一大类为止。

（6）画出分类图，并进行分析。

12.3.3 快速聚类法

快速聚类法是一类聚类方法的统称，其特点是：在确定类别数量的基础上，先给定一个粗糙的初始分类，然后按照某种原则反复进行修改，直到分类较为合理为止。在非层次聚类中，为了得到初始分类，通常要先选择一批凝聚点，让样本向凝聚点集中。所谓凝聚点，就是一批有代表性的点，是要形成类的中心。选择凝聚点的常见方法是重心法，该方法将样本数据人为地分为 k 类，计算每一类的重心，将这些重心作为凝聚点。

在选定凝聚点的基础上进行分类和修正的方法很多，下面只介绍 K-均值法。K-均值法的具体计算过程如下。

（1）人为确定分类数目 k，将所有样本任意分为 k 类，计算各类的重心作为凝聚点。

（2）将 n 个样本从头到尾计算一遍，每进入一个样本，将它归为距离它最近的凝聚点所代表的类，重新计算类重心，以新的类重心作为凝聚点。

（3）重复步骤（2），直到所有分类不再改变为止。

K-均值法采取迭代法，常使用计算机软件进行迭代计算。

聚类分析的数据预处理与判别分析的数据预处理类似，此处不赘述。

12.4 R 语言聚类分析

利用 R 语言的 hclust()函数就可完成系统聚类分析，其基本格式如下。

```
hclust(d,method="complete",members=NULL)
```

其中 d 是由“dist”构成的距离结构，method 是系统聚类的方法（默认是最长距离法），具体说明参见 R 帮助。

例 12-2：设有 5 个产品，每个产品测得一项质量指标 x，其值为 1、2、4.5、6、8，试用最短距离法、最长距离法、中间距离法、离差平方和法分别对 5 个产品按质量指标进行分类。

输入如下命令。

```
> x<-c(1,2,4.5,6,8)
> dim(x)<-c(5,1)
> d<-dist(x)
> hc1<-hclust(d,"single")     #最短距离法
> hc2<-hclust(d,"complete")  #最长距离法
> hc3<-hclust(d,"median")    #中间距离法
> hc4<-hclust(d,"ward")      #离差平方和法
> opar<-par(mfrow=c(2,2))
> plot(hc1,hang=-1); plot(hc2,hang=-1)
> plot(hc3,hang=-1); plot(hc4,hang=-1)
> par(opar)
```

最后得到图 12-1 所示的图形。

从图 12-1 中可见，4 种分类方法结果一致，都将 1、2 分在一起，3、4、5 分在一起。

例 12-3：有 8 家企业同时生产两种产品，两种产品为企业带来的利润如表 12-3 所示。

表 12-3　　各企业不同产品的利润数据

企业编号	产品 1 利润/万元	产品 2 利润/万元
1	20	50
2	20	30
3	40	40
4	40	30

续表

企业编号	产品 1 利润/万元	产品 2 利润/万元
5	−40	30
6	−20	20
7	−30	20
8	−10	−30

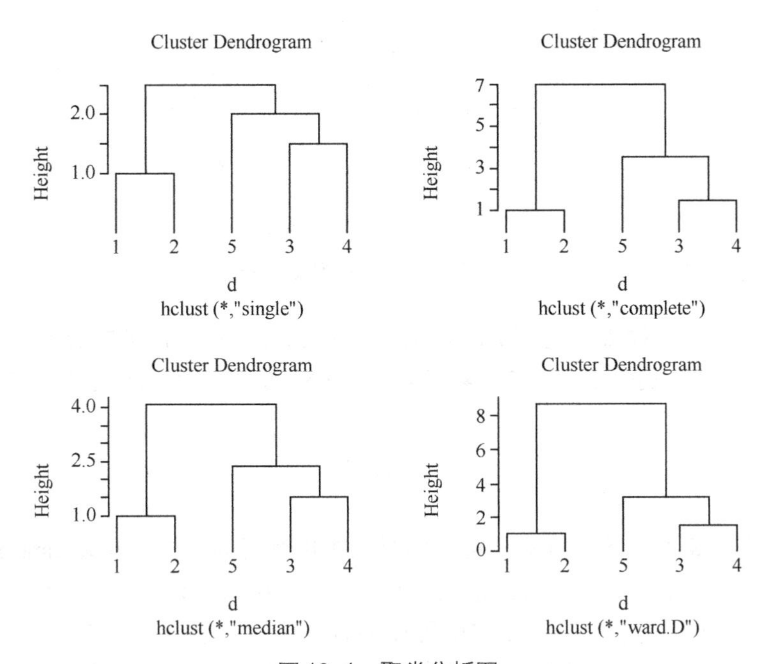

图 12-1 聚类分析图

按照两种产品的利润，用平均聚类法对上述 8 家企业进行分类。

在目录 F:\2glkx\data2 下建立 al12-2.xls 数据文件后，使用的命令如下。

```
> library(RODBC)      #使用此命令时必须先安装 RODBC，见“3.2.2 Excel 数据的读取”
> z<-odbcConnectExcel("F:/2glkx/data2/al12-2.xls")
> sq<-sqlFetch(z,"Sheet1")
> sq
   bh cp1 cp2
 1  1  20  50
 2  2  20  30
 3  3  40  40
 4  4  40  30
 5  5 -40  30
 6  6 -20  20
 7  7 -30  20
 8  8 -10 -30
```

接着，输入如下命令。

```
> x<-data.frame(sq$cp1,sq$cp2)
> d<-dist(x)
> hc<-hclust(d,"average")
> plot(hc,hang=-1)
```

最后得到图 12-2 所示的结果。

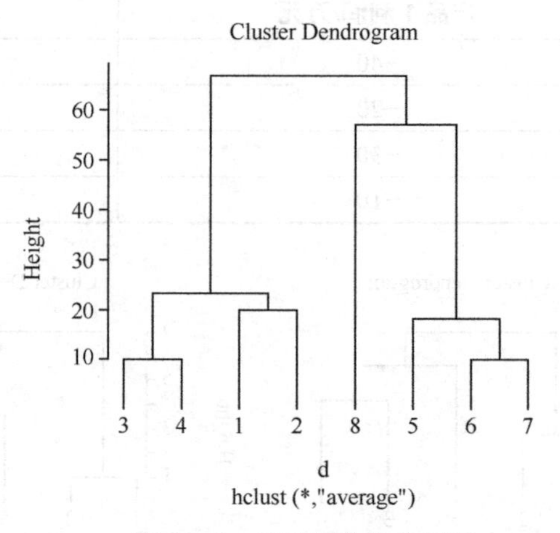

图 12-2 类平均聚类分析图

由图 12-2 可见，当样本分为两类时，第一类为 1、2、3、4，第二类为 5、6、7、8。当样本分为 3 类时，第一类是 1、2、3、4，第二类是 5、6、7，第三类是企业 8。

练习题

1. R 语言有丰富的内置数据集，可以为我们提供练习的素材。安装 datasets 程序包，用 data()可查看数据集情况。数据集 iris 记录了150 朵鸢尾花的花朵性状观测值。已知这 150 朵鸢尾花来自 3 个物种，分别为 setosa（50 朵）、versicolor（50 朵）、virginica（50 朵）；包含 4 类性状观测，分别为花朵的萼片长度（sepal length）、萼片宽度（sepal width）、花瓣长度（petal length）、花瓣宽度（petal width）。

（1）试用 ggplot2 程序包，做出 3 类鸢尾花在 4 种性状上的不同表现的直方图，初步观测鸢尾花的性状分布情况。

（2）利用 lda()函数进行线性判别时，要求数据最好能够满足正态性，试用 qqplot()函数检验鸢尾花 4 种性状观测值的多元正态性。

（3）请给出不同物种下 4 种性状的平均值。

（4）不同性状的线性判别系数分别是多少？并得出判别系数的表达式。

2. 利用 RODBC 函数读取目录 F:\2glkx\data2 下的 al12-3.xls 数据，为 2018 年 30 家上市公司的经营情况，有营业收入、营业成本、销售费用、营业利润、利润总额、净利润 6 个指标（单位：千万元）。试回答以下问题。

（1）用系统聚类法分成 4 类时，30 家公司分别属于哪一类？

（2）用 *K*-均值聚类法分成 4 类时，30 家公司都分别属于哪一类？试比较和系统聚类法的异同。不同的聚类方法请通过 help(hclust)获得。

第13章 R语言典型相关分析与对应分析

13.1 典型相关分析基本理论

在一元统计分析中，研究两个随机变量之间的线性相关关系，可用相关系数（称为简单相关系数）；研究一个随机变量与多个随机变量之间的线性相关关系，可用复相关系数（称为全相关系数）。1936年霍特林（Hotelling）将它推广到研究多个随机变量与多个随机变量之间的相关关系的讨论中，提出了典型相关分析。

在实际问题中，两组变量之间具有相关关系的问题很多，例如猪肉、牛肉、鸡蛋等的价格（作为第一组变量）和相应这些产品的销售量（作为第二组变量）有相关关系；投资性变量（如劳动者人数、货物周转量、生产建设投资等）与国民收入变量（如工农业国民收入、运输业国民收入、建筑业国民收入等）具有相关关系。

典型相关分析就是研究两组变量之间相关关系的一种多元统计方法，设两组变量用 $X_1,\cdots,X_{p1}$ 及 $X_{p1+1},\cdots,X_{p1+p2}$ 表示，要研究两组变量的相关关系。一种方法是研究 X_i 与 $X_j(i=1,\cdots,p1;\ j=p1+1,\cdots,p1+p2)$ 之间的相关关系，然后列出相关系数表进行分析，当两组变量较多时，这种做法不仅烦琐，也不容易抓住问题的实际；另一种方法采用类似主成分分析的做法，在每一组变量中都选择若干个有代表性的综合指标（变量的线性组合），通过研究两组的综合指标之间的关系来反映两组变量之间的相关关系。比如猪肉价格和牛肉价格用 X_1、X_2 表示，它们的销售量用 X_3、X_4 表示，研究它们之间的相关关系，从经济学角度就希望构造一个 X_1、X_2 的线性函数 $y=a_{11}X_1+a_{12}X_2$ 称为价格指数，X_3、X_4 的线性函数 $y=a_{21}X_3+a_{22}X_4$ 称为销售指数，要求它们之间具有最大相关性，这就是一个典型相关分析问题。

典型相关分析基本思想：首先在每组变量中找出变量的线性组合，使其具有最大相关性，然后在每组变量中找出第二对线性组合，使其分别与第一对线性组合不相关，而第二对本身具有最大的相关性，如此继续下去，直到两组变量之间的相关性被提取完毕为止。有了这样线性组合的最大相关，则讨论两组变量之间的相关关系，就转化为只研究这些线性组合的最大相关，从而减少研究变量的个数。

典型相关分析是将两组变量（指标）的每一组作为整体考虑的。因此，它能够广泛应用于变量群之间的相关分析研究。

设有两组随机变量 $X^{(1)}=(X_1,\cdots,X_{p1})'$，$X^{(2)}=(X_{p1+1},\cdots,X_{p1+p2})'$，记 $p=p_1+p_2$，不妨设 $p_1\leqslant p_2$，假定 $\boldsymbol{X}=\begin{pmatrix}X^{(1)}\\X^{(2)}\end{pmatrix}$ 的协方差阵 $\boldsymbol{\Sigma}>0$，均值向量 $\mu=0$（否则只要 $X-\mu$ 代替 X 即可），将相应的 $\boldsymbol{\Sigma}$ 分为：

$$\begin{pmatrix}\boldsymbol{\Sigma}_{11} & \boldsymbol{\Sigma}_{12}\\ \boldsymbol{\Sigma}_{21} & \boldsymbol{\Sigma}_{22}\end{pmatrix}$$

其中，$\boldsymbol{\Sigma}_{11}$ 是第一组变量的协方差矩阵，$\boldsymbol{\Sigma}_{12}$ 是第一组变量和第二组变量的协方差矩阵，$\boldsymbol{\Sigma}_{22}$ 是第二组变量的协方差矩阵。要研究 $X^{(1)}=(X_1,\cdots,X_{p1})'$，$X^{(2)}=(X_{p1+1},\cdots,X_{p1+p2})'$ 两组变量之间的相关关系，前文已介绍做两组变量的线性组合，即：

$$U=l_1X_1+\cdots+l_{p1}X_{p1}=l'X^{(1)}$$

$$V=m_1X_{p1+1}+\cdots+m_{p2}X_{p1+p2}=m'X^{(2)}$$

其中，$l'=(l_1,\cdots,l_{p1})'$，$m'=(m_1,\cdots,m_{p2})'$ 为任意非零常数向量，易见：

$$\mathrm{Var}(U)=\mathrm{Var}(l'X^{(1)})=l'\boldsymbol{\Sigma}_{11}l$$

$$\mathrm{Var}(V)=\mathrm{Var}(m'X^{(2)})=m'\boldsymbol{\Sigma}_{22}m$$

$$\mathrm{Cov}(U,V)=l'\mathrm{Cov}(X^{(1)},X^{(2)})m=l'\boldsymbol{\Sigma}_{12}m$$

$$\rho_{UV}=\frac{l'\boldsymbol{\Sigma}_{12}m}{\sqrt{l'\boldsymbol{\Sigma}_{11}l}\sqrt{m'\boldsymbol{\Sigma}_{22}m}}$$

我们寻求 l 与 m 使得 ρ_{UV} 达到最大，但由于随机变量乘以常数时不改变它们的相关系数，为防止不必要的结果出现，最好的限制是令 $\mathrm{Var}(U)=l'\boldsymbol{\Sigma}_{11}l=1$，$\mathrm{Var}(V)=m'\boldsymbol{\Sigma}_{22}m=1$，于是我们的问题就成为在约束条件 $\mathrm{Var}(U)=1$、$\mathrm{Var}(V)=1$ 下，寻求 l 与 m 使得 ρ_{UV} 达到最大。

所以典型相关分析研究的是如何选取典型变量的最优组合。选取的原则是：在所有的线性组合 U 和 V 中，选取典型相关系数最大的 U、V，即选取 $l^{(1)'}$、$m^{(1)'}$ 使得 $U_1=l^{(1)'}X^{(1)}$ 和 $V_1=m^{(1)'}X^{(2)}$ 之间的相关系数达到最大（在所有的 U 和 V 中），然后选取 $l^{(2)'}$、$m^{(2)'}$ 使得 $U_2=l^{(2)'}X^{(1)}$ 和 $V_2=m^{(2)'}X^{(2)}$ 之间的相关系数在与 U_1,V_1 不相关的组合 U 和 V 中达到最大（第二高的相关）。如此继续下去，直到选取所有分别与 $U_1,\cdots,U_{k-1}$ 和 $V_1,\cdots,V_{k-1}$ 都不相关的线性组合 U_k 和 V_k 为止，此时 k 为两组原始变量中个数较少的那个数。典型变量 U_1 和 $V_1,\cdots,U_k$ 和 V_k 是根据它们的相关系数由大到小逐对提取的，直到两组变量之间的相关性被分解完毕为止。

13.2 R 语言典型相关分析

利用 R 语言的 cancor()函数就可完成典型相关分析，其基本格式如下。

```
cancor(x,y,xcenter=TRUE,ycenter=TRUE)
```

其中 x、y 是两组变量的数据矩阵，xcenter 和 ycenter 是逻辑变量，TRUE 表示将数据中心化（默认选项），具体说明请参见 R 语言帮助。

例 13-1：为了研究企业不同部门人员工作时间的关系，随机选取 25 个企业进行入户调查，得到 25 个被访企业业务部门和技术部门经理每月工作时间和员工每月工作时间（单位为小时），按 $x_{ij}^{*}=\dfrac{x_{ij}-\overline{x}_j}{\sqrt{S_{jj}}}$ 标准化数据如表 13-1 所示。

表 13-1 不同部门经理与员工每月工作时间标准化数据

企业编号	业务部门		技术部门	
	经理	员工	经理	员工
1	0.541	0.526	−0.482	−0.658
2	0.951	−0.288	1.709	0.408
3	−0.484	−0.423	0.116	−0.049
4	−0.279	0.255	0.414	−0.049
5	−0.996	−0.966	−1.279	−1.114
6	2.282	0.798	0.813	0.408
7	0.336	−0.152	0.614	−0.049
8	1.156	1.069	0.514	0.408
9	0.234	0.119	1.311	1.474
10	0.643	−0.152	0.315	0.256
11	−0.688	0.933	0.215	−0.201
12	−0.279	−0.559	−0.980	−0.353
13	−1.201	−0.152	0.116	0.408
14	0.438	1.069	1.112	1.169
15	0.234	−0.016	0.315	1.321
16	−2.327	−1.915	−2.275	−2.941
17	0.951	0.526	−0.084	1.321
18	0.029	0.255	−1.080	−0.201
19	−0.484	−0.830	−0.183	−0.505
20	−1.098	−1.508	−1.876	−1.571
21	0.643	0.391	0.116	0.408
22	−1.201	−1.101	−0.582	−0.353
23	−0.996	−1.644	−0.781	−0.962
24	1.156	2.154	1.610	1.321
25	0.438	1.611	0.315	0.104

在目录 F:\2glkx\data2 下建立 al13-1.xls 数据文件后，使用的命令如下。

```
> library(RODBC)     #使用此命令时必须先安装 RODBC，见“3.2.2 Excel 数据的读取”
> z<-odbcConnectExcel("F:/2glkx/data2/al13-1.xls")
> sq<-sqlFetch(z,"Sheet1")
> sq
     bh       x1       x2       y1       y2
  1   1  0.54088  0.52625 -0.48206 -0.65770
  2   2  0.95064 -0.28754  1.70912  0.40802
  ……
  24 24  1.15552  2.15383  1.60952  1.32149
  25 25  0.43844  1.61130  0.31473  0.10353
```

接着，输入如下命令。

```
> ca<-cancor(sq[,2:3],sq[,4:5])
> ca
$cor
[1] 0.78903312 0.04066709
$xcoef
         [,1]       [,2]
x1 0.1141023 -0.2783456
x2 0.1050565  0.2818836
$ycoef
         [,1]       [,2]
y1 0.1043822 -0.3544275
y2 0.1088027  0.3530954
$xcenter
           x1             x2
-8.000000e-07  1.956768e-17
$ycenter
      y1        y2
-1.2e-06  1.2e-06
```

对上面的结果说明如下。

（1）$cor 给出了典型相关系数；$xcoef 是对应于数据 x 的系数，即为关于数据 x 的典型载荷；$ycoef 对应于数据 y 的系数，即为关于数据 y 的典型载荷；$xcenter 与$ycenter 是数据 x 与 y 的中心，即样本均值。

（2）对于该问题，第一对典型变量的表达式为：

$$U_1 = 0.1141x_1 + 0.1051x_2$$

$$V_1 = 0.1044y_1 + 0.1088y_2$$

注：U_1、V_1 中的数值为取到上述结果的小数点后四位。

第一对典型变量的相关系数为 0.78903312，因此 U_1、V_1 为第一对典型相关变量。

13.3 对应分析基本理论

对应分析又称为相应分析，是 1970 年由法国统计学家 J.P.Beozecri 提出来的。对应分析是因子分析的进一步推广，该方法已经成为多元统计分析中同时对样本和变量进行分析，从而研究多变量内部关系的重要方法，它是在 R 型因子分析和 Q 型因子分析基础上发展起来的一种多元统计方法。我们研究样本之间或指标之间的关系，归根到底是为了研究样本与指标之间的关系，因子分析没有办法做到这一点，而对应分析是为解决这个问题而出现的统计分析方法。

由于 R 型因子分析和 Q 型因子分析都是反映一个整体的不同侧面，因而它们之间一定存在着内在关系。对应分析就是通过变换后的过渡矩阵 $\boldsymbol{Z}$ 将两者有机地联系起来。

假设有 n 个样本，每个样本有 p 个指标，原始数据矩阵用 $\boldsymbol{X}_{n\times p}$ 来表示。研究指标或样本之间的关系是分别通过研究它们的协方差矩阵 $\boldsymbol{A}_{p\times p}$ 或相似矩阵 $\boldsymbol{B}_{n\times n}$ 进行的，实际上用到的只是这些矩阵的特征根和特征向量，因此，如果你能由 $\boldsymbol{A}_{p\times p}$ 的特征根和特征向量直接得出矩阵 $\boldsymbol{B}_{n\times n}$ 的特征根和特征向量，而不必计算相似矩阵 $\boldsymbol{B}_{n\times n}$，则就解决了当样本数很大时做 Q 型因子分析计算上的困难。

对应分析就是利用降维的思想，通过一个过渡矩阵 $\boldsymbol{Z}$ 将上述两者有机地结合起来，具体地说，首先给出变量点的协方差矩阵 $\boldsymbol{A}=\boldsymbol{Z'Z}$ 和 $\boldsymbol{B}=\boldsymbol{ZZ'}$ 有相同的非零特征根记为 $\lambda_1 \geqslant \lambda_2 \geqslant \cdots \geqslant \lambda_m$，$0 \leqslant m \leqslant \min(n,p)$。如果 $\boldsymbol{A}$ 的特征根 λ_i 对应的特征向量为 $\boldsymbol{U}_i$，则 B 的特征根 λ_i 对应的特征向量为 $\boldsymbol{ZU}_i=\boldsymbol{V}_i$，根据这个结论就可以很方便地借助于 R 型因子分析而得到 Q 型因子分析的结果。因此求出 $\boldsymbol{A}$ 的特征根和特征向量后就很容易地写出变量协方差矩阵对应的因子载荷矩阵，记为 $\boldsymbol{F}$，则：

$$\boldsymbol{F}=\begin{bmatrix} u_{11}\sqrt{\lambda_1} & u_{12}\sqrt{\lambda_2} & \cdots & u_{1m}\sqrt{\lambda_m} \\ u_{21}\sqrt{\lambda_1} & u_{22}\sqrt{\lambda_2} & \cdots & u_{2m}\sqrt{\lambda_m} \\ \vdots & \vdots & & \vdots \\ u_{p1}\sqrt{\lambda_1} & u_{p2}\sqrt{\lambda_2} & \cdots & u_{pm}\sqrt{\lambda_m} \end{bmatrix}$$

这样一来样本点协方差矩阵 $\boldsymbol{B}$ 对应的因子载荷矩阵记为 $\boldsymbol{G}$，则：

$$\boldsymbol{G}=\begin{bmatrix} v_{11}\sqrt{\lambda_1} & v_{12}\sqrt{\lambda_2} & \cdots & v_{1m}\sqrt{\lambda_m} \\ v_{21}\sqrt{\lambda_1} & v_{22}\sqrt{\lambda_2} & \cdots & v_{2m}\sqrt{\lambda_m} \\ \vdots & \vdots & & \vdots \\ v_{n1}\sqrt{\lambda_1} & v_{n2}\sqrt{\lambda_2} & \cdots & v_{nm}\sqrt{\lambda_m} \end{bmatrix}$$

由于 $\boldsymbol{A}$ 和 $\boldsymbol{B}$ 具有相同的非零特征根，而这些特征根又正是各个公共因子的方差，因此可以利用相同的因子轴同时表示变量点和样本点，即把变量点和样本点同时反映在具有相同坐标轴的因子平面上，以便对变量点和样本点一起考虑进行分类。那么矩阵 $\boldsymbol{A}_{p\times p}$ 和矩阵 $\boldsymbol{B}_{n\times n}$ 是否存在必然的联系呢？这种联系的确是存在的，因为 $\boldsymbol{A}_{p\times p}$ 和 $\boldsymbol{B}_{n\times n}$ 都来自同样的原始数据 $\boldsymbol{X}_{n\times p}$，$\boldsymbol{X}_{n\times p}$ 中的每一个元素 x_{ij} 都具有双重含义，同时代表指标和样本。实际上指标与样本是不可分割的，指标的特征如均值、协方差等是通过指标在不同样本上的取值来表现的，而样本的特征如样本属于哪一类型，正是通过其在不同指标上的取值来表现的。但是，要由矩阵 $\boldsymbol{A}_{p\times p}$ 的特征根和特征向量直接求出矩阵 $\boldsymbol{B}_{n\times n}$ 的特征根和特征向量还是有困难的，因为 $\boldsymbol{A}_{p\times p}$ 和 $\boldsymbol{B}_{n\times n}$ 的阶数不一样。一般来说，其非零特征根也不相等。如果能将原始数据矩阵 $\boldsymbol{X}$ 进行某种变形后成为 $\boldsymbol{Z}$，使得 $\boldsymbol{A}=\boldsymbol{Z'Z}$，$\boldsymbol{B}=\boldsymbol{ZZ'}$，由线性代数可知，$\boldsymbol{Z'Z}$ 和 $\boldsymbol{ZZ'}$ 有相同的非零特征根，记为 $\lambda_1 \geqslant \lambda_2 \geqslant \cdots \geqslant \lambda_m$，$0 \leqslant m \leqslant \min(n,p)$，设 $u_1,\cdots,u_\gamma$ 为对应于特征根 $\lambda_1,\cdots,\lambda_\gamma$ 的 $\boldsymbol{A}$ 的特征向量，则有：

$$\boldsymbol{A}u=\boldsymbol{Z'Z}u_j=\lambda_j u_j$$

将上式两边乘 $\boldsymbol{Z}$，得：

$$\boldsymbol{ZZ'Z}u_j=\boldsymbol{Z}\lambda_j u_j=\lambda_j \boldsymbol{Z}u_j$$

即：

$$\boldsymbol{B}(\boldsymbol{Z}u_j)=\lambda_j(\boldsymbol{Z}u_j)$$

上式表明，$\boldsymbol{Z}u_j$ 为对应于特征根 λ_j 的 $\boldsymbol{B}$ 特征向量。换句话说，当 u_j 为对应于 λ_j 的 $\boldsymbol{A}$ 的特征向量时，则 $\boldsymbol{Z}u_j$ 就是对应于特征根 λ_j 的 $\boldsymbol{B}$ 特征向量。这样就建立起了因子分析中 R 型与 Q 型的关系，而且使计算变得方便多了。

综上所述，若将原始数据矩阵变换 $\boldsymbol{X}$ 为 $\boldsymbol{Z}$ 时，则指标和样本的协方差矩阵可以分别表示为 $\boldsymbol{A}=\boldsymbol{Z}'\boldsymbol{Z}$ 和 $\boldsymbol{B}=\boldsymbol{Z}\boldsymbol{Z}'$，$\boldsymbol{A}$ 和 $\boldsymbol{B}$ 具有相同的非零特征根，相应的特征向量具有很密切的关系，这样就可很方便地基于 R 型因子分析直接得到 Q 型因子分析的结果，从而克服了大样本时做 Q 型因子分析计算上的困难。又由于 $\boldsymbol{A}$ 和 $\boldsymbol{B}$ 具有相同的非零特征根，而这些特征根正是各个因子所提供的方差，那么在 p 维指标空间 R^p 中和 n 维样本空间 R^n 中各个主因子在总方差中所占的比重就完全相同，即指标空间中的第一主因子也是样本空间中的第一主因子，依此类推。这样就可用相同的因子轴去同时表示指标和样本，将指标和样本同时反映在有相同坐标轴的因子轴的因子平面上。因此，对应分析的关键在于如何将 $\boldsymbol{X}$ 变换成 $\boldsymbol{Z}$。

1970 年，法国统计学家 J.P.Beozecri 提出了上述求 $\boldsymbol{Z}$ 的方法。基本步骤为：$\boldsymbol{X}$ 的标准化处理→求指标的均值→（可证明也是样本的均值）→求协方差矩阵 $\boldsymbol{A}$→将 $\boldsymbol{A}$ 变形为 $\boldsymbol{A}=\boldsymbol{Z}'\boldsymbol{Z}\rightarrow\boldsymbol{A}$。

13.4 R 语言对应分析

首先要利用 R 语言指令 library(MASS)加载 MASS，再利用 corresp()函数可完成对应分析，其基本格式如下。

```
corresp(x,nf=1,...)
```

其中，x 是数据矩阵，nf=1 表示计算因子个数，具体说明参见 R 语言帮助。

例 13-2：对某市已婚妇女的调查，主要调查她们对“应该男人在外工作，妇女在家操持家务”的态度，依据文化程度和就业观点两个变量进行分类汇总，数据如表 13-2 所示。

表 13-2 妇女就业问题调查

文化程度	就业观点			
	非常同意	同意	不同意	非常不同意
小学以下	2	17	17	5
小学	6	65	79	6
初中	41	220	327	48
高中	72	224	503	47
大学	24	61	300	41

在目录 F:\2glkx\data2 下建立 al13-2.xls 数据文件后，使用的命令如下。

```
> library(RODBC)      #使用此命令时必须先安装 RODBC，见“3.2.2 Excel 数据的读取”
> z<-odbcConnectExcel("F:/2glkx/data2/al13-2.xls")
> sq<-sqlFetch(z,"Sheet1")
> sq
      whcd  fcty  ty bty fcbty
  1 小学以下    2  17  17     5
  2     小学    6  65  79     6
  3     初中   41 220 327    48
  4     高中   72 224 503    47
  5     大学   24  61 300    41
```

接着，输入如下命令。

```
> x.df<-data.frame(sq$fcty, sq$ty, sq$bty, sq$fcbty)
> rownames(x.df)<-c("小学以下","小学","初中","高中","大学")
> library(MASS)
> biplot(corresp(x.df,nf=2))
```

得到图 13-1 所示的结果。

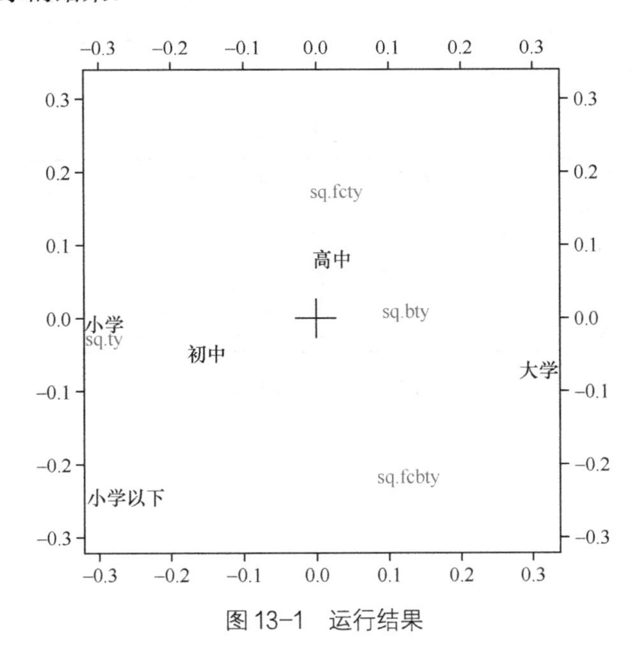

图 13-1　运行结果

说明：使用 biplot 做出的图形可以直观地展示两个变量各个水平之间的关系。

对于图 13-1 所示的结果，主要观察横坐标表示的两种观点（就业观点和文化程度）的距离，纵坐标的距离对于分析贡献意义不大。

从图 13-1 中可以看出：对于就业观点持赞同态度的是小学以下、小学文化程度、初中；高中文化程度的则持有非常不同意或者非常同意两种观点；而大学文化程度的妇女主要持不同意或者非常不同意的观点。

练习题

1．对本章例题，使用 R 语言重新操作一遍。利用 RODBC 函数读取目录 F:\2glkx\data2 下的 al13-3.xls 数据，并对此进行典型相关分析。数据中是对 20 名中年男性测量得到的一些生理指标，分别为体重（$X1$）、腰围（$X2$）、脉搏（$X3$）、引体向上数量（$Y1$）、仰卧起坐数量（$Y2$）、跳跃次数（$Y3$）。试根据以上信息回答以下问题。

（1）标准化后，数据 X 和 Y 的样本均值分别是多少？

（2）第一典型变量的相关系数、第二典型变量的相关系数分别为多少？

2．试写出第一典型变量的表达式。

3．利用 R 语言的内置数据集 LifeCycleSavings，进行典型相关分析。该数据集收集了 50 个国家和地区在 1960—1970 年去经济周期后的储蓄、可支配收入等均值情况。其中，sr 为居民储蓄总额、pop15 为 15 岁以下人口占比、pop75 为 75 岁以上人口占比、dpi 为人均可支配收入、ddpi 为人均可支配收入增速。经济学大师莫迪利安尼（Modigliani）认为，一国（地区）的储蓄不仅与可支配收入情况相关，还与人口结构相关，尤其是 15 岁以下人口占比、75 岁以上人口占比等。试根据以上信息，描述收入储蓄与社会人口结构之间的典型相关关系。

4．在程序包 MASS 里有一个内置数据集 caith，描述了英国不同地区的头发、眼睛的颜色。眼睛颜色有 4 类（包括 blue、light、medium、dark），头发颜色有 5 类（包括 fair、red、medium、dark、black）（见表 13-3）。

表 13-3　　caith 数据集中的数据

	fair	red	medium	dark	black
blue	326	38	241	110	3
light	688	116	584	188	4
medium	343	84	909	412	26
dark	98	48	403	681	85

利用 corresp()函数对其进行对应分析，画出双标图，并分析以上眼睛颜色下的头发颜色情况。